태교시리즈 5

바람직한
육아태교

태교시리즈 5

바람직한 육아태교

임동근 지음

이담 Books

머리말

일찍이 태교의 5단계를 주장하고 각 단계마다 책을 한 권씩, 그것도 실행의 충분조건으로 다섯 권을 마련하는 데 어언 12년이 걸렸다.

과학을 받아들이되 부족하면 경험철학과 전통으로, 전통이 원론적 지침에 머무른 것을 현대화하려니 많은 자료의 뒷받침이 요구되었다.

그러나 부족한 자료 속에서도 무에서 유를 창조한다는 일념으로 매진한 것이 결실을 거두어 그 대단원의 막을 내리게 된 점 매우 감개무량하다.

태교는 임신 중 지침으로부터 그 전후를 통한 생명창조, 출산, 육아 등 전 과정에 기여할 지혜 제공자 역할을 충실히 수행할 것이라는 데 포커스를 맞추었다. 그것은 많은 학문의 다양한 연구가 일을 뒷받침했으며 다원적 리포트, 국제적 정보마인드가 사실과학이나 생활과학으로 승화시키는 데 보탬이 됐다고 본다.

누구나 아기를 갖고, 낳고 키우는 데 바람이 있다면 거기에 필요조건이 뒤따른다. 그러나 이것을 잘못 유도하는 물질문명은 잘못된 결과를 낳을 수도 있다. 그러므로 우리는 서둘러 바로잡기를 바란다. 옳은 방법과 그른 지식을 비교·관찰하여 가급적 바른 길로 유도했다는 점에서 다른 책과는 다른 일면을 발견할 것이다. 그것은 반짝하고 반응하고 마는 것이 아닌 두고두고 나타날 것을 의심치 않으니 그것을 공감하고 실천한 분은 후에 남다른 결과를 갖게 될 것이다.

엄청난 두뇌경쟁 시대에 뛰어난 사람을 만들어 기쁨을 누리게 되시길 빌며 현대의 태교발전은 서양에까지 보급이 확산되고 있다는 점에서 우리 문화는 개가를 올린다.

이제 태교도 괄목한 발전을 하여 여러 방면의 소프트웨어를 파생시켰고, 신부수업·규수교육은 물론이지만 직장여성들에게도 또 영재를 위해서도 태교, 유아교육에도 태교, 어머니 교육에도 태교라 할 정도로 파급되고 있다는 데서 그 진가가 발견되고 있으니 태교는 어려운 것이라는 생각을 떨치고 재미있고 도움 될 것이라는 생각으로 접근하시길 빌며 이젠 태교 확산이 아카데미를 재건하는 방향으로 도약할 것을 기대한다.

임동근

목차

제11장 문화의 조명

제1장

육아도 태교의
연장이다

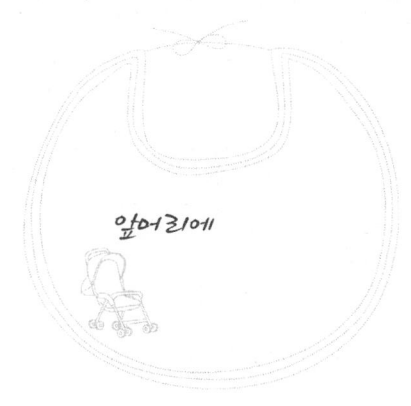

육아에 대한 많은 서적이 선을 보이고 있으나 대개가 2~3세용이거나 그 이후의 패턴식 방법이요, 막상 신생아로부터 돌까지의 중요한 0~1세 아기에 대한 것은 전문연구가 미진한 점도 없지 않다.

이웃 선진국에서는 연구가 활발히 진행되어 어떤 번역물은 "영재는 0세부터"라든가 "신생아 때부터"라고 다소 과장된 표현을 쓰고 있지만 설혹 그런 표현은 안 할지라도 이 시기의 중요성에 접근할 필요를 느낀다. 그것은 인간의 뇌발달이 0~1세 때 전체의 약 1/3이 이루어진다는 면과 태교의 연장선상에서나 새로운 육아방법에서나 이때가 출생 후의 첫 관문이요, 유아원 교사나 학교 선생님에게 교육을 맡기기 전에 엄마가 담당해야 할 부분이라는 데 있다.

우리나라에서는 흔히 태아가 모체에서 형성되었을 때부터 출산까지를 0세로 인정하는데 그에 대해서는 3권, 4권에서 자세히 설명하였다. 때문에 여기서는 논의의 편의상 출생 직후부터 돌까지의 시기로 설정하여 이야기를 풀어 가고자 한다.

때문에 본 육아태교는 이 시기를 무릎학교 전에 품안의 가르침이
라는 장으로 분리해 펼치려 한다.

모자간에는 탯줄이 끊어졌지만 커뮤니케이션의 연결고리는 더 증
폭하고 있어 이것을 태교의 마지막 단계인 출생 후의 첫 단계의 '잠재
력 발견'이라는 차원으로 부각시켜 그 가시적 세계에 돌입하려 한다.

그것은 생명과학을 발달심리학이나 두뇌발달의 생리적, 구조적 변
화에 접근하면 할수록 신비의 베일이 벗겨지며 새로운 정보가 쏟아
지기 때문에 지난날 방법을 재고하게 된다. 그러나 새로운 2~3세 영
재교육, 3~4세 재능교육 등에 대해서는 많은 연구가 있어도 0~1세
때 엄마가 잘하지 못한 것을 보완할 기능이 없다. 게다가 이런 교육
프로그램은 아직도 마련되어 있지 않다.

그래서 우왕좌왕하는 엄마들에게 학자들의 의견을 수렴해 여기서
다루기로 한 것에 자부심을 갖는다.

아직 엄마도 발견하지 못한 내 아기의 특성과 자질, 능력 등을 통
계적인 공통분모에서 찾는 이들에게 의뢰한다는 것은 불확실성의 시
작으로 그 결과에 의문을 풀지 못하겠기에 내 아기에 대한 모든 것은
일단 엄마가 발견해야 하는 시대에 온 것으로 풀이한다.

이것은 권위 있는 여러 연구기관의 연구내용으로 타당성이 발견되
었으며 탁아, 유아교육은 그다음에 조명과 교정, 익힘의 순으로 연결
되어야 한다는 것이 현대적 교육방식의 흐름임을 확인하자. 그러나
이 순서는 오히려 전통육아에서 더 잘 지켜졌다는 데 머리 숙인다.

전통적 가족형태는 대가족이었으므로 할머님, 할아버님의 도움으로
엄마, 아빠의 결점이 보완될 수 있었지만, 현대 핵가족 시대에는 엄마

자신이 육아의 모든 것을 책임져야 하므로 지혜의 필요를 절감한다.

그래서 전통과 과학을 함께 묶어 현대화한 이 책은 엄마, 아빠가 슬기롭고 알찬 육아를 할 수 있도록 조언하며 또 좋은 결실을 거두게 될 것을 믿는다.

우리의 교육패턴이 객관식으로 치중했던 현대여성은 주관식 문제에 깊이 들어가면 혼돈하는 일이 있다. 그렇다고 귀여운 내 아기도 남이 '이것이 제일이다' 하면 따라가는, 커닝식이 되어서는 안 되겠다.

어디까지나 창의적이고 지혜로운 정성만이 내 아기를 훌륭히 키울 지름길임을 알 때 본 육아태교는 알맞은 지혜제공자 역할을 하게 될 것이다.

아기를 잘 키운 엄마와 잘못 키운 엄마와의 간격은 엄청나게 커진다. 뒤늦게 깨닫고 아무리 서둘러 보아야 '이미 늦다'는 것을 아는 분은 오늘 이 시간을 열심히 할 수 있게 안내자 역할을 하겠다는 것이니 참고하시길 바란다.

여기에는 실제로 여러 나라의 현상적 예가 사실과학으로 입증될 것이며 그간의 잘못도 지적되겠지만, 오히려 다양한 연구결과가 독자의 입장을 정리하는 데 도움될 것이기에 지향할 방법들의 나열이 여러분의 욕구를 충족시킬 것으로 믿는다.

어떤 분은 당장 필요한 영재교육의 노하우를 바라고 화려한 결과를 원할 수도 있지만 이것은 출산 후 또 다른 시작의 문제요, 근본적인 문제를 다루는 시기라는 면에서 확실하지 않으면 잘못될 원인의 원인이 될 수 있음을 생각해야 한다.

그래서 귀한 것을 놓치는 일이 없게 하기 위해 사실과학과 경험철학의 결과들을 인용, 예증하고 있으니 재미있고 필요한 것을 얻는 기회가 될 것을 의심치 않는다.

여러 가지 메시지가 자신의 노하우를 창출하는 계기를 마련하겠지만, 아직까지 없었던 이런 장이 문화민족의 긍지로 재현되길 기대한다.

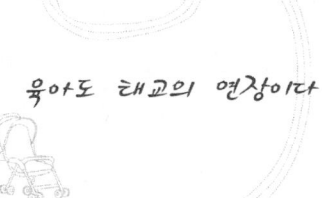

신생아에게서 나오는 반응은 그것이 어떤 것이든 상관없다. 그것이 배냇짓이건 새로운 환경에서의 관심이건 간에 그것은 어떤 표현이요, 자신이 덥거나 춥거나 놀고 싶거나 말하고 싶다는 것을 소리나는 방향으로 반응해 보이는 자신의 의사표시라 할 수 있으니 엄마는 주의 깊게 관찰해야겠다.

아기가 태어났다고, 탯줄이 끊겨졌다고 곧바로 엄마와 아기가 독립된 개체로 떨어지는 것이 아니며 아기는 미분화의 5감 6각으로 감각, 인지, 행동의 학습능력을 발휘하기 시작하지만 지적 능력이 개화하기 전까지는 태아 때 받은 영향으로 발달할 것이다.

그것을 생후의 뇌기능과 습득장치로 연결하며 어떻게 표현했냐에 초점을 맞추려는 것이다.

출산 때 잠시 끊겨졌던 희미한 잠재의식이 맑은 인지능력으로 기능하는가에 대해 관찰하며 제공할 자료준비에 임하는 것은 엄마의 임무에 속한다 할 수 있다. 아기가 어떤 특성을 발현할 시기에 그에 맞는 메시지를 전달하는 것이 0~1세 육아이다.

자극적 감각기능으로부터 인지능력 발달이 순조로운 기능을 하기 위해 엄마는 많은 자료제공자로서의 역할이 요구된다.

그래서 0~1세 육아는 출생 후 교육이 아니라 출생 전후를 연결하는 잠재력(의식) 포착의 교량역할이라고 할 수 있다.

지금까지의 육아는 인지발달을 시작한 2~3세 이후의 유아교육에 치중했음을 부인하지 못한다.

그것은 아마도 영아기의 육아문제가 어디까지나 엄마에 의해 진행되었기 때문이다. 그러나 요즘 무절제하게 받아들인 외국의 뿌리 없는 방법들이 판을 치며 패턴식 주입식 교육이 범람하는 차재에 이것을 바로잡지 못하면 문화의 발전은커녕 문제를 야기할 소지마저 있다는 것을 우려하는 분이 많으므로 태교의 연장선상에서 이것을 풀려는 것이다.

첫아기의 엄마들이 오도된 지식으로 당황하지 않게 하고자 함이며, 많은 정보로 바른 육아에 접근하길 기대함에서이다. 아기에게 줄 옳은 메시지와 경험철학과의 관계는 어떤 것이며 옳은 방향 설정에는 무엇이 필요한가에 대한 정보제공이 될 것이다.

아직까지 우리에게 0~1세 육아교육에 대해서는 제대로 정립된 것이 없다. 단지 할머니, 할아버지의 경험철학에 의존했던 것을 현대화한 것이라 해야겠다.

필요는 교육의 어머니란 말이 있듯이 요구를 체계화하여 아기 발달단계에 맞는 충분조건을 태교의 연장선상에 놓은 것이다. 그러나 모두가 100점 되게 한다는 것도, 또 우수하게 한다는 것도 아닌 엄마들의 지혜에 제공되는 빠뜨릴 수 없는 정보라 해야겠다.

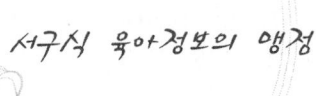

서구식 육아정보의 맹점

요즈음 일관성 없는 서구식 육아정보가 들어와 우리를 현혹시키고 잠시 착각하는 사이에 아기를 그르치게 한다는 놀라운 소식이 있다.

이것은 사회가 급변하기 때문이요, 정신적으로 불안정하기 때문이라 할 수도 있고 또 우리문화가 때맞춰 정립되지 못했다는 데에도 기인한다.

그러나 확실하고 안전하게 우리 아기 키우는 방법을 익혀 두기 위해서도 우리는 무엇인가 해야겠기에 훌륭하다는 전통의 육아방식에도 귀를 기울인다.

그것은 엄마의 본능이나 자연의 법칙에 순응했다는 의미이며, 서구의 육아방식은 30~40년 전에 유행했던 것으로 현대에 와서는 그 문제점들이 속속 드러나고 있는데 그것은 타당성이 결여된 구시대의 편의주의적 방법이었다는 면에서 더욱 그렇다.

가령 옛날 방법은 아기가 배고픈 시늉을 하면 젖을 먹이고 싫어하면 주지 않는 것이었다. 그러나 시간을 정해 놓고 3~4시간마다 먹이라는 서구의 방식은 욕구를 억제하는 비합리적인 것으로 낙인됐다.

아기는 자신의 컨디션에 따라 먹고 싸는 것이지 어찌 기계적으로 섭생과 배설을 해야 한단 말인가? 아직 경험이 부족한 사람은 그렇겠구나 하고 솔깃할 수도 있겠으나, 영아·육아는 자연방식에 현명한 판단을 가미하는 것이 옳다고 한다.

그래서 실제 몇 가지 예와 의문으로 이해에 도달하고자 하는 것은, 신생아는 규칙적으로 배가 고파지지 않는다는 데 있다. 이는 엄마 배 속에 있을 때를 생각해 보면 알게 된다.

태아는 탯줄을 통해 영양을 수시로 공급받았기 때문에 시간제는 아니었던 것이다.

그러던 것을 신생아 때 갑자기 시간제로 바꾼다면 아마도 아기는 보채거나 못마땅하다는 표현을 하고 말 것이다. 경험자들의 말을 빌리면 이럴 때 요구에 응하지 못한 자신은 훌륭한 엄마가 되지 못하는가 보다 하며 죄의식과 갈등까지 느꼈다고 하는 것을 보면 본능이나 자연의 법칙을 무시한 방법은 그것이 어떤 것이든 육아에 무리를 빚게한다. 이렇게 되면 모자간의 유대에 균열이 생길 수도 있기 때문에 외국에서도 시행착오를 거쳐 요즘엔 생후 2~3개월의 아기 엄마는 아기가 요구하는 나름대로의 스케줄에 따라 하고 있다고 전해진다.

과연 어떤 것이 옳은 방법일까? 전통방식이냐, 서구방식이냐를 놓고 여러분은 자신만의 방법을 창출할 기회를 갖게 될 것이다. 누가 그렇게 하니까가 아니라 내 아기는 이렇게 하는 것이 좋겠다고 생각에 이르기까지 여러 가지 정보를 제공받아야 할 것이다.

경험자들의 조언은 천금이 될 수도 있으니 이것을 조명하여 과학화, 현대화하려는 것이다.

제2장

영재육아정보

영재성 확인법

예나 지금이나 엄마는 자기 아기의 영재성에 지대한 관심이 있다.

그래서 태교를 잘하면 영재가 될 수 있겠느냐는 질문들을 많이 한다. 사실 태교의 큰 목적 중에 하나는 영특한 아기를 출산한다는 데 있기도 했다.

그러기 위해서 먹고 싶은 것, 하고 싶은 것 등을 많이 삼가기도 했다. 그러나 우리 실생활은 그럴 수도 없었고 또 설사 그랬다 하더라도 결과적으로 과학적이지 못한 것이었다는 평은 그 본질적 의미를 잘못 이해하고 있었다는 일면과 출생 후의 육아에서 온 차이라 하겠다.

그 첫째 의미에서 옛날에는 영재라 하지 않고 '뇌가 맑은, 기억력이 총명한'으로 해석해야 했는데 그것은 영재의 소질과 관계있는 것뿐이요, 요즘 말하는 영재라는 의미와는 차이가 있고, 둘째로 환경에서 일단 총명한 아기가 나오면 그에 맞는 여건이 제공되는 것이었다. 그래서 좋은 집안에선 훌륭한 스승에게 사사받게 했으니 그의 영명한 것이 빛나고 그렇지 못한 집안에선 어쩔 수 없이 파묻히거나 발견이 되어도 능력을 펼 기회를 못 얻는 일이 비일비재했다.

시대가 바뀌어 그런 억울함은 면할 길이 생겼고 기회균등의 교육이 실시되니 문제는 언제부터 어떻게 귀결되며 '그건 엄마한테서'라고 꼬집어 말하게 된다.

현대의 영재교육 방침을 분석해서 도움을 얻어 보자.

첫째, 가정에서는 부모(할아버지, 할머니 포함), 친척에게서이지만 학교에서는 선생님의 관찰이 영재성이 있음을 감지하는 일이고, 둘째, 여러 가지 검사, 즉 적성검사, 심리검사, 지능검사를 거치면서 논리적 사고력, 창의력 검사를 받는 일이며, 셋째, 검사지를 전문가가 관찰하고 평가하는 일이라 한다.

이런 어려운 관문을 통과하면 그 아이의 영재성이 확인되나 이런 것은 5~6세, 7~8세 이후에나 가능한 일이며 0~1세의 엄마들에겐 그림의 떡이니 엄마가 할 수 있는 일을 찾아보아야 한다.

영재성 혹은 영명한 아기들에게는 몇 가지 특성이 발견된다.

이런 아이들은 지능이 높기 때문에 알고자 하는 욕구가 남보다 크다고 하겠다.

즉, 정확하지 않은 것은 아주 싫어하는 특성이 발견된다. 그래서 말을 반복하거나, 전진적 자세가 아닌 것은 싫어한다.

또한 창의적인 것을 좋아하며 새로운 것을 찾는다. 그러므로 의미 있는 것, 확실한 것을 좋아한다고 평가한다.

그러니 자신이 임신 중에 태교를 했을 때 그것이 어떻게 나타나고 있는가는 엄마 아니고는 알 사람이 없고 할머니, 할아버지 되시는 분, 형제, 친척 쪽에서는 객관적인 면을 발견할 수밖에 없기 때문에 영아 육아의 영재성 발견은 엄마의 몫이다.

이것이 태교의 5단계 육아의 특성이다.

다시 말하면 객관적이라 할 수 있는 것은 유전적인 것과 돌연변이적인 것이 있을 수 있겠으나 태중의 영향에서 온 것은 아기가 배 속에 있을 때 전해 받은 것 플러스(+), 생후의 환경에서 IC회로 연결과 같은 의미의 것이어서 여기서는 이 후자의 것에 관심을 둔다.

태중에서 아기의 뇌가 발달하게끔 노력했으나 그것을 발견 못하면 아기는 지능, 재능이 파묻힐 수 있고 태중의 일을 반복해 보니 출생 후 아기가 쉽게 알면 그쪽의 일을 장려하여 영재성의 아기로 키울 수 있다는 것이 초점이다.

예로 태중에서 피아노 소리를 많이 들은 아기에게 같은 소리를 들려준다든지, 숫자판 놀이를 많이 해 보였거나 과학적 사고를 위한 풀이를 많이 한 분들은 그것을 다시 재현, 진전시키는 일이다. 자신이 임신 중에 한 일과의 관계에서 영특함을 보이면 그쪽에 재능이 있거나 발전할 소지가 있으니 그쪽이 방향설정의 기회이다.

그것이 꼭 영재성이라 할 수 있느냐는 객관적 평가와는 의미를 달리하며 다양화, 다원화된 국제사회에서 보다 특출한 재주를 가졌다는 것으로 장래가 촉망된다 하겠다.

그러니 0~1세 아기를 무능하고 무기력한 아기로 볼 것이 아니라 그 특성적 재능의 발견시기로 삼고 노력하면 이것이 곧 교육의 시초요, 효과적인 관찰의 기여로 영재의 지름길이 된다.

영재교육은 아기가 묻는 것을 잘 대답해 줄 수 있는 능력을 보유하는 것, 올바른 대답을 해 줌으로써 흥미를 잃게 되는 일이 없도록 하는 것이지 영재를 만들기 위해 특별하게 극성을 부리는 것은 아무래도 권장할 일이 되지 못한다. 이런 연구는 계속되더라도 이런 프로그램 제작은 아주 미숙하기 때문이다. 아기는 잘 자라는데 억지 교육으로 누르는 것은 짜인 틀에 맞추려는 일로, 넓은 지식의 세계로 가야 할 무한한 가능성을 가진 아기에게 그리 바람직한 방법은 아니라는 데 있다.

요즘 영재를 만드는 교재라 하여 몇 가지 카드놀이가 선을 보이고, 패턴교육이나 엠씨스퀘어 시스템이라는 것이 있으나 이것이 획기적 연구라고 하기엔 아직도 불확실하며 다양한 소질을 수용할 기능이 미비하다고 본다.

과거의 패턴교육의 단점을 보완하기에는 진전을 했을지라도 새로운 패턴을 확립한다는 면에서 좀 더 연구가 진행되어야겠다.

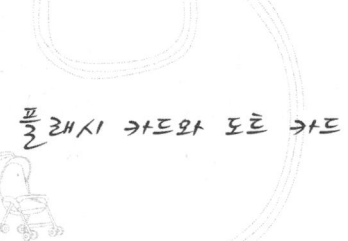

플래시 카드와 도트 카드

　0~3세 영재교육, 천재프로그램이라 하여 일본 시찌다의 플래시 (Flash) 카드나, 더만의 도트(Dot) 카드가, 그리고 몇 가지 퍼즐게임 등 이 선을 보여 애기엄마들을 유혹하지만, 플래시란 번쩍번쩍한다, 즉 플래시하게 보인다는 의미의 카드로 16cm×18cm, 또는 10cm×6cm 크 기의 흰 바탕에 번쩍 띄는 색으로 영어 단어를 넣은 문장 만들기 카 드라 생각하면 될 것이고, 도트란 구슬 혹은 점이란 뜻으로 더만 박 사가 만든 것이다. 점을 직경 1cm나 1.5cm의 붉은색 원으로 만들어 둥근 점이 규칙적으로 군데군데 찍혀서 수를 나열하거나 기하도형으 로 배열한 것과 여기저기 찍은 불규칙적인 것도 있어 이것은 실수(實 數)의 개념을 가르치기 위한 것으로 불규칙적인 것은 2~3세용으로 0 세의 아기는 적응하기 힘들 것이다.

　또 19cm×19cm짜리 약간 두꺼운 커다란 카드에 동물그림을 군데군 데 넣어 5마리 또는 7마리 등 수를 셀 수 있게 했으며 뒷면에는 큰 글씨로 3, 5 등 숫자가 쓰여 있으니 수리 숫자의 개념을 익히기에는 쓸모 있을 수도 있겠으나 이런 것 정도는 엄마들이 집에서 달력의 숫자나 동물그림책을 사다가 얼마든지 다양하게 만들 수도 있는데 이 교재가 몇십만 원씩을 호가한다니 어처구니가 없다.

여하튼 전문가나 교수들이 본 견해로는 플래시 카드는 혹시 3세 이상의 영어를 필요로 하는 집 자녀에게, 또 도트 카드는 1~2세 전후의 유아에게 수의 개념, 연산을 가르치는 교재로서 수리나 수의 결합과 사칙을 익히는 데 쓰일 수 있다 하나 10단계 100코스와 같은 계속성을 요하므로 끈기 있는 노력이 필요하게 되니 잘못되지 않기를 바란다고 했다.

도트는 빠른 경우 생후 3개월부터는 가능하다고 하지만 보통 6개월 후부터로 보며 가르치는 이의 마음가짐이나 아기의 기분이 참작되어야 한다고 말한다.

수의 개념에 있어서도 1은 단자리 수가 하나요, 2는 단자리 수가 둘, 100은 100자리 수가 하나, 70은 10자리 수가 일곱인 것과 같이 직관과 배열을 따로 이해시켜야 한다는 것으로 쉬운 것이 아니다.

문제는 수학에 저항을 느끼지 않게 하기 위해 수치만을 배우지 않고 개념을 익히려는 데 목적이 있음을 알아야 하며 실제는 수와 수치를 이해시키는 효과밖에 없다.

그러면서도 여기에는 '몬테소리'와 '더만'의 방법이 다른 점, '시찌다'나 '스세딕'의 이론적 배경의 차이점 등이 있어 이것을 거르는 지혜도 있어야 하겠으니 덮어놓고 쫓아가는 예상치 못한 결과가 나타날 수도 있다는 것이 우려의 초점이다.

그 외에도 뇌기능 활성화를 위한 카드, 기억력 훈련을 위한 카드, 낱말놀이 카드, 어휘놀이 카드, 덧셈 뺄셈 등 셈놀이가 줄줄이 카드로 만들어졌다고도 하지만 모두 외국의 교재를 들여왔거나 본뜬 패턴적인 것으로 그것들이 실제로 영재교육을 위한 교재인지 그 근거가 모호하다는 것이며 잠시의 육아나 인지발달에 도움을 줄지라도 착각해서는 안 된다는 경고도 있다.

또 초능력과 영재교육은 같은 것이 아니며 잠재력 개발과 잠재의식 교육이 다른데, 잠재력발견도 없이 엄마의 체질을 알파(α) 체질로 바꾼다거나 '너는 천재로 태어날 것이다'라는 주문 외우기식이거나 글자 몇 자 익히기가 영재를 만든다는 것은 일본에서도 의심받은 바 있는 과대포장된 상술로 끝날 것을 의심치 않는다.

이것은 이미 한국의 지사 여러 곳에서도 '입증 안 된 가설'로 자신 없다고 불신임받고 있는 것을 확인하고 있다. 이런 것도 모르는 엄마들의 일대각성을 기대한다. 꼭 속아 봐야 직성이 풀리는 일은 안 해야 될 것이다.

스세딕 여사의 영재교육 시미

스세딕 여사는 태아의 신비한 능력을 알아차리고 태내에서도 학습이 가능함을 실천적으로 보여 준 여성이다.

『태아교육이 어릴 때의 높은 지능을 형성한다』는 책을 저술하였으며 '태아는 감각 외의 인지능력이 있다'는 ESP를 주장하였는데, 출생 후에도 그런 신념으로 아기를 키웠더니 큰딸 수잔은 생후 3개월 만에 '엄마, 아빠' 발음을 척척 했고 9개월 때는 영어의 알파벳을 다 외웠고 첫돌에는 수를 100까지 세고 7세 때 이미 고등학교 입학시험에 패스했고 10세 때는 바스킹 대학에 입학했는가 하면 14세 때 대학원생이 됐다고 그의 경험담을 털어놓았다.

그래서 미국사람들도 태교의 우수성을 감탄하고 육아방법에 대해서도 물으니 그는 몇 가지 아이디어를 내놓았는데,

1. 신생아(유아)게에 보여 주는 글자는 화려한 색상의 글자가 좋으며,
2. 가급적 TV는 보이지 말고 장난감도 안 좋다고 말하며,
3. 아이를 자주 자연에 노출시켜 자연을 배우게 하는 것이 좋다고

했고,

4. 가축(동물)이 태어나는 모습을 보여 주는 것도 좋으며,

5. 식물(화초)을 재배하는 즐거움을 경험시키는 것도 좋다고 했다.

이렇게 주변에서 가능한 여러 일들에 대해 관심을 갖게 하며 자주 설명해 주면 아기는 재미있어 하고 말똥말똥해지는데 이것이 인지능력 개발이라고 했으며 이때 입력된 정보는 모든 것의 기초로 작용한다고 했다.

여기서도 보면 0세가 습득하는 능력은 8Hz의 맑은 저뇌파 상태로서 집중력이 뛰어나다는 것이며, 따라서 이때가 타고난 잠재력을 고리로 연결하는 가장 좋은 시기라고 보는 것이다.

이미 태중에서 어렴풋이 잠재된 기억들을 실제의 상황으로 완전히 프린트해 버리는 것이니 아기의 무한한 가능성은 그것을 하나하나 수용하는 계기를 마련하는 데 있다고 본다.

그러나 때로는 세타파와 알파파가 혼재하는 시기일 수도, 또 α파와 β파가 저능의 고뇌파가 되기 전의 가장 수준 높은 저뇌파의 의식감각기로 볼 수도 있으므로 0~1세 육아의 효용성, 특수성에 대해서는 올바른 눈을 뜨지 않으면 안 된다.

0~1세는 잠재의식 발굴시기

엄마 품에 젖을 먹고 잠만 자는 것 같은 유아도 깨어 있을 때 말을 걸어 보고 표현을 관찰하면 뭔가 생각하는 듯, 알아듣는 듯할 때가 있다. 이것을 잠재의식의 표현 혹은 태중생활에서 있었던 의식의 염사 또는 발현이라 한다.

어렴풋이 나타나는 어떤 기억 속에서 연결고리를 찾는 것 같은, 그럴 때 그것을 표현으로 나타내는 것, 즉 형용이다.

이래서 엄마는 무표정하고 아무것도 모르는 듯한 아기에게 자주 말을 건다든가 하는데 이것은 뇌 속에 잠재된 기억에 현상을 접목하는 것이다.

아직 오감이 완전히 발달하지 않았더라도 발달을 도모하게 될 것이고 이것이 반복될 때 아기의 기억이 자리를 잡는다.

그래서 0세 유아(영아) 교육은 우선 엄마의 몫이며 이를 위해 엄마는 많은 것을 제공해 주는 제공자가 되어야 한다. 그러나 자주 바꾸기보다 같은 것을 여러 번 되풀이하는 것을 잊어서는 안 된다.

그러면서도 세밀히 관찰하는 지혜 또한 빠뜨려서는 안 된다. 왜냐하면 어떤 대목에서 난데없이 무엇을 이상히 혹은 곰곰이 생각하는 듯, 연상하는 듯하기 때문이다. 이때가 중요하다.

이것은 엄마가 아니고는 누구도 발견하기 힘들다. 다시 말하면 태중 열 달 동안 있었던 어느 대목의 연상이기 쉽다. 그래서 엄마를 거짓말쟁이라 하는지도 모르지만 엄마만이 느끼는 어떤 대목은 엄마가 찾을 수밖에 없다.

어느 분은 아기를 눕혀 놓고 자신이 좋아하는 피아노곡을 치다가 언뜻 아기를 보니 자는 줄 알았던 아기가 말똥말똥 눈을 뜨고 무엇을 감상하는 듯한 표정을 짓기에 마치 자기의 쇼팽곡을 감상하는 듯한 착각을 일으켜 그 후 피아노를 가르쳤더니 아기가 영재성을 보이더라 했는데 이것을 누가 착각이라 하겠는가.

이건 참으로 엄마만이 발견할 수 있는 위대한 느낌이라 해서 잘못될 것이 없다. 요즘 유아교육은 영아 때부터 가르치는 것이라고 하며 이것을 영재교육이라고 하지만 실제로는 그 전에 엄마가 아기의 특성, 혹은 재능에 대한 것을 먼저 발견한 뒤에 그에 맞는 것을 접목하는 것, 즉 링크시키는 것 아닌 것은 아무리 좋은 것도 재고의 여지가 있다.

그래서 본 시리즈 '제5권 육아태교'는 0~1세까지의 기간에 있을 엄마의 영역에 기초를 두고 필요한 지혜를 제공하는 장이라고 하겠다.

이것이 잠재력 발굴과 연결되는 좋은 시기인 것이다. 여기서도 여러 가지가 있겠지만 특성적으로 좋은 점을 고르려는 노력을 해야겠고 여기에 제공되는 여러 가지 중 유독 잘 받아들이는 것을 알아내는 것 이것이 잠재의식 발굴이다.

이것은 3개월도 안 된 아기를 '다윈'에게 데려가 "선생님 슬하에서 훌륭히 키워 주세요" 하고 덮어 놓고 부탁한 엄마에게 "이미 늦었습니다"라고 답했다는 이야기와도 연관시켜 볼 이야기다.

여기서 다시 생각해 보면 우리 아기는 "이런 데 특성이 발견되니 이런 쪽으로 훌륭히 키울 방법이 없을까요?" 했다면 또 모를 일이 아닐까를 지적하며 최소한 바람과 특성을 말할 수 있는 엄마가 되어야겠다는 것을 알린다.

유아의 잠재력 발견

신생아는 초능력의 소유자다. '잠재력이 뛰어나다' 하는 말이 나와 많은 학자들의 연구 대상이다. 그래서 엄마들은 아기의 초능력을 어떻게 영재와 연결할 수 있을까에 대하여 관심이 높다. 그러나 그에 대한 명쾌한 답은 아직 없고 단지 외국 몇 학자들의 사견이 주축이 되어 판매망을 가진 상업적 메커니즘에 편승되기도 한다.

그러나 현숙한 엄마는 그럴 수도 없으므로 여기서 요점(要點) 몇 가지를 간추려 보면, 초능력이라는 개념은 출생 후 2일 혹은 3일된 신생아를 어른의 손가락에 매달리게 하여 대롱대롱 매달리는 것을 보고 관찰한 말이며, 잠재력은 임신 중에 준 영향(태교)을 생후 재현했을 때 포착한 아기의 반응도에서 충분히 입증됐다는 의미였다.

한편 엄마들은 내 아기를 어떤 방향으로 육아할 수 있을까 하고 애쓰는 것을 본다. 그러나 막상 제공할 자료의 산출근거를 찾지 못해 어려움이 있다.

여기서 중요한 것은 아기의 잠재력이지만 그 특성적 발달의 발견은 쉬운 것도 아니어서 이것을 교육이라는 차원으로 연결하려는 잠재교육이나 잠재력 개발이라는 의미는 순서가 맞지 않음을 지적한다.

중요한 것은 아직 미성숙의 어린 아기에게 가공적 지능을 가하고자 할 뿐이지 그가 갖고 있는 잠재력 발휘의 장이 되지 못한다는 것이기에 우리는 그 요소로서 발견을 먼저 제시하고자 한다.

잠재력의 발견은 전혀 엄마의 영역이며 우리나라 가족제도의 장점인 할머니, 할아버지 또는 아빠의 협조로써 이룩하는 장이라 해도 무방하다.

아기를 안아 주며, 재우며, 놀아 주며, 눈빛을 맞추며 느끼는 것 또는 울음과 보챔과 만족을 보며 촉각, 청각, 미각의 영역에 말을 던지며 반응하는 반응도에서부터 시작해야 한다는 것이 경험철학이 제시한 방법론이다.

잠재력은 아기가 말뜻을 알아듣고 반응한다는 데서 정도(正道)를 입증하며 임신 중 태교를 하며 듣던 태교음악을 다시 들려주었을 때 반응하는 기억력에서, 또 셈이나 독서를 하며 아기가 반응하는 표현들에서 읽을 수 있어야 한다는 것이다.

세심히 관찰하면 어느 것에선 흥미를, 어느 것에선 무관심을 나타내지만 이것들은 모두 태내에서 얻은 정신적·심리적 잠재의식의 표출이라고 말한다. 그러나 잘 나타나지 않는 것도 있다. 그렇다고 '거기에는 소질이 없나 보다'라고 일찍 포기해서도 안 되는 것이 잠재력은 내재해 있으나 그에 상응하는 여건이 조성되지 못하면 안 나타날 수도 있으니 조급해하지 말고 계속 다른 상황에서 기대해 보면 결국 언젠가는 나타날 수도 있는 것으로 엄마의 잠재력 발견엔 세심한 주의가 필요하다.

생후 3, 4개월 또는 5, 6개월의 옹알이나 싫으면 우는 행위들은 신생아의 유아언어라 할 수 있다. 엄마가 자주 말을 걸어주고 응답을 기다리는 것, 또 방 안의 모빌 등 장치를 응시하며 무엇인가를 생각하기 시작하는데 이때가 아기에게 사고의 문을 열어 주는 좋은 기회이다.

TV 광고나 어린이 프로그램에 귀를 기울이는 모습을 보면 아기는 쉬운 것, 1회 반복된 시청물에서 무언가를 기억한다는 데서 자료제공에는 세심한 주의가 요구된다(신생아의 TV 시청은 나쁘다는 연구도 있다).

물론 방향도 중요한 것이 아기의 천부적(선천적) 소질에 관한 것으로 이것을 배제하고는 좋은 결과의 기대가 어렵기 때문이다. 여기에 중요성이 있다.

특별한 잠재력은 이미 타고났는데 그것과 다른 방향에서 제공되는 것에 대하여는 흥미를 느낄 수도, 못 느낄 수도 있으니 엄마는 이 점에 유의하여 아기의 잠재된 취미에 눈을 떠야 한다는 것이다.

잠재력은 무한하다고는 하지만 이런 면에서 유한이라는 의미를 느낄 수도 있으며 바람직하기는 내 아기의 유전적, 환경적(태교)인 영향에 관심을 쏟아 보라는 것이 발견의 초점이 될 것이다.

분명 나는 임신 중에 이런 쪽에 머리 썼고 활동했고 영향 주고자 노력했으니 그것이 얼마만큼의 성과를 거두었나를 파악하는 데 있으며, 때문에 나타나는 특성에 의해 방향모색을 하겠다 한다면 그것은 보다 앞선 잠재력 발견방법이라고 할 수 있을 것이다.

이런 연후에 여기에 가해지는 잠재력 개발이나 잠재교육도 성공을 거둘 수 있다. 물론 여기에도 그에 맞는 프로그램이 전제되어야 하지만 여하튼 어린 아기에게 제공될 여하한 것도 그것이 자연현상의 진전이어야지 억지로 만들려는 패턴식이 되어서는 안 되겠다는 것이 중요한 초점이다.

요즘 보면, ○○교육, ○○프로그램 하며 겉으로는 번지르르하나 내용은 근거도 국적도 없는 것이 쏟아져 나와 엄마들을 유혹하고 괴롭히는 것을 보며, 우리는 잘못된 길을 가지 않기 위해 분석하는 자세가 되자는 것이다.

만약에 잘못될 일이라면 애당초 하지 않는 것이 낫고 그러면 뒤지지 않겠느냐고 염려되는 부분은 경험한 분들의 조언을 듣는 것이 더 좋을 수 있는 것이라는 점을 첨가한다.

과학이나, 교육이 그렇게 발달한 것 같아도 인지발달에 도움 줄 완전한 프로그램은 아직 없기 때문에 그르쳐서는 안 된다는 것을 심어 주기 위해 육아태교의 존재가치가 있다는 것을 강조한다.

돌이켜 보면 우리는 새것이면 무조건 받아들이는 습성이 있었고 때문에 나중에는 잘못되어 골치 아파하는 몇몇 경우를 보며 개선할 점과 그에 대처할 요령들에 대해 밝히고자 한다는 것을 명심했으면 한다.

뇌의 신경회로 형성을 추적해 보니 태중에서 30%, 0~3세 때 67%가 발달하고 신생아의 정신기능을 나타내는 저뇌파가 0세 때 높아 잠재능력이 뛰어나므로 이때에 제공된 정보가 감각의 인지능력을 통한 학습으로 저장된다고 말한다.

또 일본의 스즈키 방식으로 교육을 펼치는 청주의 김희모 씨는 그것을 '빈곤의 원리'나 굶주림의 메움이라는 원리로 재능교육이라는 장으로 반복식 암기교육을 하는데 입학의 요건으로 다음과 같다.

1. 태어나 즉시 등록한다.

2. 매일 바이올린곡 3~4회 들려 준다.

3. 두 돌 후 엄마에게 바이올린을 가르친다.

4. 아기가 하고 싶어지게 한다.

5. 2년 만에 아기를 가르친다.

이렇게 하여 0세부터 음악적 천재를 양성한다고 하고 있다.

천재출산과 영재육아

미국의 고성능 정자은행이 유전적 천재 출산을 실험한 결과 실패를 자인했다 알린 바 있다. 이것은 옛날 신라시대 우리나라에도 있었던 성골, 진골(임금은 임금의 씨가 따로 있다) 이야기와도 맥을 같이 한다.

그렇다면 천재는 어떻게 출산되며 육아와는 어떤 함수관계가 있을까에 대해 유전과 환경의 궁금증을 풀어 줄 자료에 눈을 밝힌다. 그러나 그것은 변형된 천재 유아교육을 행하는 곳, 즉 이름만 요란하고 내용이 없는 속빈 강정 같은 곳에서는 찾아보아도 역시 마찬가지였다.

그래서 요즘에는 기왕에 그런 바람이 있다면 태내에 있을 때를 기준하여 출산 직후까지의 기간을 중요한 시기로 한다. 이제 여러분은 출산한 입장에 있는 엄마들이니까 0세 육아에서 찾는 것이 바람직하지 않을까 한다. 역시 영재나 영재의 소질은 선천적인 것을 후천적으로 발견하는 것이라 전제하면 이것을 발견하는 것은 엄마의 본분이라 정의 내려 마땅하다.

아무리 그런 소질을 타고났다 해도 발견하지 못하면 바보로 오인될 수 있다는 '아인슈타인'의 이야기 등 많은 예들이 이를 뒷받침하며 설혹 천재성이 발견된다 하더라도 이를 뒷받침하지 못하면 그 우수성이 소멸되어 가는 인천의 천재 김웅용의 예가 바로 여기에 속한다고 할 수 있다.

그래서 때를 맞추어야 하고 발견됐을 때는 그에 상응하는 교육의 뒷받침이 뒤따라야 할 것도 아울러 지적하고 싶다.

그런데도 많은 엄마들은 막연한 영재성, 천재성에 눈만 부릅뜬다.

여기서 다시 알아 둘 것은 천재를 만드는 방법에 신경을 곤두세울 것이 아니라 0세 육아 시의 관점이 아니겠느냐고 지적하고 그렇기 때문에 0세 육아는 가급적 엄마의 관심에 두고 싶은 것이다.

맞벌이 부부라서 어쩔 수가 없다든가 직장문제가 골치 아파서라며 본말이 바뀌는 일을 하고도, 그러기를 바라서는 안 될 것이다. 그렇더라도 0세 육아만은 엄마가 해야 한다는 학자들의 연구에 귀 기울이며 굳은 결심을 하지 않는 한 바라는 결과는 달라질 수도 있다.

일반적으로 나오는 육아 경험담을 들어 보면 0세 때는 그래도 괜찮았으나 두 살 이후 철이 들면서 엄마를 붙들며 직장에 가지 못하게할 때가 더 힘들었다고들 하는데 과연 말하지 못한다고 0세 때는 괜찮았을까?

정부에서는 산업사회의 구조에 맞게 하기 위해 2, 3세를 위한 탁아소 설치에 많은 노력을 하고 있으나 실제에 있어 영아, 유아의 육아는 천재가 목적이 아니더라도 엄마와는 떼어 놓을 수 없을 만큼 중요한 시기임에는 틀림없다.

그래서 여기에 거듭 강조하지만 0세 육아만은 엄마의 몫이라는 데 이의를 제기할 수 없다. 앨빈 토플러가 쓴『제3의 물결』같이 직장일을 집에 갖고 와서 하는 한이 있더라도 아기 인성, 심성에 저해요인이 되는 엄마의 직업은 가급적 시정하는 방향이 바람직하다.

　장래계획이 어떻든 아빠의 희생이 여하하든 0세 육아만은 엄마가 소홀하지 않는 것이 후일을 위해 가치 있음을 강조한다.

천재, 유아 때 알 수 있다

지금까지의 영재교육은 조기교육으로 아기가 말하기 시작하는 3~
4세 유아교육이 영재를 만드는 지름길이라고 인식되어 왔다. 그러나
그것은 큰 잘못이요, 영재성은 유아 때 발견되는 것이라는 연구가 이
웃 일본에서 일어나고 있다.

그것은 태아가 갖는 신비한 능력과 신생아의 초능력이며 이때 좋
은 것이 전해져야 한다는 것과 또 그것이 발휘되는 0세 때의 능력 포
착에서 온다는 데 있다.

그러나 아직 교육연구가 거기에 도달하지 못한 우리나라 입장에서
는 '취학 전 영재의 지도방법' 등 연수모임이 한국교육개발원에서 있
었기로 우선 그것을 조금 발췌해 옮겨 보기로 하자.

영재성 아기들의 유형은 다음과 같다.

·한 가지 일에 너무 몰두하는 유형

·통념을 비판적으로 보는 유형

·호기심이 많은 유형

- ·자신이 발견한 것에 열광하는 유형
- ·날카로운 질문을 하는 유형
- ·이상한 말을 잘 하는 유형
- ·말할 때 비유법을 자주 쓰는 유형
- ·세밀한 관찰을 하는 유형
- ·새로운 방법을 찾아내는 유형
- ·솔직하게 알고자 하는 유형

　위의 내용을 포함하여 20여 가지를 들었는데 여기서는 줄이고 이것들은 3, 4, 5세의 경우에 해당하는 것이라 하겠고, 우리는 0세의 신생아를 대상으로 하는 것이니 이것을 그저 참작의 여지로 삼을 뿐 좀 더 가까운 곳으로 접근하면, 0세 아기는 아직 말도 못하며 장난감 놀이도 서툰 때문이니 집요한 엄마의 관찰이 요구된다 하겠다.

　그래서 그들에게는,

- ·말을 알아들을 수 있을 때 말로 설명한다.
- ·그 전에는 정을 통해서 무엇을 알게 해 준다.
- ·눈으로 말하고 표정으로 말하라.
- ·피부로 알게 하고 촉감으로 알게 하라.
- ·마음으로 통하고 의사를 전달해라.
- ·음악을 들려주며 느낌을 찾아내라.
- ·오른쪽 뇌의 발달을 돕기 위해 말은 반복적으로 우뇌의 시냅스 연결을 유도한다.

　이렇게 하며 반응을 관찰하는 것이다. 가령 이해도나 느낌을 파악하여 아기의 특성을 찾는 동안 그의 영재성에 관해서도 어렴풋이 판단하는 것은 엄마에게 부여된 과제이며 엄마만이 할 수 있는 가정교육이며 이것이 곧 영재교육의 지름길이 된다.

지금까지 우리는 신생아에 대한 신체적, 정신적 능력에 대한 인식이 결여되었다. 그러나 초음파 같은 과학기구의 발달로 능력평가는 판이하게 달라졌고 종래의 조기교육과는 목적과 방법이 달라졌다. 아직도 미개척 분야라 할 수 있는 영재성 발견은 가해지는 패턴 교육으로부터 파악하는 마음의 정보전달 커뮤니케이션으로 변하여 엄마의 의식이 바뀌어야 한다는 쪽으로 변하고 있다.

이것이 발전하는 시대에 적응하는 인간의 노력이며 따라서 영재교육도 0세 때의 표현에 대한 엄마의 감지로 시작된다는 것을 잊지 말자.

이것을 뒷받침하는 여러 예가 있다.

서구의 쥬세페 부부는 신생아 양육방법을 획기적으로 개선해 보겠다고 습관적인 안아 주기, 응석부리기 등에서 해방되고자 아기가 아무리 울어도 내버려 두기로 했다. 그러나 이런 생활이 오래 계속되자 모자는 함께 지치고 말았다.

어느 날은 견디다 못해 잠시 안아 주었더니 그렇게도 울부짖던 아기가 엄마 품에서 금세 새근새근 잠이 드는 것이 아닌가.

다음 날도 그렇게 했더니 아기의 울음이 씻은 듯이 없어지고 말았다.

그래서 이 부부는 자신들의 생각이 잘못됐던 것을 알고 이제부터는 전통 육아방법에 충실할 수 있게 됐다는 것이다.

또 지금 유행하는 육아는 왼쪽 뇌를 발달시키고자 하는 주입식(제공식)으로 발전하고 있으나 그것은 패턴교육(질서 있게 짜인)으로 오른쪽 뇌와의 균형을 깨는 잘못된 것이라고 지적되고 아기는 느끼고 감을 잡고 이해하는 오른쪽 뇌발달로 유도되어야 한다.

그러기 위해서 엄마는 계속 아기의 신호를 간파하고 욕구를 충족시켜 주기 위해 관심으로 연결고리를 돈독히 해야 한다.

다시 말하자면 후진국 아프리카의 엄마들도 주머니 속에 있는 아기의 배설 욕구를 척척 알아내는 것만 보아도 쉽게 이해가 될 것 같다. 그것은 모자간의 커뮤니케이션이지 배운 지식과는 관계가 없다는 것이다. 그래서 프랑스의 어느 학자가 이상히 여겨 이를 물었더니 "당신네들은 자신의 배설욕구를 모르시나요?" 했다는데 분명 엄마는 아기의 변화를 상상 이상으로 민감하게 포착한다는 데 이상할 것이 없다. 여기서도 보면 유아(신생아) 교육은 한다는 것보다 자연의 이치대로 '되어진다'는 쪽으로 방향을 바로잡는 것이 옳은 것이라는 견해다.

때문에 영재교육도 보통아기를 영재로 키운다기보다는 영재성의 아기를 모르고 그냥 넘기는 것이 아닌, 그 아기의 영재성을 일찍 간파한다는 형태로 바뀌어야겠다.

요즘 일부에서 일고 있는 '영재로 만든다'는 교육 프로그램도 확인하는 자세가 있어야겠다.

자, 그럼 우리는 여기서 무엇을 느끼나? 그러면서도 우리는 새로운 패턴 교육의 예시적 방법을 찾지 않을 수 없으니 그것을 열거해 보면 다음과 같다.

첫째, 반복해서 같은 것을 몇 번이고 해준다.

둘째, 이해를 시킨다고 구차한 설명을 가하지 말자.

셋째, 씨 뿌려 열매 맺기를 기다리듯 결과에 성급하지 말자.

넷째, 지적 능력의 신장이 아닌 생활을 익히는 데 초점을 두자.

다섯째, 애정으로 감싸되 좋은 것을 가르쳐 잘할 수 있는 인성을 만든다.

그런데 여기서도 보면 그것이 교재로까지 정립되기 위해서는 아직 요원하다. 그러나 이상과 같은 이론이 어디에 뿌리를 두었느냐는 것은 전통 유아교육의 변형이라 보며 시대에 맞는 접근이라고는 할 수 있지만 더 연구되어야 할 과제라 할 수 있다.

이런 관점에서도 영재교육도 태중으로부터 시작됐어야 할 것이 전제되고 그때 잘한 분이라면 그것의 연속성에서 방향을 찾자고 하게 된다.

그러면서 너무 상업성 선전물에 현혹되지 않는 지혜도 중요하리라 생각되며 바라건대 교육적인 전문연구를 찾는 것이 후회하지 않는 일이 될 것이라 믿는다.

영재는 어느 달 태생이 많을까?

그리스 신화에서 물병자리라는 별자리가 1월 하순~2월 중순까지로 이때를 '지혜'라 의미하는데, 이것은 추리력이나 과학적 재능을 상징한다. 때문에 이때 태어난 사람들이 영재성이 있다는 이야기가 있다. 그러나 일반적으로 서양에서는 5월생이라 하기도 한다. 실제로 우리나라 두뇌집단이 모였다는 KAIST에서 1,000여 명, 또 서울대 법대, 경영대생 2,000여 명, 사법연수원생 250여 명을 대상으로 그 출생한 달을 세부적으로 조사해 보니, 1월생, 2월생, 3월생, 10월생의 순으로 나타났는데 이것은 표면적 통계이고, 과학, 법학, 경영학 등으로 나누면 순서는 또 달라진다. 그러나 그것을 토대로 3~4월경이라는 임신시기를 생각하기 쉽지만 그보다는 유전과 환경 사이에서 임신 중 태교를 열심히 하여 그 결과를 기다리는 것이 타당하지 않겠느냐고 덧붙였다.

2~3세 유아교육에 앞서는 영아교육

요즘 천재 유아교육을 한다고 외국에서 오래전에 유행했던 유아교육 교재를 번역해 보급을 서두른다.

세일즈 우먼들의 말솜씨가 그럴듯하고 장난감, 도표 등을 보니 마음이 끌려 안 살 수 없다. 그것이 나쁜 것은 아니다.

그러나 막상 사 놓고 그렇게 되는 결과를 보지 못할 때 엄마들은 마치 자기 아기가 영재성이 없는 것으로 오인하고 속을 태운다.

그런데 자세히 알고 보면 그건 의미를 잘못 해석한 것이지 그 아기가 둔재라서 그런 것만도 아닐 것이다.

물론 둔재에게는 해당되지도 않겠지만 머리가 좋은 아기일지라도 자신의 선천성 재능과는 관계가 없고 하고 싶지도 않은 것을 강제로 권할 때 이 아기는 점점 거부하는 자세가 될 수도 있다는 것을 밝히며 문제의 심각성을 거론한다.

여기서 지적코자 하는 것은 영아 교육의 대두다. 다시 말하면 그 어린 것에게 무슨 교육이냐 하는 것이며 그래서 이런 것은 오히려 재능이나 특징 발견이라는 이름으로 바뀌어야 한다는 것이고 한발 앞서 아기 몫이 아닌 엄마의 몫으로 삼아야 한다는 이론의 전개다.

엄마가 하지 못한 것을 아기에게 주입시키려 하지 말고 아기가 태중에 있을 때 어떤 점에 특징 있게 학습되었나에 유의하여 타고난 특성에 관심 두는 것은 엄마의 몫이지 아기가 발휘할 능력에 속하지 않는다는 점이다.

중요한 것은 선천성 소질이라는 태중에서의 영향은 그때 엄마가 책을 많이 읽었거나 좋은 음악을 많이 들었다고 했을 때는 그런 쪽에서, 또 생각을 많이 했었다면 그런 쪽에서 나타나는 특성을 발견하게 될 것이므로 유아교육의 지름길은 바로 시기라는 것이나.

그렇다고 영아가 사물을 판단하는 것이 아니니 엄마가 옆에서 아기의 그런 모습을 보며 표정에서 무엇을 읽을 수 있거나 읽어야 한다는 점이다.

예를 들면 임신 중에 듣던 태교음악을 다시 들려주었을 때의 반응도를 관찰하여 앞으로의 교육방향을 맞추자는 것이다.

그래서 그런 것을 주입식(패턴식) 교육이 아닌 재능발견이라는 장으로 끌어낸다는 것이다.

그러면서 3~4세 유아교육에서 그 특성적 능력개발에 임하게 하며 잠재된 재능이 발휘될 수 있는 기회 제공으로 바꾸자는 것이다.

그렇다고 이것을 천재교육이라 하기엔 불충분(불확실)하다. 오히려 잠재의식의 조기발견이라 하는 것이 좋겠다는 의미다. 그러면서도 아직 개발된 프로그램이 완성되지 않은 점 아쉬워한다.

문제는 요즘 박사들의 연령이 낮아지고 있고 그래야 산업역군으로도 쓰임새가 좋다는 외국학자들의 정보에서 거기에 대응하려는 자세이지 그렇다고 요즘 박사들의 갈 곳이 없다는 우리나라 현실에서 조기교육이 과연 필요한가라는 사회문제는 엄마들에게 재고를 요구하고 있기도 하다.

여하튼 시대는 국제적 두뇌경쟁 시대요, 첨단적 정보의 무한한 가능성의 발견만이 요구되는 차재이니 영재, 천재의 뒷받침은 당연하겠지만 초점이 잘못되면 예상치 못한 방향으로 오도될 수도 있어 방향설정에 세심한 주의가 필수라는 것은 빼놓을 수 없는 문제로 부각된다는 것을 재삼 강조하고 싶다.

제3장

현대의 육아정보

신생아 발달 체크포인트

생후 1주

· 물체를 접근시켰다 뗐다 하며 반응을 본다.

· 머리를 뒤로 하려 한다. 색감, 거리 구분도 한다.

· 소리를 듣고 연상하고 냄새 맡고 잠 잘 잔다.

· 깨어 있을 땐 무엇인가 모방하려는 듯한 표현을 한다.

· 작은 교감신경의 컴퓨터 같은 움직임(능력)이 보인다.

· 눈에 빛을 비추면 눈을 감는 듯한다.

· 호흡은 분당 30~50회가 정상이다.

· 운동기능을 머리로부터 발쪽으로 발달한다.

· 자극반응은 중뇌의 반사작용으로 한다.

· 손가락을 쥐어 주면 꼭 잡는다.

· 젖 먹는 시간 외에는 그저 잠만 잔다.

· 배꼽이 떨어지려 한다.

· 신생아는 3~4일간 잠시 멈췄다가 성장한다.

· 일주일 후부터는 약 200~250g씩 부쩍부쩍 는다.

· 평생을 통해 가장 많이 느는 시기이다.

· 쥐기, 찾기 등 본능적인 반사반응을 한다.

· 감각기관은 아직 미숙한 편이다.

2주

· 색깔은 단순한 것보다 복잡한 것을 좋아한다.

· 고정된 물체보다 움직이는 것을 좋아한다.

· 향기 있는 과일냄새를 좋아하고 나쁜 냄새는 싫어한다.

· 감각기능은 자연발생적이다.

· 몸을 잘 가누지 못하는 것은 운동신경 미발달 때문이다.

· 잠을 무척 좋아한다.

· 자기 의사를 울음으로 표시한다(언어).

· 각기 다른 울음 언어를 익혀 둔다(배고플 때, 졸릴 때, 아플 때, 시선을 끌려고 할 때 등).

· 목욕 하루 1~2회 시킨다.

· 기저귀는 통풍 잘 되는 것으로 한다.

· 배꼽이 떨어진다.

· 엎어(엎드려) 재우기는 잘못된 정보이다.

· 차고 뜨거운 것에 대한 반응이 빠르다.

· 입술과 혀의 감각이 잘 발달한다.

· 이유 없이 울 때는 불안감 때문이다.

3주

- "젖", "맘마", "오줌 쌌나" 등 말을 걸어 주는 것은 의사소통의 지름길이다.
- "오 잘 잤나?", "아빠 닮았네" 등의 대화로 좋은 교감을 나눈다.
- 안아 주고 뽀뽀해 주는 것은 사랑의 표시로 받아들인다.
- 몸을 세우고 가슴을 약간 숙여 주면 걸으려는 동작을 한다.
- 조용한 음악을 들려주며 정서를 심는다.
- 모유든 우유든 먹인 후 트림을 꼭 시킨다.
- 몸무게가 는다.
- 아직 병에 대한 저항력이 없다.
- 아기의 콧잔등, 목뒤를 만져보며 더운지 파악한다.
- 서서히 밤낮의 구별을 하기 시작한다.
- 자주 얼러 주고 의사소통의 문을 연다.
- 겨드랑이에 손을 넣으면 좋아한다.
- 모유와 우유를 구별한다.
- 가끔 열이 오를 때는 '기이열', '일과성'이 있다.
- 너무 덮어 주지 않았나를 본다.
- 눈곱, 코딱지는 젖(모유) 몇 방울로 해결할 수 있다(약 처방이나, 병원출입 안 해도 됨).
- B.C.G 예방접종 했나 확인, 딱지는 놔둔다.
- 신생아는 얼굴을 창문 쪽으로 돌리고 손발을 움직이며, 주먹을 쥐거나 무릎을 굽힌다.

1개월

- 시각: 벽에 간단한 그림, 글 등을 붙인다.
- 청각: 태교음악을 다시 들려주는 기회를 마련한다.
- 촉각: 볼을 눌러 보거나 주먹에 손가락을 넣어 본다.
- 미각: 모유와 우유를 어떻게 구별하나 체크해 본다.
- 후각: 엄마 냄새를 기억하나 체크해 본다.
- "우리 아기(공주, 대장)가 오줌을 싸셨네", "기분이 어떠신가?", "발이 시렵겠네" 등 말을 걸며 커뮤니케이션의 문을 연다.
- 개월 수에 맞는 장난감을 갖고, 어떤 것을 더 좋아하나 체크하며 "이것은 ○○예요" 하며 기억하게 해 준다.
- 아기는 소리 나는 방향으로 얼굴을 돌린다.
- 그간의 반복으로 생활리듬은 만들어졌다.
- 포경수술을 했을 땐 이상 유무를 확인한다.
- 머리를 들고 적어도 3초간 버틸 수 있다.
- 두 발을 바닥에 닿게 하면 두 다리를 뻗치고 머리를 잠깐씩 들 수 있다.
- 이때 앞으로 가볍게 밀면 아기는 발로 움직이는 듯한 자세를 취한다.

1개월 반

- 시선이 마주치는 곳에 장식품을 매달아 준다.
- 가끔 손, 발 운동을 시켜 본다(기저귀 갈 때, 옷 갈아입힐 때).
- 방 안 공기를 자주 갈아 준다(신선한 것으로).
- 재미있는 동요를 들려 줘도 좋다(짧은 것).

- 기저귀는 통풍이 잘 되는 것으로 한다.
- 목은 잘 가누지 못하나 턱은 들어 올리기도 한다(약간 든다).
- 배변이 좋으면 건강한 것이니 즐거움을 갖자.
- 운다고 안아 주면 습관된다.

2개월

- 손이 닿는 곳에 장난감을 놓아 본다.
- 손발 마사지, 일광욕도 시켜 본다.
- 촉감발달을 위해 만져 보게 하는 것도 좋다.
- 옹알이에 귀 기울이며 대답을 해 주자.
- 자주 말을 걸어 "요건 뭐", "저건 뭐" 하며 알고 있나, 좋아하나를 알아본다.
- 엎드려 3초간 머리를 세우지 못한다.
- 천장 쪽에 모빌을 매달아라.
- 모유와 우유 혼용도 가능하다. 엄마가 직장으로 출근하려면 미리 훈련하자.
- 약 10초간 5cm 이상 머리를 쳐들고 있다.

3개월

- 엎드릴 수 있나 해 본다(발버둥도).
- 장난감을 쥐게 하여, 놀게 한다.
- 소리 나는 것, 뒹굴려도 되는 것을 주어 본다.
- 자극을 많이 주어 의욕이 샘솟게 한다.
- 후두음을 내어 알아보자(눈 맞추기 해 본다).

- 말장난을 하며 '엄마', '할머니'를 가르쳐 본다.
- 엎드려 30초 정도 머리를 세우고 끙끙댄다.
- 엎어 놓으면 머리를 든다.
- 과즙, 야채즙 주어도 된다.
- 일광욕, 신선한 공기 마시게 한다.
- 기기: 배를 대고 있을 때 두 팔을 딛고 머리를 45~70°로 1분간 지탱할 수 있다.
- 서기: 세워 주면 걸으려는 반사적 행동이 사라지고 놔두면 다리를 굽힌다.
- 들기: 2~3초간 머리를 들 수 있고 손을 벌릴 수 있다.

4개월

- 밖에 데리고 나가 본다.
- 봄이면 꽃을, 여름이면 잎을 보여 준다.
- 너무 업어 주지만 말고 안기도 한다.
- 길 수 있다. 한쪽 발로 기는 아이도 있다.
- 손가락 빨기 등을 할 수 있다.
- 아기 이름을 자주 불러 본다(빵긋 웃겨 본다).
- 시계, 동물 이름도 가르쳐 본다.
- 이가 났나를 체크해 본다.
- 고개를 바로 한다.
- 머리, 어깨를 움직여 소리 내어 웃으며, 침을 흘리기도 한다.
- 몸을 가눌 수 있다. 침 흘리면 턱받이를 해 준다.
- 목을 가누면 업어도 된다.

· 손에 쥐어 줄 장난감 준비한다.

· 낮 시간에 잘 놀면 밤에 울지 않는다.

· 기기: 앞으로 팔을 내뻗고, 안전하게 몸을 지탱하고, 손을 벌리며 머리를 꼿꼿이 세운다.

5개월

· 장난감을 갖고 잘 노는지 본다.

· 보행기를 타고 놀게 해 본다.

· 특징을 찾아 자주 칭찬을 한다.

· 앉을 수도 있다.

· 놀이동무, 말동무가 되어 준다.

· 재미있어 하는 것을 찾아낸다.

· 아랫니가 두 개 보일락 말락 솟는다.

· 두 손으로 물건을 쥔다.

· 안아 주면 뒤로 젖힌다. 몸무게는 출생 시의 2배가 된다.

· 손발에 근육이 생겨, 기고 앉고 뒹군다.

· 주위에 호기심 생겨 잡고, 빨고, 헤친다.

· 까꿍놀이, 장난감 줍기, 떨어뜨리기 한다.

· 기기: 배를 깔고 몸을 받치지 않은 채 허우적거릴 수 있고, 머리·가슴·팔을 높이 쳐들 수 있다.

· 서기: 몸을 붙잡아 세워 주면 다리를 뻗어 발끝으로 설 수 있다. 팔은 느슨하게 굽히고 손은 반 정도나 완전히 벌릴 수도 있다.

· 앉기: 무릎 위에 앉히고 옆으로 균형을 잃게 해도 머리를 빳빳하게 유지한다. 앉으려 할 때도 머리를 안전하게 쳐든다.

6개월

· 기는가 알아본다(발을 받쳐 준다).

· 새소리, 바람소리, 동물소리를 들려준다.

· 시각, 청각, 촉각 등 기능 발달에 머리 쓴다.

· '두루루루－까꿍'을 해 본다.

· 뒤집기도 해 본다.

· 혼자 뒤집을 수도, 옹알이도 한다.

· 손에 닿는 것을 잡는다.

· 이유식을 할 수 있는 때다.

· 좋고 싫은 표정이 확실해진다. 면역이 없어질 시기이다.

· 혼자 노는 것을 보자. TV를 같이 볼 수 있다(길면 나쁘다. 잠깐씩 보여 준다. 그러나 잠재력을 키우는 분은 TV를 아주 안 보여 준다).

· 기기: 몸을 지탱한 팔을 펴며 바닥이 경사질 경우는 균형을 잃지 않으려 팔로 몸을 받친다.

· 앉기: 스스로 앉기 위해 능동적으로 몸을 일으킨다. 엄마의 엄지를 붙잡고 잠시 몸을 끌어당긴다. 앉혀 주면 머리를 조절한다.

7개월

· 앉는가 시험해 본다(베개를 받쳐 준다).

· 기어 다니게 한다.

· 도리도리 짝짜꿍을 시켜 본다.

· 엎어졌다 누울 수도 있게 해 본다.

· 앉는다. 이가 난다. 기어 다닌다.

· 앉고 서고 '따로따로'가 가능하다.

· 보행기 탈 수 있고, 웨하스, 비스킷 등 과자를 먹는다.

· 소리 나는 장난감 좋아하고 웃고 동의를 구한다.

· 기기: 배를 대고 엎드려 장난감을 향해 한 손을 뻗칠 수 있다. 또
  몸을 돌릴 수도 있다.

· 서기: 세워 주면 다리를 굽혔다 앉고 다시 선다.

· 앉기: 자기 발가락을 만지며 앉아서 오래 놀 수 있다.

8개월

· 음악을 들려주며 그림도 보여 준다.

· 문자, 언어 능력도 이끌어 본다.

· 곤지곤지 잼잼도 시켜 본다.

· 손가락 잡고 일어서기를 해 본다.

· 혼자 움직이니 잠시도 눈을 팔지 말아야 한다.

· 말을 알아듣는다. 낯가릴 수 있다.

· 엎어지고, 앉고, 기고, 자유자재로 움직이니 콧등 조심한다.

· 이도 불끈 솟아, 무엇이든 입으로 가니 잘 봐야 한다(입 속에 넣는
  것 조심).

· 종이 찢고 구기고 하는 것 괜찮다(탐구심 키워라).

9개월

· 장난감 쥐었다 떨어뜨렸다 하는 것 보자.

· 대롱대롱 매달리기도 시켜 본다.

· 안녕! 빠이빠이를 시켜 본다.

· 손잡고 서기도 하고 장난감 쥐고 잘 논다.

- 자기 의사 표시도 한다. 자주 앉아서 논다.
- 옷은 편한 것으로, 살림도구 위험하지 않은 것으로 사용한다.
- 체조도 시키고 물구나무 서기, 바깥구경도 시킨다.
- 기기: 앞뒤로 물 표범처럼 길 수 있다. 두 다리도 앞으로 작게 조금씩 움직인다.
- 서기: 발바닥으로 서며 손을 잡아 주면 1분 정도 체중을 완전히 지탱한다.
- 앉기: 자유롭게 앉는다. 등을 밀면 다리를 굽히고 팔을 뻗어 균형을 잡는다.

10개월

- 그림책 읽어 주기, 공굴리기 등을 해 본다.
- 벽돌쌓기, 짜 맞추기 등도 시켜 본다.
- 따로따로(서는 연습)를 시켜 본다.
- 세워 놓고 손을 끌어당겨 걸음마를 시켜 본다.
- 먹을 것을 손으로 잡고 입에 댄다.
- 부르면 웃거나 돌아본다. 용변 습관 키우자.
- 이유식은 하루 세 번, 놀 때 먹이지 않는다.
- 잠시도 가만있지 않는 것이 정상이다.
- 발음을 정확하게 하며, 하고 싶어 하는 것은 도와준다.
- 기기: 손바닥과 무릎으로 움직이며 흔들고, 넘어지지 않고도 몸을 돌리게 된다.
- 앉기: 엄마의 도움 불필요하다. 스스로 가구 쪽으로 가서 몸을 일으키고 다리를 뻗고 몸을 돌릴 수도 있다.

11개월

- 동화 테이프 들려주기 등을 한다.
- 카드놀이도 시켜 본다.
- 짝 맞추기, 굴린 공 가서 잡아오기 등을 시켜 본다.
- 주위 사람을 알아본다.
- 책상, 찬장 서랍 등을 연다. 계단주의.
- 말이 이른가 알아보고 눈, 코, 입을 가르친다.
- 변 가리기와 시간조절을 가르친다.
- 가랑이 바지를 입혀 혼자 싸는 것을 가능하게 해 준다.
- 장난감을 상자에 담는 것을 가르친다. 또 가끔 나들이도 나간다.
- 서기: 가구를 잡고 서며 앞으로 나갈 수 있다.
- 앉기: 거의 안정감 있게 앉는다.

12개월

- 발 띄워 놓기를 시켜 본다.
- 손잡고 시작하여 떼어 놓아 본다.
- 아장아장 걷는 아이도 있다.
- 걸음이 늦는다고 초조해하지 말자.
- 혼자 걷고 혼자 먹고 한다.
- 이가 여덟 개가 나온다.
- 수저 쥐는 연습을 한다.
- 움직이는 장난감을 좋아한다.
- 대천문이 닫히기 시작한다. 붙잡고 서기가 쉬워진다.
- 어른과 같은 음식에 맛들이기 시작한다.

·혼자 먹는 습관을 키운다.

·독립심 기르고, 그림책 보며 이야기하기 가능해진다.

·서기: 돌 때는 60%가 걸을 수 있게 된다.

·앉기: 엄마가 다리를 조금 들어 올려도 넘어지지 않는다. 만약 넘
어지려 해도 즉시 바른 방향으로 지탱한다.

0세 발달기의 메시지

반사반응기의 신생아

출생 후 약 1~2개월까지를 반사반응기라 한다.

이때 아기는 본능적으로 외부자극에 반응하는데 이를 학문적으로 빨기, 쥐기, 감기 세 가지 형태의 반사작용으로 나눈다.

그 첫째가 빨기로 아기 입술에 무엇이 와 닿았을 때 반사적으로 빨려는 반응이고, 두 번째는 쥐기로 손가락을 손에 쥐어 주면 꼭 쥐어 보려는 반응이고, 세 번째는 감기로 눈에 바람을 불어 보면 꼭 감으려는 눈 보호의 반응이다.

이러한 신생아를 이해하며 엄마는 어떻게 대처해야 할까?

처음 반사반응은 반사신경을 발달시키고 그것을 행동화해 가니 스스로의 의지로 행동하지 못하는 아기에게 엄마는 시간을 맞추어 먹을 것을 제공하고 깨어 있는 시간을 활용하여 감각을 발달시키는 빨기, 쥐기, 감기 등을 실시해야 한다.

실제로 아기의 대뇌는 형성이 됐지만 작동되지 않는 많은 부분을 움직이게 하기까지는 일정한 프로그램이 작성되지 않으면 안 된다. 대뇌피질이 어떤 자극에 의해 연결되고 스냅스들이 동작의 지령을 내리기까지 엄마는 제공자다.

아기가 자고 있을 때 뇌는 계속 자극을 받는다. 그러므로 성장곡선에 맞는 스킨십이나 반사반응의 학습자료는 제공되어야 한다.

그렇다고 그것이 규격에 맞게 작성된 프로그램에 의한다기보다는 엄마가 재우고 먹이고 같이 놀고 하며 좋은 환경과 분위기를 제공하면 되는 것이다.

아기는 스스로 지능을 발휘할 수는 없지만 자신의 필요조건을 엄마와 교류함으로써 욕구를 충족시키는 것이다.

가령 기저귀를 갈 때라든지 목욕을 시킬 때라든지, 왼쪽 모유를 수유하다가 오른쪽으로 갈 때라든지 말을 걸며 사랑을 주며 스킨십을 하며 포근하게 정을 주고 지혜와 힘을 북돋아 주는 것이다.

아기의 표정을 살피며 실컷 잤는지, 실컷 먹었는지, 시원한 공기를 원하지나 않는지, 일광욕을 시킬까, 딸랑딸랑 방울소리를 들려줄까 하며 감각, 욕구, 불편함을 알아차리며 발달을 체크하는 것이라 하겠다.

그런 후에는 가능한 한 빨리 목을 가눌 수 있도록 도와주며 수유 스타일도 바꾸며 아기가 자유로이 발달하게 해 주고 창가에서 재우며 자연의 소리, 새소리도 들을 수 있게 한다든지 깨어 있을 때 눈 위에 모빌을 걸어 적극적으로 보게 하고 엄마와 눈을 맞추며 대화를 유도한다든지 손가락 빨기, 손가락 장난으로 말초신경 발달을 도모한다. 엎드리기를 하면 콧방아 찧지 않도록 목가누기를 돕고, 미로 반사(평형반사) 때 균형을 잡을 수 있게 하며 배에 힘을 줄 때는 어깨, 옆구리, 발끝을 쓰다듬어 준다.

불안하거나 괴로워할 때는 포근히 안아주어 안정시킨다.

미로반사 때는 "미안하다", "괜찮다" 하며 달래 주어 신뢰감을 키운다.

2~3개월에 목을 가누면

· 깨어 있는 시간이 길어지며 낮과 밤의 리듬이 생긴다.

· 아기는 표정이 풍부해지고 주위의 모든 것에 호기심이 싹튼다.

· 의식적인 행동도 하려 하니 탐구심에의 의욕을 일깨워 준다.

· 세워서 안을 수 있게 되니 슬슬 산책도 가능하다.

· 밤에 울면 원인을 파악하고 수유는 가급적 삼간다.

· 수유는 3~4시간 간격으로 1일 4~5회 하지만 먹고 싶어 할 때 주어야 한다. 서서히 우유를 준비한다.

· 이제는 외부자극에 의해 뇌가 발달하므로 재능개발을 위해 많은 자극이 필요하다.

· 자극을 반복하며 반응에는 칭찬을 해준다.

· 젖을 줄 때는 말을 걸면서 주며 자주 말을 건다.

· 흉내는 세계를 넓힌다. 간지럼도 할 수 있다.

· 예술기능은 감각의 자극에서 효과를 볼 수 있다.

· 울음소리를 잘 식별해야 의사소통이 잘 된다.

· 울음은 불만·불쾌함을 나타내는 것, 주의를 딴 데 돌리면 그친다.

· 그래도 울면 자세히 원인을 조사해 보는 것이 최선이다.

· 놀면서 뇌를 발달시키는 방법으로는 장난감이 필수적이다.

· 장난감은 잡거나 쥘 수 있는 것, 작고 가벼운 것이 좋고 누워 있을 땐 정면에서 보여 주거나 매달아 놓는 것이 좋다.

- 소리 나는 장난감을 매우 좋아한다.
- 오랫동안 좋아하는 장난감이 있다. 그것을 본다.
- 거울 앞에서 숨바꼭질을 해도 좋다.
- 흥미 있어 하면 가까이 갔다, 멀리 갔다도 한다.
- 감각과 EPS(감각의 인지능력) 트레이닝은 뇌 발달에 좋다.
- 기저귀를 갈려고 엉덩이 밑에 깔 때 쉬를 하는 경우 이때가 배변 훈련 찬스다.
- 다음엔 기저귀를 뺄 때 "쉬" 하거나 "응가"를 하자.
- 대변 때는 아랫배에 힘을 주기 쉽게 넓적다리를 들어 올리거나 엄마도 같이 힘주는 형용을 한다.
- 기기 시작하면 힘주는 근육을 쓰다듬어 단련시킨다.
- 이때쯤 업기도 하니 업을 때 힘주는 근육을 쓰다듬어 준다.
- 어딘지 모를 땐 엄마가 먼저 해 보고 찾아낸다.

4~5개월이 되면 앉는다

- 보통 아기가 4개월이 되면 피하지방이 붙어 포동포동해진다.
- 어르면 웃거나 손발을 버둥대며 좋다는 표정도 짓는다.
- 사람과의 교류에 흥미를 보이고 엄마에겐 어리광도 피운다.
- 점점 지혜가 늘고 손가락 빨기도 잘하게 된다.
- 이유식은 종류가 다양해지고 대변 색이 변하며 횟수도 줄어든다.
- 자주 밖으로 나가길 좋아하니 옷은 편안한 것으로 한다.
- 낮과 밤을 구별하기 시작하니 천천히 가르치자.
- 앉는 시기의 요령은 허리근육을 단단하게 하는 것이다.
- 앉아서 하는 손장난, 손가락 훈련에 재미를 붙이도록 해 준다.

- 대뇌 구피질 작용으로 대뇌가 발달하는 기차놀이 등을 하면 좋다.
- 업어 주기는 띠 없이 하는 것이 운동감각을 발달시킨다.
- 업을 때 아기의 발은 벌린 자세가 좋다.
- 말을 걸 땐 반복으로, 울면 놔두는 때도 있어야 한다.
- 먹는 즐거움을 알게 하며 생활 습관을 익히게 한다.
- 감각기능의 발달은 보고, 건드리고, 두들기고, 소리 내는 등을 하는 것.
- 집중력을 키우기 위해 혼자서 놀게 해 본다.
- 큰 소리로 우는 아기는 집중력이 있고 무럭무럭 자란다.
- 일정한 리듬으로 놀고 자고 울게 하자.
- 손가락으로 물건을 잡는 것은 뇌발달에 좋다.
- 아기가 혹 왼손을 사용하더라도 내버려 둔다(아인슈타인, 에디슨 등은 왼손잡이이다).
- 뇌 발달엔 엄지, 검지, 무명지 세 손가락을 사용하라.
- 3일 이상 밤에 울면 병원에 가 본다. 그러나 그 전날의 생활을 분석해 보고 다른 점을 추적하여 원인을 발견하는 것도 훌륭한 엄마의 지혜에 속한다.
- 5개월에는 운동능력이 충실해져 출생 시의 배로 큰다.
- 차이는 있지만 신체적 특성이 제법 분명히 나타나게 된다.
- 성장이 빠른 아기는 혼자서 돌아눕기도 하니 눈여겨보자.

일어서는 6~8개월
- 이때쯤 되면 아기의 지적 발달에 크게 진전된다.
- 보고 듣고 만지는 것과 장난감에 따라 집중력도 향상된다.

- 그러나 일단 무엇이라도 잡고 일어설 수 있게 유도하자.
- 쉬운 말 '엄마', '아빠'가 가능한지 체크하고 좋은 말을 기억하게 하자.
- 기억력이 붙게 되면 장난감 가져오기 훈련을 해 본다.
- 고독하게 키운 아기 낯가리기 쉬우니 자주 가족(이웃)과 접촉시키자.
- 지적 발달을 촉진하는 외출, 산책을 즐기자.
- 뇌세포 분화를 위해 혼자 노는 일을 만들며 지켜보기도 한다.
- 영양은 밸런스를, 음식 맛을 다양하게 접할 기회를 마련하자.
- 진염병, 감기 등 조심하고 안전사고를 예방해야 한다.
- 생체리듬에 맞는 생활습관 키우고 여유 있는 육아를 하자.
- 일광욕은 건강의 지름길이니 조금씩 계속하면 효과 있다.
- 기는 것도 뇌 발달에 좋다. 빨리 기도록 유도한다.
- 사랑받는 아기 만족감으로 지적 능력 발달시킨다.
- 스킨십을 실감하면 의욕으로 연결, 만족으로 승화한다.
- 오래 앉아 있고 옆으로 구르는 트레이닝, 지구력을 강화한다.
- 평형감각을 길러 주면 놀다 다치는 일이 적다.
- 그러나 혼자 놀이방에 갇혀 있는 아기는 능력신장 기회를 잃는다.
- 엄마와 같이 있는 공간에서 호기심이 자란다.
- 기기로 다리 힘을 키우고 걷기는 바르게 가르치는 것이다.
- 균형 잡힌 서기와 감각적 발 띄기를 가르친다.
- 감각발달로 뇌가 성장하니 모래성 쌓기도 해 보인다.
- 모래가 아기 눈, 입에 들어가도 당황하지 말자. 곧 뱉게 되고, 나오게 된다. 모래가 껄끄러우니까 다시는 그렇게 하지 않게 된다.

- 음식은 맛보며 먹게 천천히, 숟가락 쥐기는 바르게 가르친다.
- 안 먹는다고 체념 말고 그날의 기분 살피며 기회를 포착한다.
- "안 돼요" 하는 말, 위험하다는 말은 의미부터 가르치고 고집을 피우면 무서운 체험시키는 것도 효과 있다.
- 뜨거운 다리미, 계단, 의자에서 떨어지지 않도록 조심시킨다.

걷는 시기(9개월~돌까지)

- 걷게 될 무렵 아기 체중은 신생아 때의 3배가 된다.
- 운동기능이 눈부시게 발달하며 호기심 덩어리가 된다.
- 말 흉내도 곧잘 하고 저 나름대로의 지능이 싹튼다.
- 리듬감각이 발달한 아기는 지능도 높아진다.
- 이 시기의 엄마 역할은 커져 한층 분명해진다.
- 적극적인 자세로 운동능력을 높이고 지식훈련에 임한다.
- 언어 발달을 정확하게 손, 발 기능도 확실하게 가르친다.
- 호기심을 끌어내어 만족을 느낄 수 있게 도와주며 또래친구들과 사귀며 같이 놀게 하는 것도 중요하다.
- 음악은 동요 같은 것이 뇌 발달과 흥미를 돋운다.
- 음식은 오물거리며 혼자 먹을 수 있도록 하고 어른과 같은 시간에 이유를 생각하여 모유를 우유로 슬슬 바꾸며 컵으로 먹인다.
- 여러 사람 틈바구니에서 사는 즐거움을 익히게 한다.
- 금지사항 깨면 체벌을, 문제해결 능력을 가르치며, 엄마는 자신 있는 육아방침을 세우고 전념해야 한다.
- 아기의 프라이드를 지켜 줄 만한 행동을 유인한다.
- 시범을 보여 주며 스스로 하고 싶은 마음이 생기게 한다. 잘못해

도 프라이드가 꺾이는 말을 하지 않고 요령을 가르친다.

· 아기의 개성을 신장시키며 관찰하는 것이 교육의 요소다.

· 재미있는 생활 리듬으로 놀이 패턴에 적응력을 찾는다.

· 수의 개념을 익히게 하는 것은 하나와 둘에서부터이다.

· 엄마의 마음은 부드럽지만 명령은 엄격하다.

· "안 돼"라는 말은 절대로 '안 된다'로 인식시켜 주는 것이 중요하며, 명령을 지키게 할 때는 반드시 지켜야 한다는 것을 교육시킨다.

· 규칙을 지켰을 때의 칭찬은 앞으로도 잘하도록 유도하므로 반드시 해 준다.

· 이렇게 모범을 보여야 함은 어렵다. 그러나 처음에 길을 잘못 들이면 두고두고 어려울 것이니 자신을 재교육한다는 기분을 가지고 하면 즐겁기도 자랑스럽기도 할 것이다.

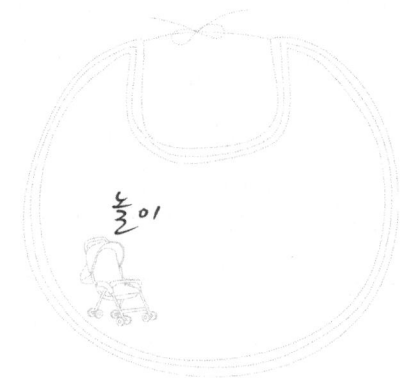

1~2개월의 장난감

- 아기는 잠자는 시간을 빼면 먹는 시간과 노는 시간이 전부이다.
- 놀이는 아기의 감각을 발달시키고 기쁨과 성장을 돕는다.
- 사물을 보는 것, 잡는 것, 쥐는 것도 놀이의 일종이다.
- 엄마나 할머니도 아기에겐 좋은 놀잇감이며 시야에 놓인 것, 걸린 것들도 훌륭한 놀잇감이며 아빠가 사다 준 장난감 등도 귀중한 놀잇감이 된다.
- 젖꼭지나 딸랑이 아니면 모빌 등을 들 수 있고, 이것들은 빠는 촉감, 소리에 대한 청각, 보는 시각 기능을 발달시킨다. 쥐어 주고 흔들어 주면 신체적 놀이도 된다.
- 엄마는 안아 주고 기저귀를 갈아 주고 모유를 주며 그때마다 말을 걸어 주며 언어놀이도 한다. "어유, 많이 쌌네요", "예쁘지", "먹을까"로 시작하며, "딸랑딸랑", "요거는 코", "요거는 입" 하기도 하고 "오늘은 날씨가 좋네요", "시원하게 문 좀 열까?", "기분

은 어떠세요?", "실컷 잤어요?"도 좋다. "아빠가 맘마를 사 가지고 오셨어요", "할머니한테 갈까?", "목욕할까?", "때때옷으로 갈아입을까?" 할 수도 있다.

· 잠에서 깨어 물끄러미 무엇을 바라보거나 욕구충족을 원하거나 불만을 터뜨리거나 하면 엄마는 알아차리고 말놀이와 함께 응한다.

· 말은 같은 것을 반복하게 되고 그것을 아기가 배운다. 익히고, 기억하고, 알게 된다.

· 어떤 때는 반응알이같이 응답을 하기도 한다.

· 목욕을 시켜 주며 하는 신체놀이도 좋다. "아유 포동포동해졌네요", "컸네요", "다리에도 힘이 생겼네요" 하며 다리를 만지며 한다.

3~4개월의 장난감

· 옆으로 몸을 움직이거나 업거나 팔을 움직이면 손에 잡히는 대로 입으로 가져가서 어렵다.

· 작은 장난감 입으로 넘어가지 않게 해야 된다.

· 이때는 팔, 다리, 목 등의 발달을 가져오니 자꾸 움직이며 집게 하고 떨어뜨리게 한다.

· 공이 굴러가는 모습을 따라 눈동자 운동을 시켜도 좋다.

· 건전지나 태엽을 이용한 움직이는 장난감도 좋다.

· 저 혼자서 밀었다 당겼다 하는 장난감, 누르면 소리 나는 장난감, 지능발달에 좋다.

· 손가락으로는 엄마 젖을 만지게 하며, 누워 있을 때 발로 차기, 안아 줄 때 경중거리기 등 모두 신체발달을 위한 신체놀이로 좋다.

아빠가 아기를 양 겨드랑이로 들어 올리기

· 목말 태우기 · 걸음마도 시키고 싶을 때다.

· 일찍 발달하는 아기라면 조심스럽게 한다.

· 그러나 심하면 해로울 수 있으니 조심하고 만약 두려워할 때는 즉시 가슴으로 안아 주고 불안이나 긴장하는 일 없게 해야 된다.

· 가끔 밖을 보게 하고 신선한 공기 마시게 또 햇볕, 바람, 나무, 꽃 등 보여 주며 엄마가 이야기해 주는 것은 참으로 좋다.

· 띠리링, 따르릉, 쿵더쿵 하는 장난감.

· 삑삑, 짹짹, 꽥꽥, 꼬꼬 하는 장난감.

· 딩동댕, 통통, 삐악삐악 하는 장난감.

· 멍멍, 야옹야옹, 꼬끼오, 하는 흉내놀이.

· 꿀꿀, 으르렁 으르렁, 어흥어흥 흉내놀이

· 까욱까욱, 지지배배, 종달종달 흉내놀이

5~6개월 놀이

· 앉기 시작하며 새로운 세계를 경험하고 싶어 한다. 흐느적거리기도, 엎어질 것 같기도 하다. 넘어져 쿵덩 하고 부딪치기 않게 하자.

· 엄마와 노는 것이 재미있고 신기하다. 장난감을 쥐려 하다 넘어지기도 하고 주변의 장난감을 흐트러뜨리려고도 한다.

· 마음대로 되지 않아 심술부리기도 하지만 신체놀이를 할 수 있으니 신나기도 한다.

· 척추 뼈마디가 튼튼해지는 시기이다.

· 할머니는 잼잼, 도리도리도 가르치신다. 그러나 아직 서툴고 신기하게 느낀다. 장난감 쥐어 주면 흔들며 좋아한다.

- 고개를 가누게 되니 보는 것도 정확하다. 자꾸 반복해 가르치면 알게 된다. 잠재력이 지능발달로 연결된다.
- 자고 깨었을 때 "까꿍" 하면 반가워한다. 손을 잡고 곤지곤지 시키면 좋아한다. 글자판, 셈놀이판에도 관심을 기울인다.
- 노래를 불러 주면 열심히 듣는다.
- 여름밤 귀뚜라미, 벌레소리 좋아한다. 비 내리는 소리, 눈 내리는 풍경에 관심 보인다.
- 바람소리를 위해 풍경을 달아 주자.
- 잘하는 일은 손뼉을 쳐 주어 흥을 돋워 주자. 엄마의 웃는 모습이 거울 되어 주자.

7~8개월

- 몸과 마음이 상당히 발달, 숙성했다. 자기의 능력향상에 자신이 생겼다. 엄마도 제공된 프로그램을 체크해야 한다.
- 언어습득 정도, 관심도에 중점을 두자. 장난감놀이 재질 등에도 관심 둔다. 아기자랑은 많을수록 좋다.
- 신체발달 놀이, 지능발달 놀이를 한다. 공굴리기, 잡기, 따로따로 불무불무 등 하며 탐구놀이로 거울 보며 이야기한다.
- 장난감 감추기와 까꿍놀이도 좋다. 동네 아기와 만나는 시간도 마련한다. 아빠가 목말타기도 시켜 준다.
- 할머니와 대화하는 전화놀이도 한다. 할아버지의 사랑을 듬뿍 받게 한다. 큰엄마, 고모의 모습도 익히게 한다.
- TV, 라디오 시청은 가려서 하게 한다. 책에서 그림과 동화를 익히게 한다. 엄마는 아기의 스승이라는 것을 잊지 말자.

· 출생 전 태중의 영향에 반응도 시험하며 어떤 재능을 많이 타고 났나를 발견하여 앞으로의 진로에 참고할 자료로 삼는다.
· 아빠와 의논하며 의견도 청취해 둔다. 유아교육은 어떻게 하는지 둘러본다. 부모나 조부모의 조언에도 귀 기울인다.

9개월~돌까지

· 엄마 품에서 독립성으로 성숙하는 때이다. 다양한 놀이로 탐구심 을 키운다. 맞추기, 분류하기를 했다가 부순다.
· 파괴는 창조의 어머니라고 한다. 창조적 행동에 관심을 기울여 본 다. 숨바꼭질, 물장난, 소꿉장난도 함께 한다.
· 잘 안 될 때 긁적거리기나 투정도 할 수 있다. 때로 욕심도 샘도 낸다. 왜 그런가를 알자. 의욕을 감퇴시키는 것과 희망을 주는 것 은 다르다.
· 엄마는 선생님같이 엄할 수도, 친한 벗일 수도 있다. 예법, 인사하 는 것, 잘못을 알게 하자. 지능발달, 재능향상을 관심 있게 체크한 다. 그러나 규격화된 프로그램의 강요는 안 된다. 관심을 이끌어 내는 자연적 방법을 쓰자. 그것이 생활 리듬의 연속성 속에 있다.
· 아기는 무한한 가능성을 가진 초능력자인데 항상 같은 것을 반복 하면 싫증낸다. 가끔 변화를 보이며 흥미에 접근하자.
· 돌이 되면 많은 분들께 성숙을 선보인다. 그러나 아직도 아기다. 있는 그대로를 보이며 성장을 축하하는 것이니 억지로 보이려고 할 필요는 없겠다.
· 그러나 그간의 엄마의 노력도 자랑할 수 있는 때이니 자신의 육 아방법을 선보일 수도 있다.

필자의 소견

신생아는 생후 몇 달간 감각적 자극에 의해서 또는 움직이는 운동량에 따라 성장발달하며 학습능력에 반영한다.

그러므로 뇌에 자극이 많으면 많을수록 많은 정보가 축적될 수 있고 새로운 사물의 접촉은 그 경험을 자기 것으로 하는 계기가 되어 광범한 탐구의욕이 솟는 성장을 하게 된다고 했다. 그래서 아기의 소질을 결정하는 요인으로 다음과 같이 요약해 설명하고 있다.

1. 많은 자극이 있는 환경을 조성해 줄 것
2. 운동량을 제법 많이 줄 것
3. 언어생활을 풍부히 해 잠재능력을 개발할 것

이 세 가지를 활용하면 변화는 얼마든지 다양할 수 있으니 잠자는 시간을 제외하고는 많은 것을 주라고 했다. 이것을 돌이 될 때까지를 계절별로(4단계) 나누어 본다.

1단계

1단계는 생후 3개월까지로 약 100일까지를 말한다. 이때는 시각은 불분명하지만, 미각, 촉각, 청각, 후각은 어느 정도 발달해 있다.

그러므로 기저귀를 간다든지 깨었을 때는 각 기능의 발달을 위해 몇 가지를 제공해 보고 체크해 보는 것도 좋은 지혜라 할 수 있다.

가령 음악을 들려주며 반응을 본다든지, 흔들어 주기, 말 걸기를 한다든지, 젖꼭지를 갖다 대며 촉각실험을 한다든지, 냄새를 잘 맡는지, 맛을 알아보나 어떤 것을 좋아하나를 파악하기 위해 다각적으로 자극을 반복한다. 이럴 때 너무 조용하거나 덥거나 하면 부신피질 호르몬 분비가 좋지 않다. 그래서 약간 찬(서늘한) 환경이 자율신경 호르몬 작용을 왕성하게 하여 좋다.

어떤 때는 주먹 속에 손가락을 넣고 들어 올려 보기도 하고, 어떤 때는 단 것, 쓴 것, 신 것 등을 입에 대주어 미각이 어느 정도 발달했는지를 알아볼 수도 있다.

또 손전등을 켜 이쪽에서 저쪽으로 움직이며 눈동자의 움직임을 유심히 관찰해 보기도 한다.

옹알이를 하면 맞장구를 쳐 주며 그 뜻을 알아듣는 것같이 하고 자주 업어 주기도 한다.

아기에게는 무한한 가능성이 잠재되어 있기 때문에 환경에 의해 엄마가 해 주는 일에 따라 자기발달을 나타내는 것이니 여러 가지를 눈여겨보면 즐거울 것이다.

생후 2개월이 넘으면 아기 눈의 기능은 점점 발달해서 방의 여기저기를 훑어볼 수 있게 되는데 바로 이것이 세상을 배우는 최초의 중요한 단계가 되는 것이다.

또 3개월쯤 되면 서 있는 사람을 보며 상체를 들어 올릴 수도 있고 조금 더 시간이 지나면 붙들고 지탱할 수도 있게 된다.

이렇게 신체기능이 발달되는 것은 아기의 팔, 어깨, 목의 신경이 발달했기 때문이며, 이때 아기는 의식적으로 몸을 움직일 수 있게 된다고 했다.

2단계

2단계는 4개월부터 약 3개월간을 의미하는데 아직 기지는 못하더라도 엎드리거나 기려는 시늉을 하기 시작하는 때로 볼 수 있다.

눈은 망막이 걷히며 명암뿐만 아니라 물체 등을 볼 수 있을 정도가 되니 벽에 좋은 그림을 붙여 놓는다든가 여러 색상의 숫자판을 보여 주는 것도 좋은 일이다.

무릎에 앉혀 놓고 엄마, 아빠를 시켜 보고, 할아버지, 할머니도 가르치며 어르고 안아 주고, 놀이를 가르치기도 한다. 즐거운 놀이는 청각발달, 촉각발달은 물론 운동이란 측면에서도 권장할 일이다.

업고 다니며 이것저것 가르치기도 하고 바깥풍경, 경치도 보게 하며 새소리, 벌레소리, 동물이 노는 것 등을 보여 주며 자연과 접하게 해도 좋다.

장난감이나 물건 등을 쥐어 주고 흔들게 해 보기도 하고 손가락으로 움켜쥐는 것을 훈련시켜 본다. 이런 것을 잘 익히면 교감신경 기능이 향상되고 학습능력도 빨라진다고 한다.

서서히 이유식을 생각해도 좋다. 잘 풀어진 밥을 먹여 보기도 한다.

요즘 아기가 순하고 보채지 않는다고 혼자 내버려 두어 지적(知的) 발달이 뒤지고, 소극적이라고 하는 엄마가 있다. 이것은 출생 후 5개월 내에 신경을 많이 쓰지 않았다는 증거라고 지적한다.

사실 아기는 이때 열심히 키워야 하는 것이다.

5개월 된 아기의 반응은 뚜렷해야 된다.

아기는 스스로 움직이는 동작을 깨닫게 되며 이미 힘차게 몸을 뒤집을 수도 있다. 또 새로운 가능성을 충분히 이용하게 된다.

3단계

3단계는 생후 7, 8, 9개월의 3개월간으로 보면 된다.

이때쯤이면 빠른 아기는 앉고 기는 것이 가능하며 '까꿍'부터 '도리도리 짝짜꿍'을 할 수 있다. 부산한 아기는 장난감을 흐트러뜨리기도 하고 물건을 떨어뜨리기 좋아해 자꾸 집어 주고 또 떨어뜨리고 한다.

뭐라 하면 깔깔대고 재미있어 한다. 남자일 경우 너무 웃으면 살짝 다른 쪽으로 돌린다.

음악은 어려운 것보다 쉬운 동요 같은 것이 더 좋겠다. 실로폰 소리도 좋다.

손 빨기는 자연스러운 발달단계의 스킨십이다. 자주 안아 주고 뽀뽀하고 엉덩이를 두들기며 칭찬해 주면 정서가 안정되며 현명한 아기로 자라게 된다.

7, 8개월쯤 되면 아기는 공놀이를 좋아한다. 맞추기, 끼우기, 넣기 등도 좋아하며 종이 접기 등에도 흥미를 갖는데 이것도 지능발달에 나쁘지 않다.

보행기는 잠시잠시 타도록 하고 근육발달과 운동조절 기능에는 '따로따로'나 기어 다니기, 뒤집기 등을 시키는 것이 좋다.

엄마는 자주 말을 걸거나 이야기를 해 주어 귀를 트이게 하고 입이 움직이게 하며 기억을 하게 유도한다. 할머니나 옆집과도 자주 접촉한다.

7~8개월이 되면 손과 무릎으로 몸을 받쳐 뒤집을 수가 있다.

이때는 귀엽기도 하면서 위험한 때가 되므로 매우 조심해야 한다. 이때쯤 아기는 앉는 것도 배운다. 이것은 두 다리로 서기 전에 있는 단계이다. 다음은 서려고 할 것이다.

4단계

4단계에 접어들면(10~12개월) 상당히 토실토실해지고 몇 마디 의사도 통할 수 있게 되고 제법 걸음마도 하고 꿍꿍대며 말하려 들고 점점 귀여워져, 아빠가 일찍 퇴근하여 집에 오게 된다.

장난을 좋아하며 물건을 닥치는 대로 두드린다. 종이를 보면 뭉치기를 좋아하고 아빠 출근 시에 '빠이빠이' 하며 손을 흔들게도 된다.

손가락에 힘이 생겨 무엇이든 손에 닿는 것은 끌어당기거나 후비거나 집기를 한다. 장난감에서 소리가 나면 흥미를 갖고 유심히 보거나 만져 보려 한다.

언어나 글자 발달을 위해 여러 가지 기억력을 알아본다. 잘하는 아기는 몇 가지 정도 해낸다. 그러나 좀 늦는 아기도 있다. 너무 조급해 하지 말자.

흉내 내기를 좋아하는가 알아본다. 물건을 입으로 갖고 간다. 내던지기도 한다. 그래도 심하지 않으면 괜찮다.

요즘 엄마들은 카드놀이를 하며 글자 맞추기도 한다. 그러나 잘못한다고 그만두지 말고 흥미 있어 할 때까지 계속 반복한다. 돌이 가까워지면 조금씩 잘하게 된다.

10개월째 되면 아기는 보행기나 의자, 침대를 붙잡고 설 수 있다.

11개월이 되면 아기는 비틀거리기는 해도 똑바로 서게 된다. 이때 평형을 유지할 수 있게 되면 자신을 자랑스럽게 생각할 것이다.

돌이 되면 열심히 훈련한 결과 걸을 수 있게 된다.

이 순간은 엄마, 아빠에게 기억될 영원한 추억이 된다.

모유를 먹일 때

수유량은 3시간 이내에 15분가량이면 좋다. 모유를 먹일 때는 코를 막지 않도록 하며, 우유는 왼쪽 가슴에 안고 먹이고 먹인 후엔 꼭 트림을 시킨다.

모유가 너무 많이 나오면 약간 짜내고, 우유병은 구멍크기를 맞춘다. 자세는 아기가 편하게 하면 된다.

기저귀를 갈 때

기저귀는 엄마가 마련한 면제품이 좋다.

기저귀를 갈 때는 아기와 눈을 맞추고 말을 걸어 주고 사랑의 눈빛을 보내며 습하지 않나 확인하며 파우더 등을 발라 주면 좋아한다.

목욕시킬 때

목욕은 하루 한 번이 좋다. 양수 속 향수를 느끼게 하며 피로를 풀어 주고 잠이 잘 오게 하는 것이 건강비법이며, 머리의 반만을 물속에 잠갔다 뺐다 하며 목욕시키는 것이 좋다. 물속에서 버둥거리면 키도 쑥쑥 자란다. 또 온몸에 엄마 손이 닿는 기쁨은 아기의 기쁨을 최고도로 향상시키는 때이다.

분비물을 제거하여 상쾌하게 하는 시간이다.

배변 시

대변은 모유 수유 시엔 1일 3~4회, 우유를 먹일 때는 1~2회가 좋으며 순조로워야 건강하다. 묽어지는 것은 우유가 달거나 농도가 다를 때 또 새 음식을 먹었을 때이다. 모유는 푸른 밤색이 점점 노란 겨자색이 되면 정상이다.

안아 줄 때

목을 가누기 전 안아 줄 때 왼손으로 목을 받쳐 준다. 오른손은 가랑이 속으로 엉덩이를 받쳐 주면 아기는 포근한 엄마 품에 안겨 매우 좋아한다. 앞으로 띠를 두르고 안을 때는 한 손으로 등을 받친다.

놀 때

엄마하고 놀 때 새로 생긴 장난감을 쥐고 흔들며 노는 아기는 즐겁다. 뭔지 모르지만 가까운 친구며 제가 하고픈 대로 해도 되는 재미난 것이지만 가급적 누가 같이 놀아 주어야 하는 것이 놀이이다.

업어 줄 때

목을 어느 정도 가눌 때 업어 준다. 멜빵은 엉덩이와 등을 함께 멘다.

그러나 혹시라도 목이 뒤로 넘어지지 않게 엄마가 균형을 잡아야 한다.

엄마 머리카락이 아기를 괴롭게 하지 않도록 단정히 하고 외출 시에는 의복, 햇볕에 신경 써야 한다.

재롱떨 때

아기가 재롱을 떨기 시작하면 온 집안에 웃음꽃이 핀다. 되도록 마음껏 재롱을 떨게 하며 같이 재미있어 해 주어야 신이 난다.

사고가 생기지 않도록 미리미리 예방하고 잘못도 커버해 주는 지혜가 현명하다.

말 배울 때

엄마가 자주 말을 해 주면 아기는 그것을 자료로 말을 배운다.

여러 가지를 들려주며 먼저 익히는 것을 알아내자. 어느 아기는 '할머니'를 먼저 하기도 하고 '엄마'를 먼저 하기도 하지만 발음이 정확해질 때 다른 말도 쉽게 배우게 된다.

일광욕시킬 때

일광욕은 건강에 좋다. 이때는 신선한 바람도 쐬게 된다. 꽃과 나무도 보게 되고 대자연에 접할 수 있는 좋은 기회이다. 상쾌한 기분이겠지만 자외선을 오래 쪼이면 해로우니 오후 2~3시의 직사광선은 피하는 것이 좋다.

외출할 때

외가에 가거나 산책을 하더라도 따뜻하고 간편하게 한다.

머리부터 씌우는 것도 있지만 너무 덥고 숨이 막힐 정도로 싸지 않는 게 좋다. 가급적 장거리 차타기, 사람이 운집한 곳과 같이 피곤한 장소는 삼가자.

잠잘 때

아기는 천사 같고 두려운 것도 근심걱정도 없는 보물이다. 꿈도 주고 놀라기도 하지만 그건 배냇짓이라 한다. 온도를 맞추어 주고 조용히 해 주어 편안히 숙면하도록 해야 한다. 그렇지 못하면 선잠이 깨어 투정한다.

울 때

울음은 아기의 의사표시이다. 배고픈지, 어디가 불편한지, 잠이 오는지 빨리 알아차리도록 한다. 그러나 울음이 20~30분이 지나도록 엄마의 반응이 없으면 아기는 제풀에 지쳐 울음을 그치지만 이렇게 자주 하면 아기는 자신의 의사표시 방법을 잃고 무력해지는 경우가 생기니 조심해야 된다.

엄마는 늘 곁에서 아기의 욕구에 대처한다고 해도 정보를 알아야 욕구가 있는 아기를 만족하게 해 줄 수 있다.

컨디션이 나쁠 때(공연히 투정할 때)

아기가 이유 없이 투정하는 때가 있다. 그래도 이유가 있을 것이니 엄마는 빨리 이것을 알아차려야 한다. 그렇지 않으면 고생한다. 관심을 잃지 않으면 쉽게 알아차리지만 딴 데 신경을 쓰면 놓칠 수도 있으니 조심하며 메시지를 포착하도록 하자.

운동시킬 때

아기의 운동은 일정하지 않다. 깨어나 무엇을 하고 싶어 할 때 팔, 다리, 목 등에 근육이 붙도록 운동을 시키면 좋다. 심하지 않게 자주 하는 것이 바람직하다. 5~6개월 이후에 가능하면 차츰 늘린다.

뒤집기할 때

팔, 다리, 목에 힘이 생기면 누웠다가 뒤집기를 한다. 건강하다는 증거이다. 허리힘도 좋아지고 혼자 놀게도 된다. 그러나 어디 부딪치지 않게 주위를 잘 정리해 주어야 한다. 다음 엎드리면 기게 될 테니까.

걸음마할 때

다리에 힘이 생기면 손을 잡고 걸음마를 시작한다. 이제 제법 동물의 영장으로 되어 가는 모습이다. 그러나 혼자 하다 부딪치고 넘어져 다칠 수 있으니 조심하며 되도록 모서리 등에는 다치지 않게 미리 조치해 놓는 것이 좋겠다.

엎드릴 때

엎드려 목을 가누면 기어 다니게 된다. 이쯤 되면 닥치는 대로 집고 붙들고 흐트러뜨리기도 하니 손에 잡힐 소도구들은 잘 감추어야 한다.

마사지(체조)할 때

엉덩이는 둥글둥글, 등은 슬슬, 목 옆은 조물조물 만지지만 머리, 배는 손을 대는 것으로 족하다. 양다리는 쭉쭉 모았다 폈다 발차기 시키며 뒹굴뒹굴 굴린다.

습관과 버릇

습관과 버릇은 좋은 뜻과 나쁜 뜻으로 구분된다. 그러나 좋은 습관을 잘 키우면 나쁜 버릇은 없어질 수 있다. 변 가리기, 잠버릇, 식사습관, 생활습관을 잘 들여 칭찬받는 아기로 키우면 편하고, 그렇지 못하면 고생하게 된다.

이유식

- 준비 초기: 4~6개월(꿀꺽꿀꺽), 젖을 먹으며 간간이 즙을 만들어 먹인다. 미음, 계란노른자, 과일즙, 콩가루, 미숫가루 등이 있다.
- 중기: 6~8개월(오물오물). 젖은 하루에 세 번. 중간 중간에 죽, 과일, 육류 다진 것, 유지류 등을 먹일 수 있다.
- 말기: 8~11개월(냠냠, 짭짭). 잘근잘근 씹으며 맛을 느낄 수 있는 때이다. 고기와 생선류, 곡류나 야채류, 우유와 계란이 있다.

무릎학교

- 서울구경: 아빠가 누워서 아기 손을 잡고 배나 가슴을 발바닥으로 추켜올리면 좋아한다. 너무 오래 있지 말고 가끔 해 주며 서울구경을 하자 하면 운동도 된다.
- 목말 태우기: 사내 아기는 아빠 목에 태우고 왔다 갔다 하면 신기하게 즐거워한다. 무드렁 사려, 고추 사려 하며 놀면 실내 운동으로는 최고이다.

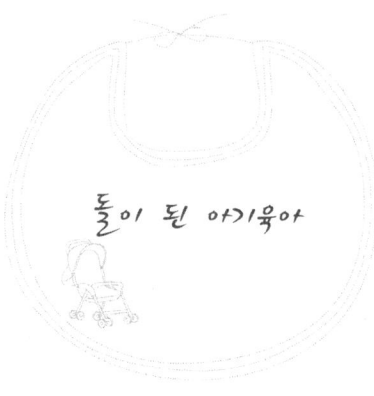

돌이 된 아기육아

출생 후 만 일 년이 돌이요, 첫 번째 생일이다. 돌은 경사이며 춘하추동을 한 바퀴 치른 날, 또 다른 한 살의 시작이 되는 날이다.

돌이 된 아기의 육아는 어떤 것이 중요할까?

1. 풍부한 장난감은 지혜의 능력을 키운다.

2. 지능발달의 놀이는 짧게

3. 언어이해 능력은 반복해서

4. 엄마가 금해야 할 말은 "안 돼"라는 말

5. 건강증진의 운동은 밖에 나가는 것

위의 사항 등을 잘 알아 적절히 응용하면 건강하고 영특한 아기로 자란다. 이것을 다시 자세히 풀어 보면,

1. 폭신폭신한 장난감은 감성을 부드럽게 해 주고, 상상력을 키워 주는 적목쌓기, 조종하는 인형 등은 두뇌를 활용하게 하고 소꿉놀이는 생활을 모방하게, 분해조립을 하는 장난감은 지혜의 성

장을 돕는다고 한다.

2. 밖에 나가 모래 쌓기 등을 하는 것도 건강한 장난의 일종이다. 방 안에서는 감춘 것 찾기, 흉내 내기 놀이 등으로 아기를 기쁘게 하기도 하고 밖에 나가서는 같은 또래의 아기들 모습을 보여 주기도 하며 관심을 발생시키고, 어떤 땐 엄마와 그림 보기, 연필 가지고 놀기 등을 꼽을 수 있다.

3. 이때부터 아기의 언어이해 능력, 따라 하기 등은 급속도로 진전한다. 만약 이때가지 젖을 먹고 있다면 구강의 음성조절이 잘 안 돼 언어발달이 늦어질 수 있다고도 한다. 보통 40~50단어의 어휘력이 있는데 8~9개월 때 이유식이 된 아기들이다. 엄마가 책을 많이 읽어 주어 흥미 있어 하면 독서력 있는 아기로 자란다.

4. 아기의 자신감을 꺾는 말은 "안 돼요", "안 돼"이다. 이것은 반대로 반항심을 키우기도 한다. 되도록 해 보고 싶은 일은 무사하게 해 보게 유도하는 것은 참으로 중요하다. 숫자, 글씨는 가르쳐 보고 잘하는 것을 찾아 기억시킨다.

5. 할 수 있는 운동이라고 방 안에서 보행기를 자꾸 타게 하는 것은 탐구욕에 방해되니 삼가고 이때는 밖에 나가 공굴리기, 물건 집기, 계단 오르기 등을 하면서 놀게 도와주면 좋다. 자유롭게 움직이게 해 주고 걷게 해 주면 자연 운동이 된다. 안아 주었다, 내려놓았다 하며 무엇이라도 손에 쥐어 주면 좋아한다.

아기 보는 기계인형

　아기 엄마들의 육아노동을 덜어 주기 위해 고안했다는 '아기 보는 기계'라는 이름의 엄마 같은 인형이 발명특허를 얻었다고 신문에 실렸다.

　어느 대학교수의 깔끔한 착상이요, 바쁜 시대를 사는 부부들에겐 얼핏 매력 있게 고안된 것이라는 데는 부정할 사람이 없다.

　더욱이 따스한 체온장치와 심장박동 소리까지 장착하고 또 자장가를 들려 줄 수 있는 녹음장치까지 달아 마치 아기가 엄마 품에 안겨 있거나 등에 업혀 있을 때와 같은 느낌을 느끼게 했다니 그럴듯하게 생각되기도 한다.

　더욱이 아기가 곤히 잠들었을 땐 흔들흔들하게 해 주는 활 모양의 밑받침이 달려 있어 한 가지 기능이 더 포함된다.

　그뿐 아니라 기계라는 느낌이 들지 않도록 몸체를 부드러운 천으로 감싸서 포근함을 맛보게까지 만들었단다.

　이렇게 되면 엄마들은 또 하나의 노동에서 해방될 수도 있을 것 같고 이 시간을 딴 데 활용할 수 있을 테니 얼마나 좋겠느냐 하며 편해질 느낌에 사로잡혀 당장 구입을 서두를지도 모르겠다.

그러나 여기서도 우리가 염려되는 것은 무엇에 쓸 시간이 그렇게도 필요하기에 하는 의구심과 아기가 자다 깨었을 때 느낄 심장에서 또 다른 문제를 연상하지 않을 수 없으니 그것은 그 기계를 아무리 잘 만들었어도 엄마의 대체물일 수는 없다.

만약에 자기가 바라는 엄마가 아니라고 느껴진다면, 혹시라도 이상한 괴물이라고 느낀다면 그때의 정신적, 심리적 충격으로 공허나 허탈 또는 절망감이나 이상한 생각 등이 안 들지 하는 염려와 결코 바라는 엄마의 품은 될 수 없을 것이라는 데 있다.

일견으로는 장난감도 갖고 노는 데 할 수도 있겠고 또 보행기나 유모차에서도 잠에서 깨어나 물끄러미 무엇을 보며 노는 것에 비해 더 나을 수 있을 것 같기도 하지만 그것은 돌봐 주는 사람이 옆에 있을 때와 없을 때의 차이처럼 이것도 그 한계를 벗어나면 안 될 것을 당부하게 된다.

그것은 그간의 많은 연구가 그렇듯이 편리함과 결과론에서는 괴리가 있었다. 엄마를 위해서는 이런 문명의 이기가 도움을 줄지 몰라도 아기에게는 엄마를 대신할 여하한 것도 좋은 결과를 보여 주지 못했다는 데서 그것의 역기능적 단면을 고려의 대상으로 삼고 싶다는 노파심적 우려다.

태교라는 관점에서의 육아는 인간의 심성·인성 형성기의 결여된 부족감이 다른 것으로 채워질 것 같아도 그렇지 못한 아기는 성장 후 다른 쪽으로 삐뚤어진 결과를 보이며 이것도 혹시 그런 원인이 제공되지 않을까 염려되기 때문이다.

그것은 기계나 기구에 있지 않고 과신하는 엄마에게 있었으니 모쪼록 사용상의 주의를 요하며, 그래서 유용한 발명품이 되어야겠다는 것이다.

많은 경험자들의 말을 들어 보면 그 재미있고 편리한 보행기도 아기는 곧 싫증을 내는데 왜 그런지를 모른다. 일반적으로는 새것에 흥미를 갖기 때문에 몇 번 해 본 것은 별로 좋아하지 않는 것이 아기들의 생리인가 보다고 하지만 역시 엄마만 한 것은 그 이상 아무것도 없다는 것이므로 이 자연의 순리를 기계로 대신하려는 생각은 잠시 잠시의 이용물일 뿐이라는 데 초점을 맞췄으면 한다.

외국 물건도 아니고 우리나라의 발명품이라니 잘 만들길 바라며 그러나 보완할 것도 잊지 않기를 바란다.

제4장

전통육아 정보마인드

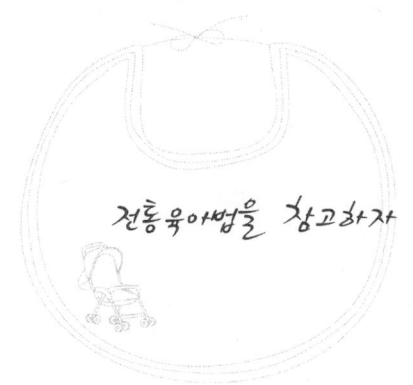

전통육아법을 참고하자

우리의 육아는 철저한 '아기 중심'에 바탕을 두었던 것을 알 수 있다.

같이 자고 같이 생활하는 양식 속에서 무한한 사랑과 끈끈한 정이 육아의 핵심이었다면, 서구의 육아방식은 반대로 따로 재우고 시간 맞추어 먹이는 방식 등 다소 모순된 과학방법이었다고 해도 무방하다.

그간엔 뿌리 없는 새 연구들이 우리를 혼돈 속에 몰아넣었지만 이제 오랜 역사의 틀 속에서 타당성 있는 전통방법에 눈을 돌리며 조상들의 지혜가 현대생활에는 어떻게 적용될지를 알아보며 그 장점들을 발견하고자 한다.

아기 중심이었다는 점

신생아는 모든 것이 미숙하기 때문에 돌보아야 한다는 것이 주된 생각이었으며 이것은 자연의 섭리에 근거한 성숙한 연구의 결론이지만, 오히려 다음과 같은 사항을 알 수 있다.

1. 사랑받고 보살핌 받은 아기가 자립심에 이상이 없다는 것

2. 정신적으로 안정된 아기가 육아하기 편하다는 것

3. 편협된 인정이 아니므로 가족, 사회 유대에 강점이 된다는 것

이것은 다름 아닌 아기가 배고프면 먹이고, 울면 달래고 투정을 받아 주는 등 원하는 것을 그대로 응해 주는 것이었다고 한다.

요즘같이(서구식으로) 아직 시간이 안 됐다고 시간이 될 때까지 수유 시간을 기다리는 것이나 우유의 영양가가 좋다고 모유를 기피하는 것도, 독립심을 키운다고 혼자 떼어 놓고 울어도 그칠 때까지 내버려 두는 것은 아니었다.

요즘의 어떤 엄마같이 아기를 우울증에 빠뜨리는 것 같은 일은 아니었다.

그것을 자세히 분석해 보니,

1. 모유 수유하는 시간은 아기가 원할 때는 언제든지 했다.

2. 수유형식은 왼쪽 심장박동 소리를 들으며 먹을 수 있게 했다.

3. 눈을 뜨면 가급적 눈을 맞추어 주며 또는 대화도 하며 키웠다.

4. 정을 흠뻑 주며 포근한 심리상태를 만들어 키웠다.

5. 엄마의 오른손은 아기를 껴안거나 쓰다듬거나 하며 촉감을 발달시켰다.

재울 때도 보면

1. 밤에는 엄마, 아빠와 같이 자거나 엄마만이라도 같이 잤다.

2. 자다가 보채면 안거나 토닥이며 업어 재우기까지 했다.

3. 자장가를 부르기도 하고 혹이라도 불안감이 생기지 않도록 해주었다.

4. 기저귀에도 신경 써 주고 잠자리의 이상 유무도 확인하는 정성을 쏟았다.

업어 주기

아기는 신경세포가 안쪽다리 생식기 쪽에 많이 있어 혼자 앉아 놀 때라면 모르되 겨우 목이나 가눌 정도의 1～2개월 후에는 자주 엄마의 등에 업혀 엄마의 피부감촉을 맛보며 다정한 말소리를 들으면 기분이 좋아지고 안정된 기분으로 잠도 잘 수 있다고 했다.

그래서 엄마들은 일을 할 때나 왔다 갔다 할 일이 있을 때도 아기를 혼자 두기보다 업고 말을 걸기도 하는데 이것이 아기 정서발달에 크게 도움이 된다는 것이다.

혹 밖에 나갈 일이 있어도 업고 나가 이것저것을 가리키며 아기의 엉덩이를 툭툭 칠 때 아기는 영민해진다고 했다.

가끔 가다 뒤로 힐끗 쳐다보고 "그렇지", "재미있지" 등 얼러 주면 더없는 기분 맞추기, 말 가르치기, 자연공부도 된다는 것이다.

혹 배변이 있더라도 빨리 알아차리며 곧 대처할 수 있어 혼자 놔두는 일보다는 몇 배 좋은 일이라는 것이다.

기저귀도 내 손으로

얼마 전부터 편리한 일회용 기저귀가 유행했으나 아무리 편해도 중요한 단점이 발견되어 요즘은 복고적 면제품을 엄마가 준비하며 근검정신으로 빨아서 다시 쓰는 모습으로 변해 가고 있다.

아기는 하체를 건강하게 키워야 하는데 습진, 두드러기 등이 생기는 것은 아무도 바라지 않는다. 그래서 이것저것 경험을 해 보니 뭐니 뭐니 해도 전통적 방법에 현대를 가미한 방법, 즉 좋은 감을 쓰고 변이 밖으로 새어 나오지 않게 얇은 기저귀 커버를 씌우는 것이 더 좋다고 확인되었다.

이유식

다양하고 편리하고 영양가가 좋다는 이유식도 인스턴트식품이 많아졌다. 어쩔 수 없는 경우라면 몰라도 가급적 자연식품, 무공해 쪽에서 엄마가 직접 만들어 주는 것보다 더 좋은 것은 없다는 것이 학계나 연구소의 실험결과이며 통계에서 얻을 수 있는 결론이었다.

시간이 없을 때는 편리한 방법도 좋겠지만 그렇지 않을 경우 아기는 꼭 영양가가 풍부한 것을 그렇게 많이 먹어야만 된다는 이론이 절대적이라 할 수도 없다. 먹고 싶은 만큼 적절히 섭취하므로 건강이 좋아진다는 중요한 면을 도외시하지 않고, 만병의 근원은 과식, 과로, 과영양에 있음을 이 기회에 되새기자.

이렇게 모든 일을 자연의 섭리에 맞게 엄마는 아기가 원하는 것을 골라 제공하는 사람이요, 엄마의 욕구에 아기를 맞추는 일이 아니었다는 데서 지혜를 얻어야 할 것이다.

어떤 견해가 올바른 건지 스스로 판단할 기회를 제공하고자 한다.

옛날의 아기 키우는 법

유안진 교수가 우리 문헌과 민간에서 수집한 내용을 열거해 보면,

1. 아기는 등과 배를 따뜻하게 해야 하며, 발은 덥게 머리는 차게 해야 하고, 가슴은 서늘하게, 비장(신장), 위를 항상 따뜻하게 해야 한다.

2. 울음이 갓 그쳤을 때 젖 물리지 말며(울 때도 젖 물리지 말며), 경분과 미사를 그냥 먹이지 말며(곡물가루, 미숫가루 등 가루 음식도), 씻기기와 목욕을 적게 한다.

3. 이불을 두껍게 덮어 주지 말며, 옷은 얇은 것이 좋으며, 옷을 여러 겹 입히지 않는다.

4. 바람이 없을 때 일광욕시키되, 추운 때라고 너무 덥게 하지 말며, 더운 때라고 너무 차게 하지 말 것이다.

그 외에도 민가에서는
• 아기 눕힐 때 머리를 동향, 남향으로 한다.

- 문이나 출입구 반대방향으로 눕히고,
- 사내아이는 하의를 입히지 말고 단련시키고,
- 여자아이는 하의를 입혀 보호하고,
- 젖먹인 직후나, 밥 먹인 후 너무 웃게 하지 말고,
- 몸을 심히 움직여 어르거나 울리거나 놀라게 하지 말고,
- 잠잘 때는 베개 등을 곁에 두어 든든히 여기게 하고(요즈음엔 인형을 씀),
- 잠자는 아기 방문을 소리 내어 여닫지 말며,
- 남아의 성기를 희롱거리로 삼지 말며,
- 젖먹일 때 왼편으로, 편안한 마음으로 먹이며,
- 아기를 무릎에 안고 밥 먹지 말며,
- 아기 안고 뜨거운 음식 먹지 말며,
- 아기 머리 가운데를 누르지 말며(대천문, 소천문, 정수리),
- 아기 머리 위쪽에 물건을 얹지 말고,
- 아기를 빈방에 혼자 재우지 말며,
- 마당이나 마루에 혼자 두지 말며,
- 개나 닭이나 고양이와 가까이 못하게 하고,
- 아기 곁에는 늘 어른이 지켜 있어야 한다.
- 목화나 고추 널린 방에 아기 재우지 말며,
- 남의 아기를 잘생겼다, 예쁘다고 칭찬 말고,
- 아기 일로 요란한 잔치를 베풀지 말며,
- 아기가 소변볼 때 건드리거나 소리 내어 놀라게 하지 말며,
- 밤중에 아기가 밖에서 혼자 용변을 보게 하지 말며,
- 아기를 두고는 맹세하지 않는다.

이들 내용은 아주 사소한 일일지라도 잘못하면 아기에게 치명적일 수 있다는 점을 발견할 수 있고 당시의 시대적·사회적 상황에 비추어 봐서 상당히 타당한 내용들이라 평했다.

이들의 이치를 다시 풀어 보면, 동·남향을 택한 근거는 해가 있는 곳, 해가 많이 머무르는 곳이란 의미이며 남녀 하체보호 방법이 다른 것은 생리학적인 의미에서 타당성을 보인다.

사우디 등 일부다처(一夫多妻)주의 국가나 유태민족들이 일찍부터 남아의 성기에 자극을 주어 단련시키는 것은 두뇌발달이라는 이유에서였지만, 여아는 생리적으로 하체가 따뜻해야 한다는 것은 냉으로 불임의 원인이 되지 않게 해야 된다는 것이었다. 이런 점에서도 우리 선조들의 지혜를 엿볼 수 있었다. 아기들은 잠을 자면서도 엄마가 곁에 누웠거나 떠난 것을 안다. 그래서 생리적으로 든든히 여기도록 베개를 눌러 두는 것은 허전하지 않게 해 준다는 의미로 대단히 좋은 아이디어라 했다.

아기가 놀라면 경기를 하기 쉬우니 문소리를 크게 하지 말라는 것도 충분히 이해되는 일이요, 일광욕이나 소변볼 때의 주의사항 등도 이해가 되며 옷을 덥지 않게 입히는 것도 아기는 열이 많아 그렇게 해야 됨은 현대에도 똑같다.

옛날엔 고추나 목화의 열매가 귀에 들어가 귀머거리가 됐던 일, 눈에 매운 고춧가루가 들어가 눈물 흘리고, 코로 들어가 재채기하게 되면 아기가 얼마나 괴롭겠는가? 또 목화솜 먼지가 코, 입으로 들어간다면 기관지나 폐에 나쁘다. 요즈음 농촌에서도 그렇게 하는 일은 없겠지만 주의해야 될 것이라 생각되며 개나 닭, 고양이의 접근을 막는 것은 가축이 옮기는 병을 예방하기 위해 맞는 말이며 아기가 혼자 자다가 일어날 수 있는 사고를 예방하고자 한 말을 모를 리 없다.

동냥아치나 중 이야기는 먹을 것을 주거나 동냥하지 말라는 의미가 아니고, 그들이 변신하여 아기를 해치는 일, 또 병 있는 사람의 접근을 막는다는 지혜였다. 이것은 현대의 탈취범에 비유되기도 하고 이것이 아기 자랑과 일맥상통하기도 한다.

다만 요란한 잔치는 아기의 피로를 염려해서였다고 볼 수 있고 아기가 소변볼 때 놀라면 생리적으로 소변이 멎게 되는 해로운 일이 있을 수도 있어 나쁘다. 아기를 두고 맹세하지 말라는 것은 어른들의 입방아를 조심시킨 일로 아기는 약한 존재로 보호받아야 할진대 입살로 해되는 일을 미리 막기 위해 주의시킨 일로, 조상들의 소중한 아기를 위한 정성이라 해야겠다.

또 '차라리 열 부인을 다스릴지언정 한 아기를 다스리기 어렵다'던 당시 의학의 입장도 곁들여 있음을 상기한다.

까꿍부터 서울구경까지

우리 조상들의 신체발달 운동은 놀이를 배경으로 한다.

처음 청각발달을 위해서 쓴 말은 '까꿍'이다. 아무것도 느끼지 못하는 것 같은 신생아에게도 '까꿍'놀이는 오감 중 청각발달을 위해 더없이 효과적인 놀이였다. 처음엔 눈을 껌벅이며 무엇을 말하나 하고 쳐다보지만 차츰 엄마의 목소리라는 것을 익히면 좋아 웃는다.

겸하여 후각, 촉각, 미각 등의 발달을 도모하여 모유의 냄새나 맛을 알게 하기도 하고 아기 손과 발을 엄마의 피부에 닿게 하여 자극시킴으로써 말초신경을 발달시키는 데도 많은 신체발달 프로그램을 만들어 사용했는데 한 예로 도리도리 짝짜꿍을 들 수 있다.

첫째, '도리도리'는 제일 처음 실시되는 목운동이다. 근육이 생성되며 척추신경 계통을 뇌와 연결시키는 것으로 목이 튼튼해야 영특하고 씩씩한 아기로 자란다.

늘 누워 있다가 일어나 무엇인가 하고 싶어 하는 신생아에게 있어 목운동은 혈액순환을 원활히 해 주며 성장지수를 대변하는 초기의 운동으로는 더없이 적절한 방법이다.

도리도리는 횟수가 많아질수록 아기 목의 회전각도가 커지며 재미있어 하는데 이때쯤 아기는 3개월 전후 목가누기가 지나서이다. 이때는 벌써 손 빨기 등도 지난 때로 볼 수 있다.

둘째, '짝짜꿍'으로 두 손바닥을 맞부딪치는 놀이로 말초신경 자극운동 같기도 하지만 팔에 근육이 붙게 하는 팔운동이 차츰 어깨까지 올라가는 운동이 된다. 더 나아가서는 손과 눈의 협동운동 내지는 차후에 물건을 잡거나 장난감을 잡고 싶을 때 발휘하게 될 시각과 말초신경과의 작전을 성공적으로 이룰 수 있게 하는 기초작업이라 해도 되겠다.

두 손이 맞부딪치며 나는 소리와 맞부딪쳤을 때 느끼는 촉감은 자신의 손이 무언가 만지고 쥘 수 있다는 자신감의 경기로 이끌기도 한다.

엄마 혼자서 해 주기도 하지만 아빠나 할머니, 다른 식구들이 함께 앉아 하면 더 신이 나고 재미있는 놀이가 된다(4개월 전후면 가능하다).

셋째는, '잼잼'놀이인데, 양쪽 손가락을 오므렸다 폈다 하는 운동으로 말단조직의 기능을 연마하는 것이라 할 수 있다.

장난감을 쥐어 주면 처음엔 입으로 가져가고 하다가도 잼잼을 익히게 되면 눌러서 소리 나게도 하고, 또 어떻게 하면 움직이는지를 발견하는 것을 보면 머리(뇌) 회전도 급속도로 진전함을 알 수 있다.

'잼잼'은 단순한 손가락 장난이 아니라 손가락 발달이 그렇게까지 연장되는 것으로 우리 조상들이 발견한 우수한 지혜이다.

업어 줄 때 엄마 머리카락을 잡기도 하고 젖 먹을 때 엄마 젖을 조몰락거리기도 하지만 '잼잼'은 그만큼 아기 뇌기능을 발달시키는 데 공헌한다는 것을 알았다. 이것도 4개월 전후엔 가능하다.

넷째로, '곤지곤지'는 '잼잼', '짝짜꿍'이 지난 5~6개월 된 아기들이 할 수 있는 보다 발전된 놀이이다. 곤지곤지는 한쪽 손가락을 다른 손바닥에 쿡쿡 찌르는 놀이이기 때문에 세련된 기능을 요하는 보다 성숙한 놀이로 표현한다.

장난감 놀이를 제법 잘하거나 앉아 놀 수 있을 때 가르치는데 두뇌발달에 좋다. 이때는 수저 사용이 가능해지기 시작한다.

이것을 잘하면 손재주가 잘 발달되어 피아노 건반 위에 손을 얹을 수도, 또 그림공부, 글쓰기, 연필 쥐기도 훨씬 수월해져 앞으로 엄마가 무엇을 가르치려고 할 때의 기초운동이 된다. 예전엔 기술, 세공계통에 적합한 기능발달이라 했다.

다섯째, '불아불아 불불'은 아기 양손을 맞잡고 일으키거나 양 겨드랑이에 어른 손을 넣고 일으켜 세우고 좌우 양쪽으로 흔들며 한쪽 발을 떼었다. 다른 발을 떼었다 하게 하는 운동으로, 아기가 일어서기 전 다리에 힘이 오르도록 하는 놀이라 하기도 한다.

양손을 잡고 할 때도 재미있어 하지만 겨드랑이에 손을 넣고 할 때에는 간지럽기도 해 까르륵 웃기도 한다.

어쨌든 7~8개월 된 아기에게 설 수 있다는 자신감도 불어넣고, 어른들이 힘들지도 않는 재미있는 훈련이라고 해서 자주 시키는데, 그때 부르는 노래는 '불아불아 불불 할아범이 마당을 쓸다가 돈 한 푼을 주어서 장에 가서 밤 한 말을 사다가 선반 위에 두었더니 쥐란 놈이 들락날락 다 까먹고 밤 한 톨만 남았네, 밤 한 톨만 남았네. 남은 그것을 가져다가 껍질을 벗기고 알맹이를 삶았더니 얼마나 맛있는지 요리 먹고 저리 먹고 벌써 다 먹었네, 벌써 다 먹었네, 냠냠'이다.

여섯째, '따로 따로'는 이것은 아기가 9개월경이 되면서 발에 힘이

어지간히 생겼다고 느낄 때 어른의 손바닥 위에 아기 발을 얹어 놓고 하는 방법이 있고, 제법 설 수 있다 싶을 때 벽에 기대거나 홀로 세워 놓고 얼마 동안 설 수 있나를 시험해 보는 놀이로서 이렇게 하면 아기는 신기한 성취감에 빠져 또, 또 하며 계속 하자고 좋아한다.

주저앉거나 엎어져도 어른들이 잡아 주기 때문에 아기는 눈을 깜박했다가도 재미있어 한다. 홀로 서기 전 단계, 걷기 전 단계에는 꼭 필요한 단계의 운동으로 보고 우리 조상님들은 이렇게 했다.

어느 지방에선 '고네고네'라 이름하기도 하고, '용타용타' 하기도 하는 이 놀이가 끝나면 아기는 홀로 서게 된다.

일곱째, 서울구경은 앉고 서는 것이 가능하게 된 10개월 후부터 돌까지의 아기는 쉬지 않고 돌아다니며 부스럭대며 흐트러뜨리기를 좋아한다. 그러나 그것을 못하게 말리면 울음보가 터지거나 고집을 부리거나 반항을 한다.

이때도 이 행위를 흥미 있는 다른 방향으로 돌리는 지혜가 있어야 하는데 이것이 서울구경이다. 아기의 두 손을 맞잡고 아빠가 누워서 발을 아기 배에 대고 위로 추켜올린다. 그때 아기는 공중에서 아빠를 내려다보며 깔깔대기도 하고 좋아하는데 이러다가 자신의 반항심을 잊고 만다.

아기가 싫어한다고 또 제멋대로 잘못된 일을 하려 한다 해도 재미있게 넘기는 부모의 지혜가 선행되지 않고는 훌륭한 육아를 한다고 할 수 없는 것이니 우리 조상들은 얼마나 훌륭한 생각을 하셨는지 짐작할 만하다.

이 외에도 물건 감추기 놀이 등 지방마다 다른 놀이를 만들며 재미있게 육아를 했다.

현대인들이 하는 영재육아·셈놀이·실로폰 두드리기 등의 재능교육과는 달리 많은 교육을 놀이로 풀고, 섣부르지 않게, 또 모나지 않고 지나치지 않게 평범한 속에서도 건강발달, 지능발달에 기여했던 것을 보며 우리는 새삼 전통육아법에 눈을 뜬다.

다만 그것이 뿌리가 되어 발전됐어야 함에도 아직 그냥 하나의 옛날일인 양 전통 속의 한 토막 이야깃거리로 남아 있는 것에 대해 안타까움을 느끼며, 앞으로는 이것을 과학적 방법으로 전환시킬 연구가 있어야겠다고 생각한다.

이것들은 오랜 실험과 경험의 소산으로 잘못됐거나 고쳐야 할 부분이 아니라는 데 초점을 맞추며 가능하다면 이것을 발전시켰으면 하며 아직도 이런 놀이가 사라지지 않았다는 데 감사할 뿐이다.

업어 키우기의 타당성

아기가 가슴을 엄마 등에 대고 두 팔로 껴안고 얼굴을 등에 부비며 엄마의 체취나 체온을 느끼며, 잠자고 구경을 즐기는 모습에서 아기가 편안해하거나 불안해하는지를 알 수 있듯 가끔은 업어서 키우는 것이 좋다는 메시지를 확인한다.

과거 우리 조상들의 생활을 재조명해 보더라도 어머니들은 어디를 가나 아기를 업고 다녔다. 그것은 아기가 잠시라도 떨어져 있게 되면 자기를 더 이상 사랑하지 않고 이별이라도 하는 양 불안하게 생각했기 때문이다. 아기는 엄마를 태양 다음으로 늘 곁에 있을 것을 원한다.

그래서 마음은 언제나 엄마를 수호신같이 믿는다. 성서에도 하나님이 늘 같이 하시지 못하는 곳에 어머니를 대신 보내셨다는 구절이 있듯 이것을 깨뜨리면 다음엔 마음을 움츠리는 심리적 현상을 낳는다.

고로 생후 6개월 전후한 얼마 동안은 아기 심성성장에 장애요인이 될 수 있는 갈등, 의심 같은 것은 생기지 않게 해야 한다. 만약 이것이 경계나 불신의 방향으로 에너지를 소모하게 되면 그 여파는 타인에게까지 미쳐 남을 미워하고 신뢰하지 못하게 될 때 주변에서는 소외되고 사랑받지 못하는 인간이 되어 결국 버림받게 된다 할 수도 있으니 우리는 유아기의 육아에 중요성을 다시 실감한다.

미국이나 서구의 일부 사람들이 맞벌이를 한다고 바빠서 아기를 망태 속에 넣고 짐짝 지듯 등에 메고 다니는 것을 보지만, 이것은 옳은 육아방법을 모르고 편하니까 어쩔 수 없어서 하는, 멋대로의 행위로 여기게 된다.

우리는 오랫동안 여러 방법을 사용하며 그중에서 가장 옳다는 방법을 전통으로 계승한 문화를 갖고 있다. 아기가 업혀 잠들지 않는다 해도 그때 아기는 이것저것을 보고, 듣고 느끼며 맑은 공기와 다양한 세계의 새로운 경험을 하므로 편안하고, 신비롭고, 만족할 수 있다면 그것은 더없는 지각발달에 도움되는 일이요, 호기심을 충족시키는 일이 될 것이라는 데 이의를 제기하지 못한다.

그래서 어떤 사람은 한국인을 개척정신이 부족하며 낙천적이라고 비아냥한다지만 21세기를 향한 오늘 세계가 탈이데올로기의 전환기에서 무엇이 으뜸인가 하면 그것은 인간이요, 그 인간은 인간성이 풍부한 인간이라는 데 온 세계가 공감하고 있으니 잘못됨이 없다. 그런 연후에 창조성과 경쟁성이지 부(富)가 필요하다고 타락하거나 남의 것을 빼앗고 훔치는 등의 잘못된 인간이어서는 세계인이 좋아하는 인간성향이 아닌 것을 안다. 더욱이 세계의 중심이 될 아시아의 등불이라 불릴 나라의 인간은 되지 못한다. 요즘엔 인간성이 풍부한 사람이 국제 경쟁에서도 승리한다는 것을 이야기하고자 한다.

인간은 무엇을 받아도 가슴으로 받고 기쁠 때 껴안는 일도 가슴으로 한다. 그러나 싫으면 등을 돌린다고 한다.

남녀 사이에서도 뾰로통해진 여인의 등에 남성의 가슴이 가 닿으면 얼음 같던 여성의 마음도, 반대의 경우 남성의 마음도 봄에 살얼음 녹듯 한다는 것에서도 엄마가 설혹 바쁘더라도 아기를 업어 줌으로 해서 모자는 정이 통하고 믿고 행복해진다는 것을 확인할 때 업어주는 것은 상상할 수 없을 만큼 일거양득의 효과라 생각되어야겠다.

그래서 업어 키우는 우리의 풍습은 상당히 과학적이라 평한다.

한국인에겐 우울증이 적다, 부모 자식 간에 버리는 일이 거의 없다, 형제간에 우애가 있다 등 여러 가지의 외국발표에서도 그것은 육아 때의 옳은 방법이었음을 절감한다.

의리 있고 신세를 기억하고 가엾은 사람을 도와줄 줄 알고 그러면서도 늘 마음은 풍부하며 여유 있어 새것을 창조할 줄 아는 풍습이었음을 기억하자.

이것이 꼭 지정학적, 풍토적 영향뿐만이 아닌 엄마가 아기를 육아하는 방식에서부터이던 것을 안다면 우리는 이제부터라도 우리 것을 버리지 말고 아끼며 갈고닦을 것을 생각하자.

업어 키우는 것이 그렇게까지 중요한 의미를 내포하고 있는지 몰랐을지라도 이제 우리는 갈 곳을 찾아 제대로 가게 되어야 한다.

내 행복은 내가 만드는 것이기 때문이다.

씹어서 먹인다

예전에 우리 할머님들이 귀여운 손주들을 보실 때 하시던 일을 연상해 보면 음식(이유식)을 먹일 때 그냥 먹이지 않고 그것을 자기 입 속에 넣어 씹어서 먹이셨다.

만약에 그것을 요즘 엄마들이 본다면 "아이 더러워. 균이라도 옮겨진다면 어떻게 하겠느냐"며 야단을 할 거다. 그러나 자세히 관찰해 보니 그건 그리 나쁜 일이 아니며 소화에 탈이 없게 하기 위한 방법(옳은 방법)이었음이 밝혀졌다. 펠리컨 같은 새들도 보면 먹이를 입 속에서 어느 정도 씹어 삭힌 다음 새끼에게 준다고 한다.

물론 딱딱한 것일 때는 말할 것도 없지만 밥알까지도 그렇게 하셨던 것은 자신의 타액의 효소로 아기의 소화에 도움이 되도록 하셨다는 과학적 의미를 발견하며 그래서 예전 아기들은 소화장애가 많지 않았었구나 하는 것을 알게 해 준다.

현대는 이유식이 발달하고 소화제, 효소제가 즐비하게 준비되어 있으므로 그럴 필요가 없다 할지 모르겠으나 그래도 소화불량이나 탈을 일으키는 일이 허다한 것을 보며 이런 것을 돌이켜 보지 않을 수 없다.

과학이 그렇게도, 또 의학, 약학 등 온갖 방법이 최고도로 발달한 시대인데도 탈은 왜 더 많은가, 탈이 나더라도 가벼운 탈이 아닌 큰 탈이 끊이지 않는 것을 보면 무언가 느낌이 이상할 수밖에 없지 않을까? 약 이전에 건강식, 건전식은 자연식으로 되돌아가고, 자연식품도 각종 공해로 찌든 후에 발견되는 현실을 보며 실제로 완전무공해나 무해의 방법은 없을까 하는 데서 이런 방법을 떠올리게 된다.

병의 전염이나, 남의 입 속의 것이 옮겨질 때의 더러운 느낌 같은 것은 있을지 몰라도 이것이 완전히 다른 남의 것이 아니며 엄마의 것, 할머니의 것이라는 데서 일말의 타당성, 동질성, 무해성을 인정하게 되며 꼭 이런 방법이 아니더라도 좋은 방법이 없나를 생각하는 것이 오히려 공산품에나 의존하는 것보다 낫지 않겠느냐는 생각이다.

요즘 우리는 너무나 청결을 내세운다. 그러면서도 오히려 세균의 번식을 장려한다. 그것은 카펫의 세균번식, 냉장고의 불결, 에어컨의 바이러스, 정수기의 바이러스, 인스턴트식품의 첨가제, 세척제의 중금속, 그리고 농약의 과다살포 등등 이루 다 나열할 수도 없을 만큼 위험 속의 생활을 한다.

그러면서도 새것, 깨끗한 것이라고 외친다. 그건 어처구니없지 않나?

참으로 판단력을 흐리게 하는 억지는 그만하고 진정 아기의 건강에 이로운 것을 찾아내야 한다. 그래도 할머님이 씹어 준 음식은 그런 것은 아니지 않았겠느냐를 생각하며 그에 대신할 엄마의 노력이 요구된다 하겠다. 그 어떤 것도 그것보다 낫다고 할 수는 없을 것이다.

아프리카의 '부시맨'들도 독사에 물린 곳, 독거미나 집게벌레에 물린 곳을 약초를 입에서 씹어 상처에 발라 붙여 낫게 하는 것을 보아도 우리 인간의 타액(침)은 소화에 도움될 뿐 아니라 독을 제거하는 능력도 있는 것으로 안다.

학문적으로 '디아스타제'니 하는 분석적 내용 말고도 또 다른 독소 제거제가 있는 것으로 민간요법 차원의 효과(효험)도 있다는 것을 놓치지 말자. 어떤 때는 사타구니에 가래톳이 섰을 때도 막 자고 일어난 침을 바르면 대번 가라앉고 뾰루지가 성했을 때 자다가 서너 번 바르면 깨끗하게 낳는다. 이럴 때도 보면 침은 선약이다. 이건 무슨 이유일까? 이런 것도 생각해 볼 만하지 않은지?

나무는 밤에 물을 끌어 올린다

나무는 밤에 물을 끌어 올린다고 한다. 그것이 무슨 의미인지는 몰라도 자연의 법칙이요, 방법이라면 우리 할머님들 말씀에서도 무엇인가 암시하고 있는 것에 귀 기울일 필요가 있을 것 같다.

낮에는 햇볕을 쪼이며 탄소 동화작용으로 엽록소를 만들며 산소를 내놓느라 바빠서인지, 낮 동안에 힘을 다 써 버렸는지 밤에 탄산가스를 배출하고 신선한 공기를 마시며 자란다. 대자연의 섭리 그것이 무엇인지는 몰라도 경험을 한 분들이 느끼는 것인데 아기도 보면 밤에 자다가 깨어 두세 번은 젖을 빨며 또 싸고 하는 생식작용을 하는 것으로 할머님들은 "밤새도록 먹고 자고 한다"고도 말씀하신다.

또 다른 표현을 빌리면 "아기는 자면서 자란다" 하시기도 하며, 밤은 달의 기운을 받아 성장하는 시기라 표현하기도 한다. 때문에 이때 만들어지는 인성(人性)은 정(情)과 기운(氣運)과 관계가 있다고 보이며 이 기회를 제대로 활용하는 엄마는 아기를 포근히 안고 잔다.

그것은 깊은 모정(母情)이며 모성(母性)이고 지남철 같은 끈끈한 연결고리로 표현되기도 한다. 그것이 0세 육아다.

아기가 자면서 험한 세파에 부딪치고 꿈꾸는 무의식의 세계에서 떨어지다가도 타고 올라올 수 있는 밧줄 같은 역할을 한다고 말하는 분도 있다.

그래서 아기는 밤에 힘을 얻으니 자주 부둥켜안고 자야 한다는 말이 근거 있는 말로 우리는 내 아기의 영유아기의 육아에 이를 전한다.

현대 발달심리학에서도 이때 사랑이 결여된 아기의 심성은 성장기의 행동에서 거부, 파괴 등 악영향을 준다는 의미로 연구대상이 되고 있음도 이것은 과학의 임상실험이나 약물의 실험결과도 풀지 못하지만 심리학적 영역에서나 해석되는 부분이라 할 수 있다.

이것이 음양의 이치나 희생의 원리에서 법칙으로 어떻게 설명될 수 있을지는 몰라도 경험론, 결과론에서는 충분히 타당성을 내포하는 것으로 풀이한다.

생식과 성장이 같은 사이클로 연결되고 이것이 원천적 심성형성에 기여한다고 볼 때 밤의 세계에 대한 모성의 전달루트로 인식하게 된다는 메시지를 전한다.

그래서 인간의 고향을 엄마의 자궁이라 하기도 하고 엄마의 품이라 하기도 하나 보다.

끊임없이 샘솟는 엄마의 정, 그것이 없는 엄마의 가슴은 형태학적 가슴이요, 그림 속의 떡이 될 수도 있으니 비록 엄마가 고단하더라도 아기가 원하는 따뜻한 사랑을 듬뿍 베풀어야 한다.

아기는 그것을 원한다. 그러면서 자란다. 자연의 법칙에 맞춘 전통 육아 방법에 눈뜨자.

그것이 기(氣)요, 생명이요, 원천이니 이 점 각별히 되새기자.

프로이트는 인간에게 무언가 결핍요소가 있으면 병이 되는데 그 결핍요소는 신체접촉이라 했다. 그러나 그 의미는 분석적으로 의학을 발달시켰지만, 여기서는 제자리를 찾아 정(情)으로 기(氣)로 되돌아가고 있다는 것을 전하며 겸해서 사랑은 양적인 것보다 질적인 것으로 바꾸어야 한다는 것이 현대의 연구라는 것도 밝힌다.

전통생활 속의 재미있는 표현들

유안진 교수의 글에서 순우리말로 표현된 육아에 대한 재미있는 글을 모아 보았다.

- 맏딸은 살림 밑천
- 아버지보다 형이 더 무섭다.
- 형만 한 아우 없다.
- 친손은 봄볕에 놀리고 외손은 가을볕에 놀린다.
- 기둥감 딸도 있고 서까래감 아들 있다.
- 딸이 반달 같아야 온달 같은 사위 얻지.
- 동생에게 양보해야지.
- 귀여운 세 살, 미운 일곱 살
- 자식 하나 키우려면 똥가루 서 말은 먹어야 한다.
- 할머니 무릎학교
- 대역, 소역 다 치러야 내 자식
- 자식은 잘 길러야 반타작

- 천한 이름 불러야 명이 길다.
- 밤을 자고 난 젖은 짜 버리고 먹인다.
- 성교 후에는 젖 먹이지 않는다.
- 먼저 아기 걸음마 할 때 동생 청한다.
- 사람에게 어찌 짐승 젖을 먹이노.
- 열 부인을 다스릴지언정 소아 하나 다스리기 어렵다.
- 잘 먹으면 백일 산모, 못 먹으면 1년 산모
- 아이 낳다 죽는 일은 사주에도 있다.
- 아이 낳고 미역국을 먹어야 한다.
- 죽은 아들 불알 쓰다듬듯 한다.
- 갓 낳은 아기는 엄마와 떼어 놓으면 잘 자라지 않는다.
- 엄마의 젖 운기(雲氣)는 건넛방 아기에게도 간다.
- 온달(둥근 달)과 썰물은 여자의 생산날이다.
- 눈멀어, 귀먹어, 벙어리 삼 년은 남의 식구 되기 위해
- 그 아비에 그 아들, 그 어미에 그 딸
- 왕대 뜰에 왕대 나고 갈대 뜰에 갈대 난다.
- 아이들은 저절로 자란다.
- 부모 팔자는 반팔자

어설픈 육아지식보다 경청당이

서양속담에도 '육아는 할머니가 어머니에게 그 방법을 가르쳐 주
듯 하라'는 말이 있다.

그러나 많은 전문지식 시대에 맞는 육아법이 나오고 있는 현대에
그 무슨 소리냐고 반문하는 엄마가 있을지 모르지만 실은 어설픈 지
식보다는 '경험이 선생님이다'라는 말이 교수님, 병원 담당과장님들
로부터 나와 우리의 눈길을 끌고 있으니 참작의 여지를 살펴보면 육
아는 내부적, 외부적 여러 가지가 상호작용하는 복합적 요소를 내포
하고 있기 때문에 어떤 방법이 어느 경우에나 적용될 수 있다고는 말
할 수 없다. 나아가서 이상적인 방법이나 학설에 치우칠 이유도 없고
더욱이 동물실험에 의한 방법을 육아에 이용한다는 것은 위험요소마
저 있다.

그래서 육아는 전통적 지혜에 접근하고 그러면서도 직관적 입장에
서 이성적 태도를 취해야겠다는 것이다.

우리나라 할머님들의 육아는 늘 아기의 입장이 된다는 것과 자연

의 순리에 순응한다는 점이며 매사를 똑 소리 나게 하지 않고 중용적 태도로 임했다는 점이다. 그래서 아기가 배고파하는 것을 알면 으레 젖을 물렸으며 또 그만 먹으려 할 때에나 물리기를 그만두었다. 몇 시간이 지나도 달라고 안 하면 젖을 주지 않았다. 그러면서도 아기가 아픈 것은 의사 이상으로 육감이 정확했다. 할머니 손은 약손으로 웬만한 것은 심리 요법을 써 낫게 했고 어떤 때는 잘 못하는 노래라도 음악으로 행동요령을 가르쳐 주입식 교육이 최고라는 교육에 치중하지 않았다.

자신이 오랜 세월을 살아오면서 쌓아 온 지혜와 경륜을 활용해 새로운 방법이 아니더라도 부족 없는 인지발달에 심혈을 쏟았다. 이유식에 있어서도 100일을 지나면서 자연히 어른들 음식에 흥미를 갖게 될 때 밥알 한두 개씩을 입에 넣어 준다거나 과일 등을 자기 입 속에서 씹어 소화에 이상이 없게 한 다음 아기 입에 넣어 준다든지 하는 등 아기 컨디션에 모든 것을 의존했다.

기저귀를 가는 것만 해도 궁둥이가 열리는 바지를 입혀 놓고 배변 즉시 쉽게 갈아 주는 방법을 사용했지 요즘같이 흡수력이 좋은 일회용 기저귀라고 몇 시간씩 내버려 두지는 않았다.

그럼에도 불구하고 요즘 엄마들은 새로운 것이라면 무엇이고 받아들이고 옛것을 무시하려는 경향이 있기 때문에 어른들은 달가워하지도 않는 얘기를 꺼냈다가 싫어할까 봐 오히려 입을 다물어 버리는 일이 비일비재하다는 말씀을 들으며 엄마들의 인식전환이 요구된다.

국적도 없는 이론, 서양의 어떤 연구가 어처구니없는 위력을 발휘하는 것을 보며 그것에 의존한 엄마들은 그 후에 어떤 결과를 얻고 있는지 의심하며 왜곡된 방법은 왜곡된 결과를 초래한다는 데 경종을 울리고 싶다.

순리와 경륜으로 아기를 키우고 정성으로 돌보는 부모님들의 가르침에서 옳은 지혜를 얻어 손쉽게 키울 생각을 해야지 잘못해 놓고, 전전긍긍하는 일이 없어야겠다. 그것은 뿌리 없는 방법의 남발에서다.

그간 우리나라에 소개됐던 많은 육아법에서도 보았지만 이스라엘 유태모들의 육아법, 미국 스포크 박사의 육아법, 스위스 피아제 박사의 육아법, 미국 스세딕 여사의 육아법, 덧슨의 육아, 이태리 몬테소리 여사의 육아법, 일본 이브카식, 스스끼식, 시찌다식 육아법 등 방법론적 육아법과 미국의 할로우식, 소련의 루리안식, 독일의 헤츠라식, 볼비아식 등 교육적·심리적 육아법도 있어 너무 많은 방법·방식이 우리를 유혹·혼돈을 시키니 한 가지에 현혹되어 빠지지 말고 선별하는 지혜가 필요하고 오히려 우리 문화 조명에도 의젓함을 보여야 할 때라고 생각된다.

그것이 과연 지상최고의 방법이었는지 많은 의문과 시행착오를 발견하며 영재·천재 문제와는 거리가 먼 절름발이였음을 확인한다.

이제라도 '늦었다' 하지 말고 그것들의 장단점을 추려 우리 것과 비교하며 우리에게 맞는 육아법 정착을 시도해야지, 방심할 경우엔 결과에도 의문이 있다.

그것은 시기문제, 방법문제와도 연결되며 개인별 환경과도 관계가 있다는 것이며 원천적 영향과 미래 지향의 바람과도 직간접으로 영향을 끼친다는 점에서 취합이 이루어지길 바란다.

어느 엄마는 편하고 좋은 결과를 맺어 기쁜데 어느 엄마는 왜 결과에 불만을 토로하는가에 대하여 깊은 성찰이 있어야겠고 그것은 의타적 방법론에 있지 않고 자신의 헌신적 접근에 있음을 지적하지 않을 수 없다.

　따라서 좋은 결과는 옳게 심고 옳게 가꾸는 지혜에서였다고 하고 싶다.

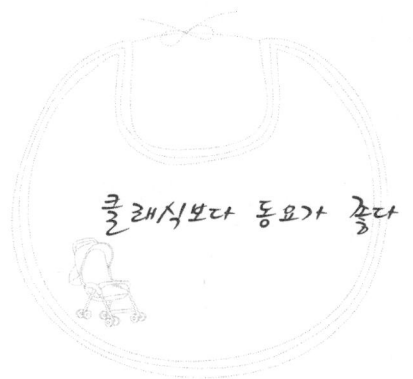

클래식보다 동요가 좋다

한동안 우리는 서구물질·문화의 영향을 받았다. 요즘 마련된 레코드판, 카세트테이프, 라디오에서 나오는 음악만 해도 거의가 서구의 음악을 많이 듣고 자라게 된다. 엄마가 학생 때 많이 듣던 팝송, 랩, 록 등은 물론 아니다.

그래서 필자는 태교음악도 10년 전 것에 비해 훨씬 우리 것으로 돌려야 한다는 뜻을 이미 태교 시리즈 3권 『임신태교』에서 밝힌 바 있다. 그런데 여기서도 유아들에게 들려줄 음률은 서구 것보다는 우리 것, 우리 유아동요로 바뀌어져야 함을 권한다.

그것은 다름 아닌 우리의 문화창달이라는 면에서이며, 우리 것은 음악성 그 자체가 아닌 해학성, 문화성의 지혜에 비중을 두기 때문이다.

조용한 밤의 정서를 함양한다 하더라도 내 아기가 장차 음률은 서구 것보다는 우리 것, 우리 유아동요로 바뀌어져야 함을 권한다.

그것은 다름 아닌 우리의 문화창달이라는 면에서이며, 우리 것은 음악성 그 자체가 아닌 해학성, 문화성의 지혜에 비중을 두기 때문이다.

조용한 밤의 정서를 함양한다 하더라도 내 아기가 장차 음악적 소질의 아이로 자라기를 바란다면 몰라도 소질이 다른 데 있는 아기라면 서구음악보다는 우리 동요가 바람직하다고 느낀다. 그것은 동요를 듣고 자란 아기는 마음씨가 곱고 우애가 있기 때문이다.

쉽고 리드미컬하고 해학이 담긴 옛 우리 동요를 보면 듣기 편하고 재미있고 구수하기까지 하다. 그래서 성격형성, 언어발달, 지능발달을 위해서 어디까지나 우리에게 익숙한 것이 효과적이다.

아무리 국제화 시대로 치닫는 현대라 해도 제 것을 제대로 모르는 사람은 국제무대에서 자기를 내세울 수 없다. 그간에는 국제무대에 진출부터가 어려웠기 때문에 일찍부터 외국문물에 접할 기회를 제공하는 것이 지름길이란 생각을 했었지만 다음 세기의 국제무대는 활짝 열려 있고 누구나 원하면 참여할 수 있게 된다.

다만 여기서 자신의 것도 모르는 사람이 무시되는 시대가 될 것임을 알 때 최소한 어려서는 자기 것에 익숙할 기회를 제공해야 할 것이라는 데 공감한다.

한번은 미국 어느 중요한 모임에 각국 인사들이 모였는데 각자가 자기 나라의 특징, 동요, 민요를 하기로 했지만 한국 사람이 한국 것을 몰라 창피한 꼴을 보였다니 이러고도 선진국에 들어설 수 있겠느냐고 한탄하는 것을 보았다.

우리 것이 절대로 창피한 것이 아님을 자각하고 우리 아기들에겐 우리 것을 익게 하는 지혜를 갖자. 개념 형성을 돕는 데 좋고 외우기 쉽고 기억하기에 편하다.

가령 아기가 따로따로를 하며 서려고 할 때는 겨드랑이에 손을 넣고 흔들며

1. 불아불아 불불 할아범이 마당을 쓸다가……

2. 방아방아 고추방아 쌀 방아, 떡방아……

◎ 바람이 몹시 부는 으스스한 날 아기가 젖 먹을 때 용기를 주기 위해

1. 바람아 불어라 대추야 떨어져라……

◎ 개가 짖어 아기가 잠에서 깼을 때에는

1. 멍멍 개야 짖지 마라 우리 아기 주무신다.

   꼬꼬 닭아 우지 마라 우리 아기 단잠 깰라.

◎ 밤늦게 잠을 청하려고 밖에 나갔을 때는

1. 달아 달아 밝은 달아……

2. 달달 무슨 달 쟁반같이 둥근 달……

◎ 잠을 청할 때는

1. 자장자장 자장자장 우리 아기 잘도 잔다

   새앙쥐도 잠들었고 참새도 잠들었네

◎ 엎어져 칭얼댈 때는

1. 둥개야 둥개야 둥개둥개 둥개야

◎ 잠이 깨어 멀거니 있을 때 생기를 북돋으려 할 때는

1. 뽕나무가 방귀를 뽕뽕 뀌니

   참나무가 참아라 참아라 했는데

   대나무가 땟기 놈 하더라 했데.

◎ 놀자고 할 때는

1. 원숭이 엉덩이는 빨개……

2. 여우야 여우야 뭐 하니……

◎ 한글 외우기 놀이할 때

1. 가갸 가다가 거겨 거랑에 고교 고기잡아 구규 국끓여 나냐 나하

고 너녀 너하고 노뇨 노나 먹자.

◎ 이가 흔들려서 뺄 때

1. 까치야 까치야 헌 이 줄게 새 이 다오.

◎ 할머니를 연상할 때

1. 꼬부랑 깽깽 할머니가 꼬부랑 지팡이 집고 어딜 가나

   꼬부랑 꼬부랑 고개 넘어 꼬부랑 길로 가~지

◎ 한여름 지루할 때

1. 꼴망태 둘러메고 소를 모는 저 목동아……

   소잔등을 툭툭 치며 콧노래를 부르면서 이랴 낄낄 어서 가자

◎ 낱말 잇기 놀이할 때

1. 원숭이 엉덩이는 빨개, 빨간 건 사과, 사과는 맛있어, 맛있는 건
   바나나, 바나나는 길어, 긴 것은 기차, 기차는 빨라, 빠른 것은 비행
   기, 비행기는 높아, 높은 것은 백두산, 백두산 뻗어내려 반도 삼천리

◎ 재미있는 동화놀이 할 때

1. 가자 가자 감나무

   오자오자 오디나무

   십리 절반 오리나무

   따끔따끔 가시나무

   칼로 찔러 죄나무

   입 맞추는 쪽나무

   방귀 뽕뽕 뽕나무

   참아라 참아라 참나무

   팻기놈 대나무

   다 늙은 느티나무

시름시름 시무나무

바람 솔솔 소나무

2. 가다 보니 가닥나무

오다 보니 오동나무

귀신 쫓는 봉숭(사시)나무

살살 피는 살구나무

덜덜대는 사시나무

말라 버린 살구나무

깔고 앉아 구지자나무

마당 쓸어 싸리나무

◎ 달 밝은 밤에

1. 달아달아 밝은 달아 이태백이 놀던 달아……

2. 달달 무슨 달 쟁반같이 둥근 달

어디어디 떴니 남산 위에 떴지

◎ 꽃동산을 그리워할 때

1. 뒷동산에 할미꽃 가시 돋은 할미꽃

젊어서도 늙었나 꼬부라진 할미꽃

하하하하 우습다 꼬부라진 할미꽃

0~1세의 놀이

아기에게는 엄마나 할머니가 보여 주는 놀이는 그것이 바로 학습
이며 놀이도구로 학습교재인 셈이다. 그러므로 놀이는 발달을 도모하
고 잠재능력을 개발하는 밑거름이다.

유아는 놀이를 통해 자라고 놀이를 익히며 발전한다.

유아기에는 주로 신체감각과 동작기능을 훈련하는 것이어서 발달
을 도모하도록 마련된 놀이나 장난감이 이를 돕는다.

그래서 많은 장난감 제조회사들이 이에 맞는 도구를 마련하고 있
지만 0세 유아의 경우는 겨우 소리를 듣게 하고, 손의 촉감을 발달시
켜 주는 달랑이와 눈에 초점을 맞추어 주는 모빌 등이 있을 뿐이다.

예전에는 어떻게 했을까. 놀이기구나 장난감도 별로 없었는데 하
며 전통놀이에 귀를 기울여 보니 아주 무모하지도 않았다.

할머님들은 자신의 신체를 이용한 놀이패턴을 만드셨는데 이것은
동작놀이 또는 따라 하기 놀이라 할 수도 있고 현실감 있는 감각발달
놀이라 할 수도 있다.

다시 말하면 까꿍은 청각발달과 표현 맞추기에, 도리도리는 중요 기능 목운동에, 모유 먹이기는 건강과 후각, 미각발달에, 딸랑딸랑 내는 소리는 청각과 놀이기구에 대한 흥미발달에, 손잡고 들어 올리기는 팔운동·다리운동에, '어머나 우리 도령(공주) 오줌 쌌네'는 축축한 것을 알았다고 표현하므로 의사소통에, '잘 잤나, 배고프지' 하는 것도 자신의 기분 또는 공복을 이해해 주는 정감에, 또 '짝짜꿍'이나 '곤지곤지'는 활동신경 발달에, '잼잼'은 손기능과 근육발달에, '따로따로'와 '고네고네'는 척추, 목, 다리 근육운동에, '부르르' 하고 입술을 떠는 투레질은 말하기의 발음운동에, 업어 주기와 안아 주기는 전신운동과 가슴과 가슴 맞닿기와 움직이며 활동할 때는 바깥세상 생활상을 익히게 하는 인지발달에, '목말 타기'나 '걸음마'는 엉덩이·다리·손아귀 운동에 등등 여러 가지가 있었다.

그러나 현대는 여러 가지 발전된 장난감이 있어 좋기는 하지만 엄마들도 국적불명의 장난감, 비싼 것이면 좋다는 사고에서 벗어나 이 것이 인체 어느 부위 발달에 좋은가와 잘못될 일은 없는가에 대해서도 신경을 써서 인성, 심성 발달과정과 정서, 두뇌발달에 역효과는 없다고 확신할 때 선택하는 지혜가 요구된다.

인지발달은 단계마다 특성이 있고 그 특성에 맞는 놀이가 좋은 것이며 굳이 앞서 가는 것이 좋다고 할 순 없다. 그럼에도 불구하고 남보다 앞서고자 하는 불건전한 경쟁의식으로 귀여운 아기의 정서를 해치는 일이 많다니 이런 일이 없게 해야 되겠다.

한번 잘못하면 고치기도 힘든 교육, 놀이도 교육의 일환이라고 할 때 우리는 좋은 놀이가 되도록 해야겠다.

제5장

개선할 육아메시지

유아교육의 인식 부족

　유아교육이 마치 천재코스인 양 인식이 잘못되어 일부에서는 억지 암기만 시키느라 병폐를 낳고 있다니 우리는 무엇을 생각하나? 유아교육은 원래 정서발달과 신체적 활동을 위해 필요를 느꼈지만 이것을 잘못 안 엄마들은 조기교육이 영재를 만든다고 생각해 어린이들을 혹사하고 이 때문에 어린이들은 나중에 배우는 것 자체를 싫어하게 되어 큰 문제를 일으키고 있다.

　우리에게 잘 알려진 스포크 박사도 "전 세계를 다녀 보았지만 유아를 대상으로 한 학원이 이렇게 많은 나라는 한국밖에 없다"고 했다는 것이며 "어린이는 전인교육을 위한 경험, 놀이 활동이 필요한데" 무슨 좋은 연구라도 되었느냐고 되묻더라는 것이다.

　2세를 2세답게 키우면 훌륭한 3세가 될 것이고 3세 어린이를 잘 키우면 자연히 바람직한 4세 어린이로 자랄 것이다. 인간은 발달특성에 맞게 교육(지성)이 되어야 하는데 과한 인지발달은 어린이를 불행하게 할 뿐이라고까지 했다 한다.

그럼에도 불구하고 탁아도 되고, 놀이방도 될 겸, 재능교육까지 겸하면 그것이 최고 아니냐고 잘못 생각하고 경쟁의식을 주입시키고 상 타기를 바라고 하니 어떤 때는 상장장사를 위한 방법이 아니냐고까지 평을 받게 됐다.

그래서 우리는 다시 생각하게 된다. 과연 유아교육이 어떤 연유에서 시작됐으며 그리고 그것은 원천적으로 어디서부터 시작됐어야 할 문제인가에 대하여 짚어 보니 4세 교육이 2세로, 그것이 다시 0세, 영아교육으로까지 내려오고 있는데 그것은 뿌리가 신통치 않았다는 의미와 실제의 영아교육은 엄마의 품속에서 시작되어야 함을 알게 된다. 그것은 다시 선천적 문제인 태중으로 뿌리를 찾게 되지만, 여러분은 태교를 잘 실천한 분이라는 것을 전제할 때 최소한 출생 후 돌까지는 엄마 품에서, 할머니 무릎에서 발견된 특성을 근거로 하여 그 연장선상에서 아기에게 맞는 유아교육의 방향을 잡을 때 소기의 성과도 기대할 수 있겠다.

그것은 교육의 구조적 형태에서나 방법의 문제에서도 잘 나타나며 더욱이 결과론에서도 그렇다. 우리는 대학교육에 중, 고등학교 교육을 맞추고 초등학교 교육에 유치원 교육을 맞추는 현실에서 중복을 피할 수 없다는 유아교육과 이유아 교수의 말을 귀담아 들으며 우리는 이 문제에 회의를 느끼지 않을 수 없다. 그래서 오히려 정확히 엄마가 하는 품 안의 교육이라도 잘했으면 하는 바람이고 그 연장선상의 유아교육은 엄마가 발견한 특성을 살리는 방향을 찾는 것이 되었으면 한다.

개선할 육아환경

아기는 고독한 환경에서 자라는 것보다 식구들이 많은 속에서 자라는 것이 좋다. 엄마가 바쁠 때는 할머니가 봐 주시기도 하고 또 할아버지나 시동생, 시누이가 돌보아 주기도 하지만 이때는 또 다른 점, 다른 촉감을 느끼며 발달하기 때문이다.

이것을 꼭 대가족제도에 비유한다기보다는 핵가족 생활이 갖는 편협함, 쓸쓸함에서 누구와도 같이 있는 게 좋다는 이야기다. 그래서 좀더 크면 탁아소에 보내느니 탁아모를 두느니 한다지만 엄마 대신이라면 오히려 할머니 품을 꼽지 않을 수 없다.

한없이 푸근하면서도 느긋했던 할머니는 어린 손주를 데리고 놀이도 하고 노래도 불러 주고 이야기도 들려주면서 경험을 되살려 손주를 돌보신다.

성인들 중에는 수십 년 전에 들었던 할머니의 이야기나 노래를 기억하는 분도 많다. 어떤 때는 엄마를 대신하여 빈 젖꼭지를 물려 주며 잠이 들게도 해 주시고, 하고 싶은 일을 하지 말라고 말리시지 않아 엄마보다 더 잘해 주신 것을 잊지 못한다고 한다.

생후 6~8개월쯤이 되면 '까꿍' 하며 어르기를 하는 것으로부터 '도리도리', '짝짜꿍'을 가르치셨고, '곤지곤지', '잼잼'도 가르쳐 주신다.

아직 서지도 못하는 놈을 데리고 따로따로를 시키며 '다리에 힘이 생기나 보다' 하며 아기의 발달을 단계별로 시험하셨다.

장난스러운 분위기를 잘 조성하시고 자주 반복하는 동안에 아기는 발육에 자극을 받고 운동신경이 발달할 수가 있었다.

'엄마 엄마', '아빠 아빠' 하시며 귀를 트이게 하고 입 동작을 하게 해 무언가 말의 시작인 발음으로부터 가르치신다. 어디까지나 아기의 입장을 헤아리시고 자연스러운 교육의 목적을 달성하신다.

손놀림, 고개 돌림, 앉는 훈련도 아기가 하고 싶은 것, 할 수 있는 것을 순서대로 시키신다. 어떤 쪽에 재능이 있는가에 대해서도 세심히 관찰하며 흥미진진하게 유도하신다.

잘하는 짓은 자랑하시나 잘못한다고 나무라지는 않았다. 똥을 지리거나 컨디션이 나쁠 때는 그 원인이 무엇이었나 하는 것을 찾아내려 애쓰시지 당장 약을 먹이거나 하는 데 신경 쓰지 않으셨다.

일반적으로 그럴 수 있는 일과 그래서는 안 되는 일을 알아냈지 '애가 왜 이래' 하고 현상을 탓하지는 않으셨다.

늘 밀착된 관심으로 관찰하며 딴 데 신경 쓰다 갑자기 돌보는 듯한 행동은 찾아볼 수가 없었다.

이런 것이 육아하는 데 필요한 환경이다.

아무리 방 안 치장을 잘해도 이런 관심이 없는 육아는 점수를 많이 주지 못한다. 그래서 엄마는 '해나 달' 대신 늘 같이하는 생의 동반자라고 한다.

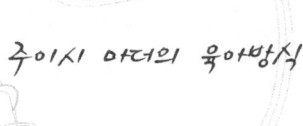

주이시 마더의 육아방식

영어로 Jewish Mother란 '어린이에게 귀찮을 정도로 학문의 필요성을 말하는 어머니'란 뜻으로 유태의 어머니를 가리킨다.

그런데 유태인 하면 왜 주이시 마더가 이야기될까 한참 『탈무드』를 훑어보니 유태인에게는 어머니의 철저한 교육을 빼놓지 못한다.

우리도 '신사임당'의 이야기, 한석봉 어머니 이야기 등 많이 있지만 유태인은 모든 엄마가 다 그렇다는 데 놀라며, 그들의 지혜 한 토막을 소개하니 도움되기를 바란다.

하나님은 십계(十戒)를 유태인에게 가르치시고 '모세'에게 전하라고 가르치셨다. 그런데 처음에는 부드럽게 말씀하시다가 나중에는 엄격한 말씀으로 하셨다. 이것을 분석한 랍비들은 십계의 구상이 여성에게 먼저 주는 것으로 그리고 다음이 남성의 것으로 생각했다는 것이다.

또 '야곱의 집'이라는 말이 히브리어로 온화하고 여성적인 의미를 갖는 것에서도 여성이 먼저 하나님의 가르침을 전할 의무를 지닌다고 해석했다.

그래서 여성은 최초의 교육자요, 어린이를 가르치는 것은 오직 여성이 책임져야 하는 것으로 자부심과 긍지를 갖는다고 전해져 왔다.

그러나 이들의 경우 우리나라 엄마들의 극성스러운 면과는 아주 다른 면이 있다. 그것은 옆집 아이가 피아노를 배운다고 부러워해 아이의 소질이나 형편 등은 고려치 않고 피아노를 가르치겠다든가 또는 일류학교 지망에 경쟁적으로 동참하려는 의사가 아니고 또 남보다 앞서기를 바라거나 뛰어나기를 바라는 강요가 아닌 자신이 하고 싶다면 뒷받침해 줄 뿐 일류지향적 부채질은 하지 않는다. 그리고 유치원 때부터 대학까지 원대한 계획을 세우지도 않는다.

유태인들이 입버릇처럼 외는 '아인슈타인'의 이야기를 보면, 그는 어렸을 때 저능아였단다. 4살 때까지만 해도 그렇게 여겼다. 초등학교 1학년 때 담임선생님도 "이 아이에게서는 아무런 지적 업적도 기대할 수 없다"고까지 평가했었다.

그러나 그가 15세 되던 때 그는 '유크리트'나 '뉴턴' 또는 철학자 '스피노자'나 '데카르트'를 독파하며 다른 아이들과는 다른 면을 보였단다.

훗날 그가 말하기를 "나는 강한 지식욕을 가지고 있었다"라고 술회한 것에서도 잘 나타났지만, 만약 이런 아이가 다른 아이들과 똑같이 되라는 강요를 받았다면 그의 재능은 꽃피우지 못했을 거라는 이야기가 우리에게 느끼게 하는 바 크다.

또 유태의 어머니들에게는 '너는 추바이슈타인이다'라는 말이 통용되고 있다는데, 이 말을 풀어 보면 '아인슈타인'의 '아인'이 독일말로 '1'을 뜻하며 추바이는 '2'를 뜻하는 것으로 '너는 아인슈타인 다음으로 훌륭한 사람이 될지도 모르겠다'는 의미의 농으로 쓰이는데 여기서도 1등의 아인슈타인을 비교한 것은 오히려 어린이에게는 누구나 그 나름대로의 개성과 특성적 소질이 있으므로 일률적으로 생각지 않고 그 개성에 맞는 안목으로 지켜봐야 한다는 의미가 담겨져 있다고 해석한다.

그래서 유태 어머니들은 우리 아이가 다른 어린이와 어디가 다른가를 발견하는 데 힘을 기울인다.

가령 어학에 재능이 있어 여러 나라 말을 잘하면 '동시통역'에 소질이 있겠다 하며 나아갈 방향을 암시해 준다든지 하는 것이지, 수학도 잘하게 되면 일류대학에 갈 수 있는데 하고 '기'를 억제하지 않는다고 한다.

다시 말하면 다른 아이와 다른 특별한 점을 소중히 여긴다.

그래서 '혼자서 다른 쪽에 선다' 또는 '개성을 충분히 신장시켰다'라는 것이 생활전반에 통용되고 있다는 것이다.

여기서 그들의 생활의 지혜에 관한 말 몇 가지를 첨가한다면, '듣는 것보다 말 잘하는 것이 더 낫다.' 그러므로 내성적이기보다는 외향적이 되라. 조용히 듣기만 하는 것은 앵무새가 될 뿐이다. 또는 육체적으로 하는 일보다는 머리를 쓰는 일을 하라 등 좋은 말이 많은데 이것이 『탈무드』에 있다.

여기서 우리는 무엇을 얻을까? 우리라고 좋은 격언, 지혜가 없을까 해서 알아보니 '황금이 백만 냥이라도 자식 잘 가르치느니만 못하다' 등 많은 것이 있었다.

문제는 지식에 눈이 어두우면 지혜가 찌그러지고 얄팍한 감정만이 앞서게 되는 일을 새기며 아기 육아를 위해 뭔가 새롭게 책을 가까이 할 것을 다짐해 보자.

미국, 일본의 육아방식

미국 엄마들이나 일본 엄마들의 육아를 특성적으로 구분해 보니, 미국 엄마들은 어렸을 때일수록 한 치의 오차도 없이 철저히 아기를 키우지만 점점 나이가 들수록 자유를 충분히 주는 반면, 일본 엄마들은 어려서는 무제한적 자유와 포옹으로 아기를 키우지만 자라면서 점점 자유를 구속한다. 그러면서도 가족관계를 유지한다고 했다.

그런데 우리 엄마들이 아기를 키우는 요즘의 실상은 어떤가.

서구 생활양식으로 변하는 구조적 환경에서도 그렇지만 너무 개성에 치우치다 보니 이기적으로 변해 가고 있으며, 일부 사람들은 TV도 방마다 있어 같은 것을 보고 의견을 나누는 것이 아닌 각자의 사고와 생활을 하고 있다.

또한 방방이 벽으로 차단되어 있어 육아환경 자체를 혼란으로 몰고 있다며 예전 한식구조에서는 서로의 행동반경을 볼 수 있고 늘 만나고 대화할 수 있으므로 측면지도를 할 수 있었던 점이 특성인데 하며 아쉬워한다.

이런 관점에서 현재의 우리 엄마들은 어디다 육아의 기준을 둘 것인가에 궁금해하지만 혹이라도 외국 사람들이 물었을 때 떳떳이 우리 문화의 특성을 말할 수 있으려면 우리는 어렸을 때도 자유와 제재(制裁)를 겸하며, 커서는 자유와 제재를 함께한다 하겠고 그러면서도 극과 극이 아닌 중용을 지켰다는 데 특성이 있었음을 우리의 자랑이라 말하고 싶다.

나무랄 일이 있어도 다 말하지 않고 다 말하지 않아도 통하는 대화는 분명 도자기 예술의 문화 같은 특성이라 하겠다.

그것을 예전의 글이나 풍습에서 또 현대의 노부모를 모신 집, 반명하다는 가문이나 대가족의 집에서는 흔히 볼 수 있는 현상이며 아직도 구석구석에 남아 있는 우리 문화의 장점이라 말할 수 있기 때문이다.

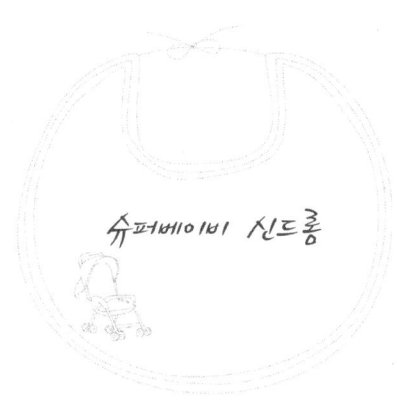

슈퍼베이비 신드롬

내 아기를 훌륭히 만들어야겠다는 것은 모든 엄마의 바람이며 국제화 시대에 사는 우리로서 당연한 노력이라 해도 이상할 것이 없다.

그러나 외국말 '슈퍼베이비'란 용어가 쓰였다고 해서 그것이 마치 그런 아기를 만들 수 있을까에 대해서는 짚고 넘어가야 할 문제들이 많이 있다.

그런데도 이와 비슷한 상술이 꼬리를 무는 것을 보며 탄식하는 사회의 여론이 있으니 그것은 판단에 맡긴다.

강남의 일부 지역에서는 이른바 신체기능과 감각 통합능력을 촉진시키기 위한 '동작놀이'라든가 영유아를 위한 '노래모임', 또 비눗방울을 터트리는 '펑치기놀이', 삼각형 쿠션을 쌓아 놓고 오르는 '등산놀이', 원통형 기구를 두들기는 '옥수수 튀김놀이' 등 각종 새로운 놀이를 미국 어떤 센터에서 들여와 0~3세를 대상으로 하는 사설유아원에서 선을 보였는데 1주일에 한 번 가고 월 4회 가는 것으로도 3개월에 15만 원을 낸다니 대학등록금보다 비싼 것이 아니냐는 평이다.

그런가 하면 이스라엘 장난감이 들어왔는데 수십만 원이라고 병폐를 나무란다.

이를 본 유아교육과 교수들은 젊은 엄마들이 정신없이 이런 프로그램에 참가하는 것을 보며 오히려 부패하고 무능함을 지적하기도 했는데, 실제로 필요한 유아교육 재료는 우리 주변에 산재해 있으며 놀이도구, 놀이마당도 얼마든지 있는데 꼭 외제라며 눈을 번쩍하는 사고 때문에 사회를 병들게 한다며 우리는 한국형 프로그램으로 색채, 모양, 경제성 등이 우리에게 맞게 짜여야 함에도 불구하고 이런 것이 오히려 성격형성과 인성형성에 혼돈을 일으킨 원인이 되지 않을까 염려하기도 했다.

사실 이름만 요란한 슈퍼베이비, 무엇이 슈퍼고 그래서 과연 슈퍼베이비가 되는지도 의심스러우며 이런 것에 정신이 몽롱해지는 몇몇 엄마들을 질책한다.

그렇게 창의력, 응용력이 없는 사람이 어떻게 아기를 훌륭히 키우겠다는 것이며 그런 것만 보고 자란 아기가 커서는 어떻게 될 것인가를 생각하면 아찔하기만 하다.

제대로 엄마 노릇을 하려는 사람이라면 훌륭한 엄마의 전기 같은 것이라도 읽고 자신부터 확고한 신념이 서야지 그렇지 않는다면 육아에 차질이 생길 것은 명약관화하다.

모쪼록 좋은 결과를 기대하는 일이 되기 위해 지름길이 무엇인가 하는 데에도 머리 써야 하지 않을는지 하게 된다.

3살 꼬흘리개의 영어교육

한 가지라도 남을 앞서야 한다, 또는 세 살 때의 저 뇌파의 기억력이 뛰어난다는 등의 과학적 분석이 젊은 엄마들을 가만있게 놔두질 않는다.

그것은 요즘 모 지역에선 아직 제 나라말, 제 나라 글도 채 깨우치지 못한 3살 어린이에게 그것도 외국인 강사를 초빙해 영어공부를 가르친다는 소문이 돌아 우리를 어리둥절하게 만든다.

그거야 영재 유아교육, 천재교육이란 팸플릿이 마구 집에 뿌려지고 '어느 아기는 벌써 영어를 척척 해' 하는 소문이 도니 '아이고 우리 아기는 어떡하지?' 하게 하는 얄팍한 상술과 입학, 취직 할 것 없이 또 국제화 시대의 활동에서도 필요한 것이 영어이니 기왕이면 하는 짐작이 되고도 남을 이야기이기도 하다.

그러나 우리의 지난 역사를 돌이켜 볼 때 아찔하지 않을 수 없으니 외세의 침략으로 나라를 잃고 말과 글을 잃었던, 성씨마저 잃었던 암울했던 과거사를 돌이킬 때 한 치의 뉘우침도 없이 그렇게 마구 치달을 수 있을까 하는 데서 심각성을 말하지 않을 수 없다.

역사상 자기 말을 건강하게 지키지 못한 민족이 번성한 적 없고 자기 글을 갈고닦지 못한 백성이 높은 문화를 유지하지 못했던 역사의 발자취를 더듬으며 오늘 우리가 하는 일이 내일의 어떤 결과로 나타날지는 예견하지 못한다면 그것은 자녀를 사랑하는 일로 볼 수 없다.

우리는 이조 초기에 세종대왕으로부터 한글이 반포되기 전까지는 한문으로 무장된 지배계급이 중화문화권의 예속을 일삼으며 살았던 일, 일본치하의 36년 같은 일본문화의 지배를 물리칠 수 없었던 일이 있다. 그러나 그것은 봉건잔재의 실책이라 치부하더라도 오늘 어엿한 국민으로 5천 년의 문화를 자랑하는 마당에 무엇이 더 욕심나 남의 문화권에 예속되고자 발버둥인지 그 정신이 의심스럽기까지 하다.

아무리 내 아기가 잘나고 남을 앞지를 수 있다 해도 나라 없이 나라 잘되는 일 없고, 혼자 잘될 수 없다면 제 것도 익히지 못한 주제에 남의 것이나 익히려는 좀스러운 욕심을 좋게 볼 수가 없다.

그간의 위정자들이 오죽 문화를 잘못 유도했으면 엄마들 생각이 이런 쪽으로 돌았겠느냐 할 수도 있겠고, 원래 사회란 악이 선을 누르게 되어 있는 것 아니냐 할 수도 있겠으나 이런 일을 보며 그냥 지나칠 수도 없다.

그것은 경쟁도 페어플레이도 아니며 남을 앞설 수 있는 방법도 아니라는 데로 의견을 모으고 비열, 무비판, 이기심으로 똘똘 뭉친 경쟁심은 나쁘게 평하면 돈 때문에 형무소에 들어간 일부 사람들의 소행과 버금가는 결과를 낳을 수도 있다고 경고를 서슴지 않는다.

설혹 영어가 필수적으로 배워야 할 한 가지는 될 수 있을지라도 제 것을 업신여기는 소행이거나 현실적으로 멍에를 덧씌우는 것이 되어서는 안 되겠다는 의견이다.

영어를 모르면 정치, 경제, 문화, 해외진출 등 여러 가지에서 뒤진다 할지라도 그것은 현 교육풍토에서 조금 뒤질 뿐 그것이 전부일 수 없다.

만약 그렇다면 그는 한국 사람이 아니니 이 나라를 떠나야 할 사람이라고 낙인찍어 마땅하다.

어찌 3살짜리에게 영어를 가르치며 막대한 돈을 들이는지 돈의 불감증을 지적해야 할 일이며, 그런 돈은 부정한 것 아니냐는 의심도 받게 된다니 만약 그러고 싶으면 자신의 것을 먼저 익힌 다음 또는 겸하며 올바른 자세가 정립되어야겠다는 것이 몇몇 어른들의 지적이다.

모유 먹이기와 고학력 엄마

　모 병원의 가정의학팀이 '92년 상반기에 서울 모지역 아파트단지에서 신생아를 데리고 있는 엄마 200여 명을 대상으로 모유 수유 상황을 조사한 결과, 뜻밖에도 고학력일수록 모유 수유에 소홀하다는 통계가 나와 우리를 놀라게 하고 있다.

　실제로는 이들 대상자의 90% 이상이 모유 수유의 장점을 알고 있었지만 '의사로부터 모유 권유를 별로 받지 않았다' 또는 '직장에 나가야 하기 때문에', '미용의 이유' 등의 이유로 모유를 먹이지 않는 현상이 있다니 과연 이러고도 훌륭한 엄마라 할 수 있느냐고 어른들의 걱정이 자심하다.

　물론 제왕절개를 했기 때문에 병원에서부터 모유를 먹이지 못한 것이 어떻게 자연히 그렇게 됐다는 분도 그중 20%가 있다. 그러나 그것은 또 개인병원의 경우 그래도 50% 이상이 그 후에는 모유를 먹인 반면 종합병원에서 출산한 층에서는 18% 정도밖에 안 된다니 어처구니가 없다.

그래도 학력이 고졸 정도에서는 45% 정도가 모유를 선호하지만, 대졸인 경우에는 25% 정도밖에 안 된다니 이 무슨 해괴한 통계냐고 탄식을 한다. 학력이 높으면 동물의 것과 사람의 것도 구별이 안 되는지 묻고 싶다. 요즘 아기들이 왜들 말 안 듣고 저하고 싶은 대로 하는지와 젊은 엄마들 '아기 키우기가 힘들다'고 푸념만 하는지에 대해 그 원인을 알아보려 해야 하지 않을는지?

원인 없는 결과 없듯이 아기들의 그런 경우 원인을 살펴보니 해답은 명확했다. 돌이켜 보면 엄마가 그렇게 만들지 않았으면 아기들은 순하며 엄마와 커뮤니케이션이 잘 될 텐데 엄마들이 모유의 중요성을 망각한 데서 온 결과가 아닌지에 초점이 맞춰지며 그런 결과는 엄마 스스로가 지은 죄라 할 수밖에 없게 됐다.

혹 '모유가 부족해서' 하는 경우라면 또 모르겠지만 미용상의 이유도 어처구니없고 모유의 중요성을 영양적 측면에서만 비교하는 어리석음도 어처구니없다. 이제는 정신을 차릴 때도 됐다고 본다.

여러 번 모유 이야기가 거론되지만 첫날의 모유가 왜 다른지를 알아야 하고 우유는 여러 마리 소의 것을 혼합한 것이 아니냐는 이야기를 들었다면 이런 우는 저지르지 않을 것이라는 점을 이야기하겠기에 다시 한번 촉구하거니와 아기 키울 때 고생하지 않으려면 모유 수유를 다시 생각하자. 본인의 저서 태교 시리즈 3권『임신태교』와 4권『출산태교』에서 자세히 썼기에 여기서는 이 정도로 경각심을 불러일으키고 싶다.

그러나 모유에는 노인의 망령드는 것(치매)의 원인을 예방하는 DHA(도코사헥사에노익산)가 얼마간 함유되어 있고 우유에는 전혀 없다는 것을 전하며 이것은 요즘에 새로이 밝혀진 과학의 연구여서 잘

모를 수도 있겠지만 하여튼 모유의 신비함을 간과해서는 안 되겠다.

더욱이 학력이 높은 이들에게는 우유(분유) 제조업계의 속임수나 과대광고에 찌든 일면을 보이는 거나 아닌지 하며 오죽하면 우유업계에서는 '모유에 가깝다'라는 광고를 내서 소비자단체의 고발까지 당하고 있고 또 아무리 우유를 잘 만들어 '모유에 가깝다'고 해 봤자 결국은 모유가 그만큼 신비한 영양식임을 반증하고 있음도 무시하지 못한다.

모유를 먹일 땐 모유를 먹이고 다음 단계에서 또 우유를 겸용하면 아기에게나 유업계나 이상이 없을 터인데 판매전략, 표현의 잘못으로 아기의 불건강을 초래해서야 양심 있는 기업인이라고 할 수 없지 않나 하게 되며 이 점 잊어서는 안 되겠다는 필자의 생각이다.

'모유의 3대 신비를 우유로 재현한다', '모유에 한층 더 가까워진'이라는 광고 용어만 해도 결국 우유가 모유만 못하니까 하는 말임도 알 만한데 굳이 모유를 버리면서까지 그와 비슷한 것을 돈 주고 사서 먹이는 것은 좀 우습다는 생각 안 드시는지? 이성으로 판단하자. 직장여성이라도 모유를 보관 수유하는 방법은 이미 밝혔다. 그러나 이런 식의 생활을 고집한다는 건 애쓰고 돈 벌어 깨진 독에 물 붓기와 다를 것이 무엇인지 어이가 없을 뿐이다. 누구나 저 하고 싶으면 하는 것 말릴 사람 없지만 불행을 예방코자 할 따름이다.

모름지기 잘못된 유행에 휩쓸리지 말고 내 아기 건강을 위해 힘쓰자. 그것은 단지 신체적 건강에 국한하지 않으며 두뇌에도 영향을 미치고 있음을 밝혀졌으니 영특한 아기를 바라거든 우유에는 없는 DHA가 함유된 모유를 먹임으로써 영재성, 심성에도 상당히 플러스 될 것을 잊지 말자.

나중에 '공부가 이게 뭐냐', '네 머리는 나만 못하냐' 하지 말고 시작부터 머리 좋은 아기 만드는 식품은 모유라는 데 인식을 분명히 해 내 아기 공부 잘하는 아기 만드는 데 소홀하지 말자.

그런데 모유가 잘 안 나온다는 엄마를 보면

1. 다이어트 즐기고, 항생제를 많이 써서 모유가 감소했거나

2. 산후 2~3주간은 조금씩 나오는 것이 정상이라는 것을 모르거나

3. 자꾸 빨리면 입김으로 모유가 축적되는 것을 모르거나

4. 젖을 빨려야 지방도 제거되고 유방암도 예방한다는 것을 모르는 등 안타까움이 있다는 것도 아울러 전하고 싶다.

WHO에서 밝힌 모유의 특성

몇 년 전부터 잃었던 모유 먹이기 권장운동이 다시 일기는 했다. 그러나 어떤 사정상 잘못 유도된 인공분만은 모유를 먹일 수 없게 되고 있다. 참으로 어이없고 어리석은 일이 아닐 수 없다.

그래서 여기에 모유에 관한 다른 정보 몇 가지를 알려 드림으로써 자기 아기에게 즐거움을 주고자 한다.

우리가 우리에게 맞는 음식을 찾아 먹듯이 아기에게도 아기가 좋아하는 음식을 제공하기 위함이며 건강 걱정, 병 걱정, 두뇌발달 걱정을 그렇게 하면서도 모유를 먹이지 않는 이유에 관해서는 왜 무지한지 안타까워하며 원인분석을 해 보니 그것은 시작에 있었음을 놓칠 수 없다. 시작부터 태교를 열심히 한 분은 거의 탈이 없으나 좀 소홀히 했거나 잘못한 분들의 경우 결과론으로 분석되며 이것을 다시 다루는 것이며, 모유가 왜 필요하며 중요한지 짚고 넘어가야 할 것은 세계보건기구 WHO에서 조사한 자료에서도 모유는 초유부터 중요한 의미를 내포하고 있다고 하며 그 표현을 다음과 같이 구분 설명했다.

· 모유는 자기 아기에게 꼭 맞게 만들어진 최상의 음식이다.
· 출산 직후 2~3일 안에 먹는 노르스름한 초유는 완전 자연식으로 아기가 일생 동안 건강을 좌우할 면역체와 영양소가 들어 있다.
· 초유는 비록 적은 양이지만 균형 있는 영양분을 갖고 있다.
· 태내에서 익숙했던 엄마의 것이기에 정서에 좋고 소화도 잘된다.
· '하리성' 성분이 태변을 쉽게 보게 한다.
· 모유는 항상 신선하며 가장 완전한 자연식이다.
· 모유는 아기가 자라는 데 따라 성분이 적합하도록 된다.
· 모유는 중추신경계의 중요한 '타우린'(아미노산)이 있다.
· 모유에는 병균을 막는 면역체가 있다.
· 모유는 알레르기 증상을 적게 해 준다.
· 모유는 구토, 설사, 변비를 일으키지 않는다.
· 모유는 아기의 치열교정을 절감한다.
· 모유는 엄마의 유방암을 예방한다.

이것을 무시하는 엄마는 아기를 키운 후 성격 갈등, 폭언에 고통받을 수 있다고 표현했으니 지혜로운 엄마는 내 귀여운 아기를 어떻게 잘 키울까에 관심 쏟기를 기대한다.

이 얼마나 많은 문제를 내포하고 있는데도 아직 모유를 기피하나? 그러고도 떳떳한 엄마라고 할 수 있겠는가 지적하며 현명한 판단 있기를 촉구한다.

오유 먹이기 캠페인

모유 먹이기를 벌여온 지도 어언 7~8년, 그간 여러 가지 글을 쓸 때마다 또는 수백 회의 강의에서 이 운동을 역설하고 장단점과 중요성을 깨우치는 새로운 문구도 만들고 나름대로 외롭게 노력해 왔다.

그런데 요즘 정부, 민간단체, 병원까지도 캠페인을 벌인다는 소식이 있어 무척 반갑다.

그래서 알아보니 '92년 8월로 우리 보사부는 한국 유니세프위원회, 의사 등 여러 명이 모여 모유 먹이기 10단계 방안을 만들고 각 병·의원에 보내기도 했으며 이보다 앞서 6월에는 보사부가 신설되는 의료기관이 산모와 신생아가 한 방을 쓰게 하지 않으면 허가하지 않도록 하는 시설기준까지 개정했다 하니 매우 반가운 일이다.

게다가 병원이 신생아에게 임의대로 분유를 먹이지 못하도록 했다니 잘한 일이고 모유 먹이기 책자 4천 부를 제작, 전국 보건소 및 병·의원에 나눠 주었다니 더욱 반갑다.

또 출산한 아기에게 30분 안에 젖을 물리도록 권했다는 것도 보면 연구자들의 기여가 컸다는 것을 알 수 있다.

돌이켜 보면 극도의 상업주의가 우유 먹이기 선전광고도 모유를 헌신짝 버리듯 버려 모유만 먹인다는 병원이 전체병원 중 단 4개요, 17%에 불과했었다는 어리석음에서 그래도 사회교육차원의 노력이 가해져 현재 21.4%까지 올랐다고 하지만 선진국 수준에 비교하면 미국이 81%, 프랑스 82.4%인 데 비해 아직 크게 떨어져 있다.

이제라도 서둘러 빨리 끌어올려야 할 것은 이것이 신생아에게는 무엇보다도 중요한 일이요, 이것 때문에 인성, 심성이 사나워지거나 병원에 자주 가게 되어서야 어찌 문화인이라 할 수 있을까?

되도록 건강해야 하고 심성 좋고 탈 없어야 할 아기의 본성을 우유로 잘못되게 할 수는 없다. 꼭 우유가 나쁜 것은 아니지만 신생아에겐 모유, 즉 초유가 더욱 중요하다는 것을 강조한 것이다.

아직도 모르는 독자는 없겠지만 다시 한번 새기고 겸하여 왜 모유를 먹이지 못했는가에 대하여 짚어 보자. 이제 육아하는 엄마로서 지난 일일 수도 있겠지만 다른 임산부를 위해 조언하는 기회가 되면 좋겠다는 생각이다.

막상 6개월 정도 지나면 이유식을 할 기회나 우유를 편의상 병용할 기회가 온다. 그때는 몰라도 처음 몇 개월은 모유가 절대적이라는 것은 잊지 말아야 하고 특이체질의 엄마가 부족한 영양보충을 위해서라면 우유를 병행하는 일이 있더라도 모유가 우선임을 혼동하는 일은 없어야겠다.

이번에 프랑스의 『란셋(Lancet)』지에서 밝힌 바에 의하면 모유를 먹인 아이가 우유를 먹인 아이보다 IQ테스트에서 4.6이 더 높은 것으로 나타났다는 보고였다.

모유는 영·유아에게 완벽한 자연식품으로 생후 4~6개월간은 꼭 먹여야 한다는 것을 강조한다.

말더듬이 문제

4~5세, 6~7세 아이들의 말더듬이 문제로 병원을 찾는 엄마들이 늘어난다는데 이때는 너무 늦은 감이 있다.

전문의들의 의견은 입의 구조, 언어중추기관의 문제 등을 지적하지만 대부분 심리적·정서적인 원인일 수도 있으니 이런 원인은 아주 어릴 때, 즉 0~1세 때 엄마와의 대화와도 관계된다.

그래서 엄마들은 자주 아기와 대화를 나누어야 하는데 직장문제를 하루 종일 대화할 상대가 되어 주지 못한다면 혹 심리적으로 기능을 저하시킬 수도 있다고 보는 것이다.

이런 것을 예방하기 위해 엄마가 집을 비울 때는 할머니나 이웃집에, 또는 탁아소 등을 이용하는 방법을 들 수 있지만 뭐니 뭐니 해도 엄마만 한 상대가 또 있으랴 싶기도 하다.

뒤늦게 언어치료 전문기관을 간다느니 정확한 진단을 받느니 하지 말고 그런 시작이 되지 않게 하는 것이 돈벌이보다 몇 배, 몇십 배 중요하다는 것을 잊어서는 안 되겠다.

만약에 직장문제를 어찌할 수 없다 할지라도 돌아와서는 아기의 심리상태를 잘 포착한다면 몰라도 먹을 것이나 제공하는 어리석음은 있어서는 안 될 일이라 하니 이 점에 유의해야겠다.

의사소통을 하지 못하는 아기는 얼마나 답답할 것인가? 말을 못한다고 그냥 내버려 두어도 된다는 것이 아니니 일찍부터 문제 생기지 않게 대화를 해야겠다.

소년 언어장애의 원인을 조사한 곳에서는 핵가족으로 1∼1.5명 가족에서 많이 나왔다고 했으며 엄마가 키우는 아기보다 모르는 이에게 부탁했을 때가 더 많았다고 보고됐다.

수동이 영아의 경청당 1

　현재 3살이 된 수동이 엄마는 지난날을 되새기며 수동이가 5개월 됐을 때 자꾸 엄마의 손가락을 끌어당기며 제 입 속으로 넣었다. 아파서 "아야아" 하고 깨문 입속을 만져 보니 이가 있는 것이 아닌가! "오, 이가 났구나" 하며 "그래서 아기가 자꾸 엄마 손가락을 물려고 했구나"를 알게 됐다.

　3~4개월 때도 기기 시작했는데 엎드려서 전신으로 기지 못해 왜 이런가 했더니 난데없이 한쪽 발로 기었다. 5개월이 되어 앉을 것 같았는데 앉기를 즐기지 않는지 손목을 잡고 일어서기를 하려 한다. 6개월에 따로따로를 하고는 서는 것이 급했는지 7개월엔 엄마 손이 닿으면 일어서고 급기야는 침대를 붙잡고 일어서더니 옆으로 발을 옮겨 놓고 걸음마를 했다.

　그래서 발달이 이른가 보다 했는데 말이 더디다. 엄마, 아빠를 정확하게 발음하지 못하며 "음" 하다 말고 "하므니" 하고 할머니를 부르는 것 같기도 한데 발음이 확실치 않다.

후에 안 일이지만 0세부터 1세까지 4단계가 있어 아기는 이 단계마다 발달과정이 정상이어야 말도 정확한데 한 단계를 뛰어 넘게 되면 뇌 발달도 뛰어넘어 말이 더딘 것을 보면 우리 수동이도 그래서 말이 늦구나 하는 것을 알게 됐다.

또 7개월 땐가 8개월 때는 어찌나 낯가림을 하는지 낯선 사람만 보면 곧장 울어대 엄마가 무안할 정도였는데 어느 땐 엄마가 눈에 보이지 않으면 눈이 휘둥그레지며 찾는 모습이 엄마가 없으면 금방 어떻게 될 것 같았는데 이제 와서 보니 그래도 내 아기가 나 없으면 큰일 나는 듯하던 때가 엄마에게는 존재가치를 흠뻑 느끼게 했던 게 아니었나 했었고, 모자와의 끈끈한 관계라는 것이 이런 것인가 하게 됐다고 했다.

아빠는 자신의 일이 바쁘면 엄마를 잊는 일이 있지만 아기는 그게 아니었다.

어느 때는 엄마를 꼼짝도 못하게 하는 것 같으면서도 무럭무럭 자라고 나날이 발전하는 모습을 하며 엄마를 즐겁게 했던 일이 기억난다 했으며, 8~9개월 되니 혼자 앉아 놀기도 하고 10개월에는 혼자 일어서려 하고 발을 내딛더니 11개월에서 돌을 바라보면서는 이유식도 흘리기는 했지만 혼자 먹으려 하고 제법 아장아장 걷는 모습이 매우 귀엽고 또 잡았던 손을 놓으면 주저앉고 하지만 조금 있으면 혼자서 걸을 수 있겠구나 하는 기대감으로 운동화도 사 주고 고무신도 사게 하며 아빠를 바쁘게 했다.

수동이 엄마의 경험담 2

첫돌이 되어 걸음마를 시작한 수동이는 본격적으로 집안 곳곳을 탐색했다. 제 자신은 온 집 안이 재미난 일투성이인 모양이지만 엄마는 그렇지가 않았다. 조금 흩트려놓은 건 모르지만, 치우고 정돈해 놓으면 또 어지르고 줄곧 치다꺼리를 하느라 힘이 들었다.

그러나 아장아장 하며 걷는 모습에 매료되고 뭐든지 호기심으로 가득 차 있고 해 보려는 탐구심을 보면 기특하기도 하고 예쁘기도 했다.

그저 뒤뚱거리다 다치지나 않겠나 하는 염려 때문에 잠시도 딴 데 신경 쓰지 못하게 하는 점이 엄마를 구속하는 듯했지만 그래도 별 사고 없이 이렇게 큰 것을 보면 흐뭇하기만 하다.

어느 집에는 물 끓이던 것을 엎질러 손등을 덴 일이 없나, 넘어질 때 다친 것으로 병원에 가서 머리를 꿰맨 일 등을 보면 수동이는 그렇게까지는 되지 않은 것이 자랑이며 엄마가 그만큼 노력했다는 증거도 됐다.

앞으로 글, 그림에 관심도를 높이기 위해 엄마가 먼저 아기 앞에서 그런 모습을 보여 주어야겠구나 하며 책을 몇 권 사고 자주 읽는 모습을 보였더니 이것도 수동이에게 영향을 미쳐 현재도 책을 잘 뒤적이고 짚으면서 설명도 하며 책과 벗하는 것으로 보아 상당히 성공작이라 자위한다. 그러고 보니 아빠도 계속 사랑으로 대해 주고 관심이 멀어지지 않는 이유도 수동이가 잘 자라고 있기 때문이 아닌가 생각되기도 한다.

아기를 키우는 것도 정성이다. 열심히 하면 자기가 하는 만큼 성과를 거둘 수 있다는 것을 확신한다고 말한다.

6세 여아의 자위행위

우리는 일찍부터 좋은 풍습을 물려받은 문화민족이다.

그러나 요즘 변해 가는 우리 모습에서 이상한 일면을 발견하며 현모양처가 폐모요처(廢母妖妻)로 바뀌고 있지 않나 하는 의구심마저 생기게 하는 충격적 소식을 접하고 빨리 우리 전래의 미풍양속을 되찾아야겠다는 생각이 드는 것을 물리칠 수 없다.

서구풍습도 예의 분석하면 좋은 점, 나쁜 점이 같이 있다. 아무리 성 개방이 이른 나이 때부터 시작된다 해도 넘어도 되는 선이 있고 넘어서는 안 되는 선이 있어 지혜로운 엄마는 이것에 집중적으로 신경을 쓴다.

바빠서 잠시 잊었다가도 다시 정신 차려 아동들의 생각, 행동에는 책임을 지고 대처해야 한다.

그럼에도 불구하고 잘못되는 아이들은 엄마가 너무 돈벌이에 집착했거나 육아에 소홀한 엄마에게서 일어나는 현상이며, 훌륭한 가정행복을 누리는 가정에서는 상상도 할 수 없는 일이다.

그런데 요즘에는 이름이나 직업이 뚜렷한 부모와 가정임에도 6살 된 아이가 자위행위를 한다고 걱정이 태산이다.

엄마는 이게 웬일이냐며 유치원에 가서 선생님과 의논한다, 친구 엄마들과도 의논한다, 법석을 떨었지만 때는 이미 늦었고 몇몇 아이들이 그런다는 얘기를 들었을 따름이다. 그렇게 되고 보니 일은 벌어지고 도대체 이 무슨 해괴한 일이며 어찌해야 할까를 몰라 일도 할 수 없고 고민이 태산이란다. 여러분은 아직 염려 없지만 그래서 '남녀칠세부동석'이란 말이 있었구나 하는 것을 새삼스레 느낀다고 하는데 우리는 이 파급효과에 대해서도 염려를 안 할 수 없다며 걱정하는 것을 보았다.

다시 생각하지만 이 아기를 탈선할 아기로 봐야 하는지 아니면 시대가 빨라지는 현상으로 봐야 하는지 하며 탈출구를 모색했지만 자랑할 일은 되지 못해 끙끙 앓기만 했다.

여러분도 이제 육아하는 아기엄마로서의 책임이 부과되겠지만 이런 일이 있다는 것을 안다면 그런 일이 있기 전에 미리미리 신경 써 후회하는 일이 안 생기게 해야 되겠다.

이렇게 되면 집안이 이상한 분위기에 휩쓸리고 쉬쉬하거나 눈치를 살피거나 뭣이 잘못된 집구석이라 하게 되니 유비무환의 지혜를 실천했어야 하는 거나 아닌지 하게 된다.

제6장

육아상식의 비교관찰

신생아 리포트

신생아는 일반적으로 출생 7~8일 되는 아기를 일컫는 말이지만 WHO 세계보건기구에서는 생후 한 달, 꼭 4주간을 말하고 있다.

그래서 신생아의 건강은 실제 환경보다 태아기의 연상으로 생각하는 것이 옳겠다.

아기는 출생 직후부터 폐로 호흡을 시작하며 순환기의 변화를 일으키고 독자적 소화작용을 시작하며 체중조절 등 신체의 여러 기관들이 자궁 밖 환경에 적응해 가는 시기이다.

그러므로 생후 약 4주간은 생리적으로 적응이 잘 되어야 하는 중요한 시기이며, 엄마는 아기가 배변에 의해 기저귀나 옷이 젖어 피부발진 등을 일으키는 일이 없도록 유의해야 한다.

이때 보살펴야 할 일반적 관리요령은 다음과 같다.

1. 방 안 환경

실내온도 20~25℃ 사이를 유지하고 습도는 50%에서 ±10%를 유지하는 것이 좋다. 그것은 신진대사율이 낮은 신생아는 열 생산이 적기 때문이며 스스로 체온조절이 미숙하기 때문이다. 침구는 항상 따뜻하게 보존해 주며 공기는 신선하고 맑은 것으로 가끔 환기해 주어야 하지만 찬바람이 곧바로 아기에게 닿지 않도록 주의해야 한다.

병원체로부터의 감염을 유의하며 청소 시 먼지가 나지 않도록 젖은 것을 사용하는 것도 건강 지혜의 하나다.

2. 피부관리

신생아는 여린 피부를 갖고 있어 배변 후 너무 깨끗이 닦으려 하지 말고 필요시는 따뜻한 물을 사용하거나 보드라운 면 종류를 이용한 세척을 하는 것이 좋다. 혹시 땀이 많이 났거나 끈끈해서 비누로 목욕을 시켰을 때는 잘 말리고 파우더 등으로 뽀송뽀송하게 해 주는 것이 좋다.

3. 체중관리

출생 일주일부터 10일 사이에 정상이 된 체중은 하루에 약 30g씩 증가한다. 1개월까지는 계속 증가하다가 그 후에는 20~25g으로 증가폭이 줄어든다. 6개월엔 15g 전후 그 후는 10g 전후가 되며 돌 때는 체중이 신생아 때의 3배가량이 되니 일 년 사이에 엄청나게 성장하는 것이다.

4. 감염, 질환관리

감기, 홍역 등의 감염을 예방하기 위해 방출입하는 사람들의 감염에 유의하고 엄마도 늘 손을 깨끗이 해야 하며 호흡기에 이상이 없어야겠다. 유행성 질병이 돌 때는 빨리 예방조처를 하는 것이 좋다.

5. 이목구비 관리

눈곱이 낀다고 함부로 약을 쓰지 말고 모유 몇 방울로 처리하며 코가 막힐 때도 모유로 해결하는 것이 좋고, 귀는 얇은 거즈로 겉이나 닦아 주는 정도가 좋다. 입가나 입술에 허물이 벗겨져도 억지로 벗기지 말고, 목을 닦아 줄 때도 물 축인 부드러운 면수건으로 살짝 닦는 것이 현명한 일이다.

그러나 5~6개월이 되면서부터는 좀 다르다(엎드려 기다가 무릎으로 기는 것은 정상이나 갑자기 무릎으로 기게 되면 콧방아 찧을 위험이 있다). 엎드리다가 기고 앉고 하게 되면 건강이 상당히 증진되어 웬만한 일엔 견딜 능력이 생겼다는 증거이니 항상 붙어 있지 않아도 된다. 다만 엎어져 코가 깨지는 등 부딪쳐 우는 소란이 있는 것 외엔 엄마를 해방시킨다.

이때 관리요령은 다음과 같다.

1. 입에 넣는 것 조심

무엇이나 손에 닿는 것은 입으로 가지고 간다. 이가 생기는 것도 이때부터다.

2. 엎어지는 것 조심

목을 잘 가누면 괜찮지만 그렇지 않을 경우 엎어져 있거나 하면 호흡에도, 동작에도 좋지 않다. 그러나 자신이 마음대로 움직이면 괜찮다.

3. 부딪치는 것 조심

다리에 힘이 생기기 시작할 때 서게 하고 움직이게 할 때 자칫 부딪칠 수 있다. 크게 염려할 바는 아니지만 중요부분의 상처는 아빠의 꾸지람거리가 된다.

7~8개월이 되면서부터

낯가림을 하는 경우(식구가 단출한 핵가족에서 많은데)가 많다.

약간의 경우는 괜찮지만 심한 경우는 성격적으로 이상해질 수 있으니 이렇게 되기 전 미리미리 식구들이나 또래 아이들과 어울리게 해 줌으로써 낯가림하지 않도록 해 두어야겠다.

누구나 잘 따르는 아기의 경우 칭찬받고 사랑받고 편안한 육아 가능하다.

8~9개월이 되면

아기는 앉고 서고가 가능해지므로 편하나 욕구를 충족시키지 못하면 칭얼댄다.

- 장난감: 가지고 혼자 놀게도 되지만 자꾸 새로운 것 필요하다.
- 놀이: 엄마와 같이 노래도 부르고 손뼉치고 신나게 논다.
- TV: 아기용이나 광고쯤은 괜찮지만 폭력이 난무하는 것은 삼가야 된다.
- 또래: 사귀는 것 좋지만 너무 우열을 가리는 것은 조심해야 한다.

10개월~돌까지는

일어서거나 앉아서 여기저기를 헤맨다. 이때 깨지는 물건, 부서지는 물건은 미리 옮겨 놓아 이상이 없겠지만 찔릴 수 있는 것을 조심하고 붙잡을 수 있는 것이 있으면 좋고, 그러나 사고를 미연에 방지하기 위해 신경 쓰지 않으면 안 된다.

아기들은 무한한 새 세계를 향하여 알고 싶어 하고 도전하려 한다. 연구심, 탐험심도 생기고, 부수고 건설하며 또 새로운 것을 찾는다.

호기심은 장차의 학습에 결정적인 영향을 주며 탐구에는 욕구가 왕성해야 하는 것이므로 자칫 엄마, 아빠가 이것을 좌절시키지 말아야 하며 계속 아기의 욕구가 무엇인지 찾아야 한다. 잘못했다고 해서 올바로 가르치는 것은 좋지만 지나친 야단으로 기를 꺾어서는 안 된다.

그러나 우리는 이것이 현대 육아라고 한다. 전통과 현대를 조화 있게 접목시키자.

말은 언제부터 어떻게 배우나

말이란 음성기관의 기능과 사고력이 합쳐져 표현되는 인간의 의사다. 말은, 즉 소리를 받아들여 의미를 파악해 기억할 뿐 아니라 반응된 의미를 통해 자기 뜻을(욕구를) 표현하는 의사소통이다.

그래서 아기가 말을 배우는 첫 단계는 듣거나 한번 시도해 본 말을 계속 반복하는 흉내에 지나지 않지만, 생후 6개월을 전후해서는 의미를 파악하며 구조를 인식하게 된다고 할 수 있다.

생후 1개월

아기는 단지 소리를 지를 뿐이라고 할 수 있겠으나 배가 고플 때, 아플 때, 또 기분이 나쁠 때 울음으로 대신한다. 이 울음이 첫 단계의 언어일 수도 의사표현일 수도 있으니 엄마는 울음의 패턴을 잘 익혀야만 커뮤니케이션이 잘 된다.

생후 3개월

울음소리가 더 체계적이 되어 자기 요구를 위해서는 얼마든지 지속적으로 표시를 하게 된다.

생후 6개월

소리가 표현의 의미로 더듬거리며 하는 말로 바뀐다.

처음은 2음절의 '엄마', '맘마', '빠빠' 등 단순한 음으로 표현되지만 차츰 '할머니', '자동차', '까까 줘' 등 3음절의 의미 있는 말로 표현된다.

생후 9~10개월

무엇보다도 말의 이해가 두드러지게 나타난다. 특정한 물건이나 사람을 알고 표현하며 자신의 욕구를 표현하는 것으로 바뀐다.

생후 11개월~돌

입으로 웬만한 것을 표현하려 하지만 불완전하고 그러나 훨씬 더 많은 말을 이해하고 있음을 알게 된다.

빠른 아기는 이것저것 물건의 이름을 부를 수도 있다.

유아의 언어발달

일반적으로 아기가 일찍 말을 하면 엄마는 좋아하고 그렇지 못하면 엄마들은 걱정을 한다. 그래서 실제로 유아의 언어발달이 어떻게 되고 있는지 알아보니 그것은 천차만별인 것을 알 수 있다.

저명한 교수 중에도 자신은 3살이 되도록 말 한 마디 못 했었다는 분이 있는가 하면 돌이 되기도 전에 엄마, 아빠, 빠이빠이, 응가, 쉬, 하므니(할머니)를 말하는 아기도 있다.

그러나 그렇다고 지능이 낮은 거나 아닌지 혹은 신체 일부에 이상이 있는 거나 아닌지 염려하다가 화가 나면 "아유, 답답해", "얘는 왜 이리 말이 늦어" 하며 아기에게 수치심이나 심어 주는 일은 삼가야 될 것은 그 말이 어떤 원인이 될지도 모른다고 심리학자는 지적한다.

보통 아기들은 배고픔이나 뭘 하고 싶을 때쯤 되면 느끼고 표현한다. 그러나 하고 싶지도 않은데 가르치고 해 보라는 강요가 잘 맞지 않는 것이다. 그래서 자주 언어로 소통할 환경을 만들어 인사하기, 지적하기 또는 잠자리에 들기 전 이야기하기 등으로 아기의 흥미를 끈다.

하나, 둘, 셋, 찌찌(젖), 맘마(먹을 것), 까까(과자), 꼬까(옷) 등 쉽고 인상적인 악센트의 언어로 알아듣게 한다.

그러면 자연히 따라하게 되고 말마디 수도 늘게 된다. 그런데도 말이 늦다 하면 그건 기다려야 하는 것이다.

여기서 중요한 것은 아기의 행동 그 자체를 인정해 주는 엄마의 이해심인데 이런 아기가 사고력이 더 발달했다는 연구도 있기 때문이다.

그리고 어떤 아기는 엄마보다는 할머니나 친구들하고 놀면서 언어가 더 잘 발달한다. 그것은 엄마의 요구가 남과 비교하려는 눈치가 싫어서 또는 악센트가 마음에 들지 않아서일 수도 있다.

그러니까 늘 부드러운 말, 아기가 좋아하는 음성으로 말하는 것도 엄마의 요령이며 잘하는 것을 칭찬하는 것도 테크닉의 하나일 것이다.

하고 싶은데도 환경이 그렇지 못하면 안 하게 되는 것은 어린이나 커서나 같다는 것이며 이렇게 되면 말이 늦어질 수밖에 없을 것이다.

통계를 조사해 보니 늦어도 만 두 돌 때는 두 마디 이상의 문장을, 만 세 돌 때는 3마디 이상 언어의 문장을 하는 것이 보통이라니 이 정도를 참고하면 좋겠고 그렇지 못하다가도 유아원엘 보냈더니 갑자기 말수가 늘었다고 기뻐하는 이도 있는 것을 보아 염려는 않는 게 좋겠고 혹이라도 '이 아이 어디 이상한 것 아녜요' 하며 의심부터 하려는 엄마는 0점 엄마며 자신의 의심부터 고쳐야 된다고 학자들은 지적한다.

몸짓으로 말하는 아기언어

경험한 분들은 다 아는 일이지만 첫 출산 처음 아이를 키우는 젊은 엄마들에겐 해답집 같은 의미가 있어 옮겨 보면, 아기는 온몸의 움직임으로 자기 의사를 전달한다. 그러나 그 뜻을 잘못 받아들이면 반대의 의사가 될 수도 있다는 면에서 미국에선 새 엄마들을 위한 몸짓언어라는 것이 연구, 발표되었다. 그중에서도 특히 엄마가 아기에게 젖이나 우유를 먹일 때 엄마의 턱을 미는 아기는 '배고프지 않아요'라 해석하면 틀림없고, 팔다리를 버둥대면 함께 놀아 달라는 뜻, 또 온몸을 쭉 펴거나 낑낑대거나 뒤척일 때는 자고 싶거나 쉬고 싶다는 뜻이라 해석했다.

그러나 이것은 1세 이후 2세 정도의 아기를 대상으로 했을 때의 연구이니까 실제로 0세 때의 표정은 팔·다리를 버둥대는 것은 기분 좋을 때 또는 안아 달라는 표시로 보아야 하고, 온몸을 쭉 뻗을 때는 심술부릴 때나 못마땅하다는 표현으로 보면 된다.

배고프지 않다, 먹기 싫다는 의사표시는 보통 젖꼭지를 뱉거나 물려고 하지 않고 함께 놀아 달라거나 안아 달라는 의사는 팔·다리를 버둥거리며 싱긋벙긋 웃고 아양 떠는 것 같다고 경험자들은 말한다.

또 자고 싶을 때는 투정을 하며 짜증스럽게 눈을 부비기도 하며 팔짓을 하고, 잠을 잘 자고 나면 기지개를 켜고 혼자서도 물끄러미 쳐다보거나 웃지만 잠을 설치면 낑낑대거나 울거나 하며 엄마를 괴롭힌다.

그러나 어디가 아프거나 컨디션이 나쁠 때는 괜히 징징거리고 울거나 보챈다. 이럴 땐 엄마가 빨리 눈치 채고 이마를 짚어 보며 열을 재거나 콧물, 설사 등에 신경을 써야 하며 아기를 안아 보며 컨디션을 체크해야 한다.

또 갑자기 자지러지게 울거나 깜짝 놀랄 때는 경기가 아닌가 하고 알아보아 '기응환'을 먹이기도 하며 배변이 잦거나 또는 묽거나, 퍼런 똥을 싸는 것은 배탈이 났다는 것을 의미하는 간접용어다.

기저귀가 젖었는데도 몰라주는 엄마에겐 소리 질러 운다. 그러다가도 빨리 알아차리고 젖은 기저귀를 갈아 주면 뽀송뽀송해 기분이 좋아 벙글벙글한다.

실컷 잠을 잘 자고 일어났는데도 엄마가 안 보이고 배는 고프고 하면 울음이 터지지만 소리는 클 수도 작을 수도 있으니 그건 엄마가 센스 있게 대처하면 된다.

방 안 공기가 너무 덥거나 건조해서 코딱지가 코를 막아 숨을 못 쉬고 할 땐 얼른 모유 두어 방울을 코에 짜 넣어 준 뒤 조금 있으면 코딱지가 불어서 숨 쉴 때 툭 튀어나온다.

이런 때 킹킹대며 입으로 숨을 쉰다든지 괴로운 몸짓을 하지만 이런 것쯤은 새엄마라도 빨리 알아차릴 수 있어야 한다.

이렇듯 아기는 모든 것을 몸으로 말한다. 이런 것을 알면 모자간의 커뮤니케이션이 잘 되지만 그렇지 못하면 괜히 '얘가 왜 이래' 하게 된다. 그러나 요즘 엄마들은 책을 통해 많은 정보를 습득할 수 있으니 그저 읽자. 읽어 두자. 알아서 나쁠 것은 하나도 없다.

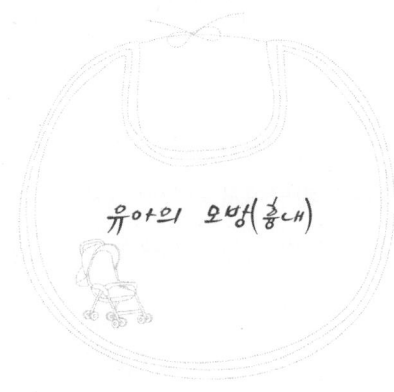

유아의 모방(흉내)

아기는 태어나는 날부터 학습하며 그것은 자신의 호기심에 따른다. 세상이 모두 새롭고 흥미롭기 때문에 보고 싶고, 듣고 싶고 하지만 주로 엄마의 말이나 행동에 귀 기울이며 그 행동을 모방하게 된다고 한다.

그러나 무엇을 모방하고 무엇을 모방하지 말아야 하는지에 대해 분별능력이 없기 때문에 어떤 것은 엄마가 모방하지 말기를 바라는 일까지 모르고 모방하게 될 수도 있다.

그러므로 엄마는 주의를 요하며 자신의 일거일동이 모두 아기에게는 모방의 거울이 될 것을 자각해야 된다.

아기의 성장속도는 인생의 어느 시기보다 빠르다. 특히 출생 후부터 12개월까지 혹은 18개월까지는 자신의 주변세계를 습득하여 성장하며 정서 지능발달도 이 시기에 기초를 만든다.

때문에 엄마는 긍정적인 언어사용과 칭찬 그리고 모범적 태도를 보여 주어 아기가 좋은 것을 받아들이고 자라게 해야 한다. 그렇다고 주변의 또래와 접촉하는 것에 대해서도 경계의 눈초리를 보낼 필요는 없다. 이때쯤은 어느 정도 자아를 형성한 후의 일이며 또 다음 단계의 새로운 발전을 위해서도 점차 또래와의 만남에서 사회적 능력의 발달을 자극받을 수도 있으니 자아 발견, 자기 발전에 도움이 될 수 있다.

할툽(Haltup)의 보고서나 카탈도(Cataldo)의 보고서를 보면 영아의 또래 활동은 흥미를 유발하고 지능 발달을 촉진한다 했으며, 에릭슨(Erikson)은 인간의 발달단계를 여덟 단계로 나누고 그 첫째를 0~1세로 마련했는데 이때는 신뢰감을 형성하는 '젖먹이기'로 아기에게 '정'이 형성되는 시기라 했다.

1세 이후 3세까지를 독립심이 발달하는 '자율감각 시기'라 한 것을 보아도 0세의 아기는 일단 젖을 먹는 동안 엄마 품에서 엄마에 의해 정이 학습되어야 할 것이 요구된다.

중요한 것은 0세부터 1세까지의 시기인데 이 시기의 교육이 이후 교육의 토대가 되는데 주로 엄마의 언행을 모방하는 것이라니 참으로 중요하며 이것이 곧 이후 교육(육아교육, 유치원, 초등학교)의 기초가 되는 것이다.

모든 교육이 기초가 튼튼해야 된다는 것을 아는 우리로서 아기의 튼튼한 기초를 과연 어떻게 할 것인가가 궁금하며 다만 옳은 인간교육이 잘못되는 일이 있어서는 안 되겠다는 것이 초점이다.

아무리 영특하기를 바라더라도 충분한 인간성에 대한 모방이 잘못되어서는 후에 엄마, 아빠가 후회할 것을 염려해 재삼 강조한다.

아기가 하고 싶은 대로 욕구를 충족하고 기를 살려야겠지만 저 혼자만 제일이라는 편협한 인간은 사회에서 배척되기 쉬우니 그 점 참작하자.

대화로 버릇들이기(0세 교육)

5~6개월의 아기 교육에 있어 가장 중요한 점은 아기가 무엇을 듣고 느낄 수 있을 때 충분히 말을 걸어 주는 데 있다. 아기는 일찍부터 언어로 세상을 배우고 알게 되기 때문에 많은 말을 들려주는 것은 정신적으로 성장하는 것을 돕는다.

정신적 성장의 보폭은 아기 때일수록 크기 때문에 어릴수록 좋다.

IQ도 0세로부터 1세에 이르는 동안에 교육된 아기는 3세쯤에는 200에 가까운 단어를 나타낸다고 하며 특수한 아기는 250까지도 된다. 그래서 현대는 유아교육으로 조기교육이 접목되고 있는데 여기서 주의해야 할 한 가지는 인성교육이 배제된 지능교육으로 방향감각을 잃고 있다는 것이다.

교육은 아기가 본래 가지고 있는 소질, 재능 같은 것을 제대로 끌어내는 역할을 하는데 거기엔 인성이 바탕이 되어야 한다. 인성이 잘못된 재능은 자칫 자기중심주의, 공동체의식을 상실할 수도 있다는 데 문제가 있다.

많은 어머니들이 '우리 아이는 너무나 자기 하고 싶은 대로만 한다'라고 실패한 육아 경험담을 이야기하는데 우리가 재정리할 점이 여기에 있다.

엄마나 할머니가 무릎 위에 앉혀 놓고 풍부한 애정이나 스킨십을 해 주었던 우리 전통의 무릎학교, 또는 업어 주며 안아 주며 가르쳤던 예전 풍습에서 보다 중요한 점을 찾아야 한다.

그것은 다음의 4가지 단계에서 잘 나타난다.

아기가 1세가 되기까지 처음에는 누워서 손발을 버둥대다가, 엎드리게 되고, 그다음 기어 다니고 결국에는 무엇을 잡고 걷기를 하게 된다. 이것이 0세부터 돌까지의 3, 6, 9, 12로 놓은 4단계이다.

그런데 이때의 신체발육을 요약해 보면 처음은 연수(延髓)라는 척수부분이 발육하는 단계요, 다음은 뇌교(腦橋)라는 부분으로 척수와 뇌의 다리 역할을 하는 부분의 발달이요, 그다음이 중뇌의 발육이 시작되는 단계로 네 번째가 대뇌피질이라는 스냅스가 연결고리로 맺는 단계이다.

그래서 단계마다 다른 발달요인이 있어 기어 다닐 때 기어야 하고 엄마 품에서, 할머니 무릎에서 받을 충분한 발달 단계를 거치지 않고(생략하고) 갑자기 선다든가, 걷는다든가 하게 되면 세 번째의 중뇌의 기능이 충분히 발달하지 못한 상태로 4, 5세가 되는 현상이라 하여 그 중간에 배워서 알고 있어야 할 말을 못 배워 잘 나오지 않는 것과 같다.

이것은 볼비가 지적했듯이 모자소원의 원인이 될 수 있다.

유아는 길 때 길 수 있는 공간이 필요하며 엄마의 따뜻한 애정, 그리고 할머니의 무릎학교라는 과정을 발달단계에 맞춰 잘 발달한 다음 필요한 교육과정으로 연결해야 된다는 것으로 잘못해서는 안 되겠다.

그러는 동안 아기는 반항도 하고 자아가 싹터 자기 확장으로의 변신도 해 정상적 발달을 하게 되니 엄마는 늘 옆에서 말을 건네며 충분한 커뮤니케이션으로 성장을 뒷받침하는 것이다.

그렇지 못한 많은 아기에게서 비행청소년이 나올 수 있다는 것이다.

유아의 청각발달

전통사회에서 0세 유아를 위한 놀이는 할머니나 엄마가 들려주는 동요나 동화 같은 것으로, 청각발달, 리듬감각, 표현감각 등 다양하게 펼친 것을 우선 꼽을 수 있다.

이것은 0세 육아의 초기 발달과정에 빼놓지 못할 중요한 일로 1~2개월이 넘어 눈을 깜박거리고 무언가 들려오는 소리에 감응하려 하고 소리에 민감한 반응을 보이기 시작할 때의 과제라 하겠다.

예전에는 2~3세의 무릎학교 시절 할머니가 들려주시든지 할아버지가 해 주시는 일로 여겼으나 현대 핵가족 시대에는 엄마가 대신 할 조기습득의 메시지라 해도 된다.

일반적으로는 조용한 음악으로 정서함양을 목표로 한다고 하지만 신나는 음악이 있다면 나쁠 것도 없다. 그래서 우리 동요나 동화 같은 것이 더 좋을 수도 있다는 것이다.

그것은 예능 쪽 재능이 발달해야 성숙이 순조롭다는 일설도 있지만 실제로 성숙한 인간의 다양한 진로에서 보더라도 그 특성이 예능과는 상관없는 것이라 했을 때 다를 수도 있다.

무엇을 연구하는 사람, 생산에 종사하는 사람, 건축을 하는 사람, 글을 쓰는 사람, 의료행위를 하는 사람이 꼭 예능적 소질과는 같지 않아도 된다.

어떤 사람은 통솔력, 또 어떤 사람은 치밀한 눈의 초점, 또는 손아귀의 힘, 언변(구변), 정밀도, 희생정신, 의지력, 봉사자세, 기술 등으로 구별해 보면 거기엔 예능과는 거리가 먼 전문적 기능이 더 요구되는 일도 있다.

만능적 재질의 인간이 아닌 부분적 전문성을 요구하는 장래 사회를 내다본다면 우리는 어렸을 때부터 옳은 정도를 제공해 어떤 메시지에 흥미를 보이느냐 하는 데 접근할 필요를 느낀다.

그러면서도 그 재능을 키우기 위해서 우선은 타고난 것이 무엇이냐에 귀 기울여 본다는 데 포커스를 맞춘다.

그렇게 했을 때 다양화, 다원화된 사회에 특출한 인간형을 기대할 수 있을 것이다. 모두 똑같은 방향 모색을 한다면 계속되는 경쟁 속에서 어려움만 겪을 수도 있다.

그래서 21세기는 또 다른 세대가 시작된다고 볼 때 새 시대를 향한 방법에 근접하려는 자세가 요구된다.

그것은 0세 육아에 임하는 젊은 엄마들의 과제이기도 하며 막연한 기대심리나 유행적 커뮤니케이션에의 의지가 아니라 시작부터 창조적으로 해 보려는 의지를 말한다.

아무 근거도 방향도 없는 것이 아닌 최소한의 과학의 기초와 경험철학의 바탕 위에서 과거의 보편타당성을 겸비하여 극복하는 자세가 될 것이다. 옛 성현들의 부모들이 바로 그렇게 하지 않았나 생각되며,

오늘 우리가 생각해야 할 일도 여기에 근거를 두기 때문에 0세 유아의 발달을 위한 놀이는 막연한 추종으로부터 진일보하기를 바란다.

많은 놀이 중에서도 우리 아기는 과연 어떤 것에 흥미가 더 있을지를 찾는 지혜가 필요하다.

이것을 놀잇감 차원에서 구분해 보면 다음과 같다.

◎ 신생아~3개월까지의 장난감은 엄마가 제일

1. 빨기와 맛은 역시 모유나, 우유에서이며,
2. 청각은 엄마의 심장박동과 목소리 그리고 조용한 음악이며,
3. 촉각은 손가락으로 엄마 젖 만지기, 얼굴에 부비기로부터 장난감으로,
4. 시각은 어렴풋한 엄마의 모습으로부터 명확해지기까지, 그 후에는 모빌이나 딸랑이가 있겠고,
5. 냄새도 역시 엄마 것으로부터 다른 것으로 다양해진다.

◎ 3~6개월까지의 장난감

3개월이 지나면 아기는 뇌에 현저한 변화가 일어나 주의력이 향상되며 신체적으로는 근육조절이 생겨, 손·발 움직임에 진전을 보인다.

고로 질감 있는 장난감을 쥐어 보고 만져 보면서 촉감을 발달시키며, 누워서 쳐다보다가 손을 뻗쳐 당기는 행동을 통해 동작적 지능이 발달한다. 또 움직이는 물체를 추적하고 소리 나는 장난감에 귀 기울이며 엄마나 아빠에 대한 인간관계, 상호작용 등에도 관심을 쏟는 학습이 시작된다.

그래서 이때는 감각발달의 간지럼 태우기, 흉내 내기 등이 재미있

고, 좀 더 지나면 엎드리고 앉는 것이 가능해지니 둥실둥실, 서울구경 등이 재미있다. 어떤 의미에선 신체부분을 가리키며 눈, 코, 입 등을 학습시키는 것도 재미있다.

◎ 7~9개월의 장난감

이때쯤 아이는 상당히 발달하여 사물을 판단도 하며 놀이할 때도 오랫동안 집중적으로 관심을 쏟기도 한다.

끼워 넣기, 빼기, 비틀기, 떨어뜨리기, 던지기, 부딪치기, 흔들기, 열고 닫기 등을 자유자재로 하게 되니 이에 알맞은 여러 가지 장난감들이 지능발달에 도움이 된다. 깨지는 것, 부러지는 것, 입 속에 들어가는 것만 조심하면 어려움은 없다.

보행기 그네 등도 장난감이 될 수 있고 종이컵, 플라스틱 병 등도 장난감이 된다.

서거나 걸을 수 있으면 침대, 소파도 아기 활동의 대상이다.

말랑말랑한 장난감으로부터 딱딱한 것, 복잡한 것, 움직이는 것, 그외 던지는 공, 담쌓기, 셈판놀이 등이 재미있을 수 있다.

◎ 10~12개월이 되면

학습놀이를 시작할 시기다. 무릎학교 책 읽어 주기, 그림 그려 보여 주기 등을 할 수도 있고 엄마와 함께하는 놀이로는 얼굴가리기, 기침 흉내 내기, 숨고 잡기, 공 던지기, 물건 들어 올리기, 높은 데 올라가기, 목말 태우기 등이 있다.

그러나 실제학습으로는 숫자·글자 읽히기, 크레파스 쓰기, 동요 불러 주기, 손뼉 치기 등이 있어 아기가 재미있어 하고 신나하는 것

이면 자주 익혀 준다. 그렇다고 아기도 따라서 잘하기를 바라서는 안
되며 이 중에서 아기가 좋아하는 것, 잘하는 것을 엄마가 찾아내는
일이다. 이것이 태교와 연관된 육아법이다. 배 안에 있을 때 이런 것
을 주었는데 과연 어떤 쪽에 영향을 많이 받았나를 찾는 것, 이것이
엄마에게는 중요한 일이다. 그것을 발견해야 차후 어느 방향으로 아
기를 육아할까를 결정할 수 있기 때문이다. 그것이 발견되지 않으면
평범한 육아가 되는 것이니 필요한 사람만 관심을 가질 것이다.

혹 아직도 발견이 안 됐다고 염려하지 말 것은 앞으로 6개월이
더 있다.
일반적으로 18개월까지는 발달기로 보니까 남은 기간을 이용하면
될 것이다.

기저귀 갈기와 운동

기저귀 갈아 주는 시간은 좋은 운동시간이요, 신체발달의 순간이다.

초기의 신생아는 먹으면 자는 것이 일상생활이다. 그러나 배설이 있을 때, 엄마는 기저귀 갈기에 바쁘지만, 이때를 잘 활용하면 아기의 신체발달을 위한 찬스를 포착할 수 있다.

젖은 기저귀를 빼내고 통풍을 시켜 주며 습한 사타구니에 뽀송뽀송한 새 기저귀를 갈아 줄 때 아기의 발목을 잡아 다리를 쭉 뻗게 해 보라. 아기는 습했던 느낌에서 해방감이 들어 두 다리를 쭉쭉 뻗으며 기분이 좋다는 표현을 한다.

때로는 파우더를 바르기도 하고 올리브유를 바르기도 하지만 새 기저귀를 채운 뒤 허리를 잡고 상하로 두어 번 치키며 흔들어 주어도 좋고 이때 아기는 가벼운 운동으로 신체발달에 큰 도움이 된다. 이것은 전신 스킨십도 되고 아기는 무럭무럭 자라게 된다.

운동량은 처음 1~2회로부터 시작하여 차츰 2~3회, 1주 후부터는 4~5회까지도 가능하게 된다. 이런 것을 초기 반사적 반응기의 가랑이 펴기 또는 무릎 펴기 운동이라 하겠다.

이때 아기는 다리를 보통 M자형으로 하는데 이것을 쭉쭉 펴 주는 것이다.

1개월이 넘어 목을 가누기 시작하면 기저귀 갈 때 하던 다리운동으로부터 팔운동, 손운동으로 옮긴다.

엄마의 엄지손가락을 아기 손아귀에 넣고 쥐게 한 다음 양팔을 잡아당겨 보기도 하고 좀 더 힘을 주어 끌어올리기도 해 본다. 아기는 올라온다. 다시 눕히고는 양팔을 오므렸다 옆으로 펴 보라. 아기는 큰 대(大) 자가 된다.

그런 후에 엄마는 왼손을 아기 목 뒤(뒤통수)에 갖다 대고 올려본다. 아기는 새로운 스타일의 자신의 움직임에 신비함(쾌감)을 느낀다.

다리는 오금을 만져 주기도 발바닥을 눌러 주기도 하다가 다리를 뻗어 넓적다리로부터 주물러 주며 쭉쭉, 하나, 둘 하며 흔들어 주기도 한다.

목에 힘이 있으니 전신운동이 되어 부쩍부쩍 자라는 자신에 기쁨을 맛보게 된다.

3개월이 넘어 엎드리거나 기거나 하게 되면 엄마는 다리 들기나 머리 만져 주기 등을 할 수 있다. 이때 아기는 자극에 따라 반응하는 시기라 해서 자극반복 학습으로 뇌신경 회로가 발달하기 때문에 발가락을 하나씩 만져 준다든가 손가락, 손목 등을 만져 준다. 전신 마사지 같은 엄마 손의 촉감은 머리발달을 촉진하므로 좋다.

반사신경이 자극반응으로 발전해 외계로부터 오는 자극에 반응하는 것을 익히는 시기 또는 평형감각을 익히는 시기라고도 해 많은 자극이 발달요소가 된다.

어떤 때는 입 속에 자기 손을 넣어 빨거나 물기도 하며 자신의 몸 뚱어리에 손을 갖다 대며 조물락거리기도 하는데 이때는 이가 나려고 해서 그러는 경우이거나 피부의 촉감이 발달되는 시기이기 때문에 하는 짓이라 생각하자.

여하튼 운동은 조금씩 익히며 반복하는 것이지 너무 오래하지 않도록 하며 식후 1시간쯤이 지난 후에 하는 것이 좋다.

0~1세 업어주기의 권장

　얼마나 생활이 편리해졌으면 아기를 업어 주는 일이 없어졌을 정도냐 하며 요즈음 여성들은 참으로 좋은 시대에 산다고 한다.

　그러나 우리가 살아온 지난 일 중에 아기를 키우는 동안 업어 주었던 일은 기구가 없어서라기보다 오히려 그러는 것이 나름대로 장점이 있었지 않느냐 하며 짚고 넘어가야겠다는 생각이 있다.

　그래서 전통의 의미를 재조명해 보니 실제로 아기를 업어 키울 때의 좋은 점이 발견된다.

　1. 아기와 엄마가 긴 시간 같이 있을 수 있으니 좋고,

　2. 아기가 안전함을 느끼니 엄마도 걱정이 덜 된다.

　3. 아기는 엄마 냄새를 맡으며 잠을 잘 수 있으니 좋다.

　4. 엄마가 하는 일을 구경도 하고 세상공부도 하니 좋다.

　5. 배고파 울면 곧장 등에서 내려 젖을 먹일 수 있어 좋다.

　6. 아기에게는 이 이상 좋은 상태가 없다.

이렇게 지적하고 보니 요즘 편리하게 만들어진 보행기나 유모차 등은 잠시 잠시 이용될 것이지 아기가 원하는 바가 아니라는 것이다.

그래서 이상의 것들이 실제로 아기 육아기에 필요한 인성, 심성발달도 모자와의 관계에서 중요한 요점이 될 것을 지적한다.

여러 가지 잘못된 사회현상을 보거나 선진 미국에서도 우범누범의 원인조사에서도 그 원인이 어디서부터였나를 파헤친 리포트를 보면 원칙적으로 엄마의 따뜻한 사랑과 보살핌이 도외시됐던 것을 새삼스레 느끼며 이제 와서 부랴부랴 뜯어고치느라고 애쓰고 있는 것을 안다면 여러분은 우리 전통에서도 훌륭한 점들은 재발굴이 돼야 한다고 본다.

직장에 나가느라 바쁘고, 사회단체 모임에 참석하느라 시간이 없을지라도 시간을 아껴 이렇게 하지 않는 한 잘못된 후에는 고치려고 천금을 뿌려도 쉽지 않을 것임을 깨닫고 여러분의 복은 여러분이 만들려 애써야 할 것으로 안다. 그것은 결코 그 일이 어려운 일만이 아니기 때문이다.

아기가 아플 때도 마찬가지다. 웬만한 것은 엄마의 노력으로 낫게 해야지 좀 아프다고 무조건 병원에 데리고 가는 것이 바람직한 일인지 되묻고 싶다. 모자의 끈이 탯줄이 아니고도 다른 각도로 연결됐다는데 그것이 무엇일까 생각해 보자.

업어 키우기를 실천한 우리 조상의 지혜를 보더라도 아기는 엄마 배 속에서 두 팔을 오므려 가슴에 대고 두 다리도 오므려 배 앞에 모으고 등을 구부린 상태로 10개월을 지냈다는 데서 의미를 발견했다.

태중에서 이런 상태로 자랐기 때문에 태어나서도 엄마 등에 업혀 있는 것이 아기에게는 매우 편한 자세다.

때문에 조그만 소리에도 놀라 잠을 잘 자지 못하는 아기는 업어 주면 잘 잔다. 왜 그럴까를 되새기며 아기가 원하는 방향으로 업어서 재워 키운 것은 우리 조상의 사랑과 정이었음을 새로이 해석하게 된다.

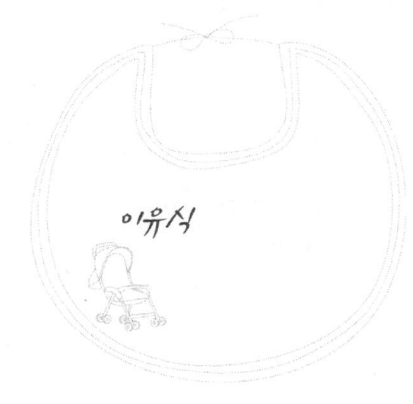

이유식

　신생아는 대개 100일쯤 되면 모유를 먹었건 분유를 먹었건 간에 거의 젖 이외의 다른 음식을 필요로 한다.

　그래서 옛날 어른들은 백일이 지나면 밥알을 하나 둘씩 아기 입에 넣어 주셨다.

　어떤 분들은 밥알을 자신의 입으로 씹어서 먹기 좋게 한 다음 아기 입 안에 넣어 주셨다. 이런 것을 보면 현대인들은 깜짝 놀라 혹시 어떤 균이라도 전달되면 어떻게 하냐고 안 된다고 하지만 그렇지 않다. 어른 자신이 건강하시니까 그렇게 하는 것이지 자신이 불건강하다고 느낀다면 그렇게 하지 않으신다. 이렇게 하면 어른의 침 속에 있는 소화효소제(디아스타제)가 밥알을 정도껏 소화시킴으로써 아기는 탈이 생기지 않게 된다.

　단지 건강상태가 안 좋은 때, 또 모르는 분이 그랬을 경우는 피해야 한다. 그러나 부모님이 알아서 하시는 일에 소스라치게 놀라는 표정을 짓는다든가 '그렇게 하면 안 돼요!'라는 말투로 혼자 잘 아는 척

하는 것도 고부간, 모자간의 괴리를 만드는 일일 수도 있으니 여쭈어 보고 즐겁게 해 드리는 것이 바람직한 일이 될 것을 귀띔한다.

요즘에는 분유를 먹던 아기가 그다음 단계로 먹을 수 있도록 만들어 낸 이유식이 별도로 나오고 있어 그것으로 대신하는 경우가 유행되지만 그것이 곧 권장사항이냐 하는 데에 문제는 있다. 편리하니까, 영양이 골고루 배합된 것이니까 할 수도 있겠지만, 한편은 우리 체질에 맞는 자연식보다 나은 것이냐는 반론도 있는 것을 보면 곁들여 먹이는 방법이나, 그때그때 갓 조리한 음식을, 그 사이사이에 편리한 이유식을 주는 방법을 찾는 것은 여러분 지혜에 맡기고자 한다.

만인 공통용으로 만들어 낸 대용식이 자기 아기에게 맞게 만든 음식보다 나을 수가 있을까 하며 아프리카 사람은 밥알을 손가락으로 비벼서 먹고, 일본 사람들은 생선류 음식을 즐기고, 미국 사람들은 육류(고기)를, 우리는 김치(채소)나 된장 같은 음식을 선호하는 체질이라면 각기 나름대로 맞는 것이 있으리라 여긴다.

같은 나라 안에서도 경상도, 전라도에서는 대체로 짠 음식이, 경기도와 충청도에서는 싱거운 음식이, 또 강원도와 서울의 음식이 다르듯이 다른 식습관이 있다는 것을 염두에 둔다면 우리 집 아기와 남의 집 아기의 입맛도 다를 수 있다고 생각하고 내 아기에게 맞는 맛을 내가 알아서 만드는 것보다 더 좋은 것은 없다는 것을 확인하고 그에 맞게 이유식을 마련하는 정성이 필요하다.

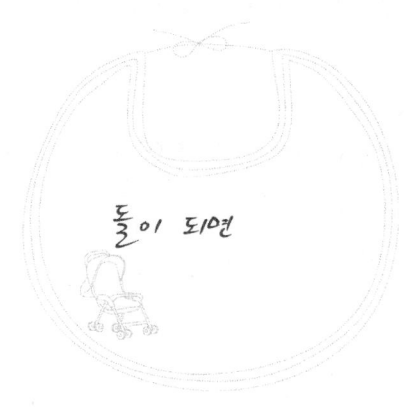

돌이 되면

아기는 돌이 되면 새로운 성장단계의 걸음마를 하게 된다.

엄마 손을 잡고 따로따로 하면서 겨우 서고, 아장거리던 일이 어제였는데 벌써 홀로서기, 걷기를 하며 모험을 시작한다. 장한 일이며 반가운 일이기는 하니 엄마는 바빠진다. 아기는 집안과 온 동네를 돌아다니고 싶어 하고 구석구석을 뒤지며 끄집어내고 손에 닿는 것이면 무엇이나 엄마 화장품이건 귀중품이건 할 것 없이 집어 내리고 당기기도 하며 내던지는 등 수선을 떤다.

그러나 이것은 주위환경에 대한 호기심으로, 능동적인 탐구를 하는 행동 또는 시야를 넓히고 관심의 세계를 펼치려는 행위이므로 이를 강제로 억제시키는 것도 비교육적 측면이 있으므로 엄마는 쫓아다니며 치우고 정돈하지 않으면 안 되겠다.

어느 때는 엄마 립스틱을 꺼내 얼굴에 칠하지 않나, 벽에 낙서를 하지 않나, 또는 차려 놓은 밥상을 흐트러뜨리거나 상 위에 기어오르려 하질 않나 정신 차릴 수 없게 만든다.

걸음마를 하기 시작한 아기에게는 더없이 매력적인 대상들을 없앨 수도 또 멀리 떼어 놓아 아기를 심심하고 무료하게 만들 수도 없다.

아기는 이러면서 새 세계에 도전하며 발달한다고 하니 그저 엄마는 대상물의 제공자 역할에 지혜로워야 한다.

모든 것을 자신의 눈으로 보고 느끼고 손으로 만져 확인하려는 태도가 두뇌발달에 필수적인 요소라고 한다면 이 호기심은 정서발달에 도움이 됐으면 됐지 방해가 되는 것은 아니니 제약한다거나 억압하는 것만이 옳은 일이 아님을 알자.

잘못하면 막 시작되는 학습동기를 누르는 일이 되어 성장해서 학교수업이나 사회활동에서 요구되는 능동적 행동, 적극적 행동을 하지 못하는 아기로 성장시킬까 봐 염려하게도 된다.

그러므로 아기가 걸음마를 하기 시작하면 아기 눈높이의 모든 소도구는 사용할 때 아니면 일단은 치워 주는 것이 현명하다.

아기는 자유롭고 안전하게 돌아다니며 장난감거리에 흥미를 갖고 놀 수 있게 하며 장난감도 다양하게 새로운 것을 마련해 주어 단순한 발달이 되지 않게 하는 것이 중요하다. 그리고 같은 또래의 아기들이 있으면 같이 놀게 하면 훨씬 쉬워진다.

그러나 만약 그럴 수는 없고 아기가 하는 것은 다 치우고 이것도 안 된다, 저것도 안 된다 하면 아기는 탐험·의욕·호기심을 어디다 발산하랴. 이제 막 무엇을 경험하고 싶고 알고 싶고 경과에 대한 관심이 높아지는데 대상은 없고 억제만 당한다면 아기는 의욕에 상처를 입고 능력에 제동이 걸려 판단력이 정확치 않는 혹은 사고를 잘 내는 수가 있으니 엄마는 더욱 괴로움을 당하게 되니 아기가 새 일에 탐험심을 발할 수 있게 주변환경을 꾸며 주는 일이 중요하다 하겠다.

똥싸개의 의복

아직 배변이 익숙하지 않은 아기에게 대소변은 매우 귀찮은 존재다.

이렇게 되면 요즈음엔 아랫바지를 전부 벗기고 기저귀를 갈아 주는 게 편리하다 생각할지 몰라도, 예전엔 첫돌이 지나면서 아기에게 더럽다는 인식을 심어 주기 시작했으며 이것은 아기의 두뇌발달이 어느 정도 형성되고 있다는 것을 확인할 수 있는 것이었다.

그렇다고 거부감이 생기게 나무라는 것이 아닌 재미있는 이야기를 들려주며 스스로 느끼게 하면 아기는 별 저항 없이 할 수 있게 되며, 가르침이 자연스레 이루어졌다 한다.

그러나 아기들도 옷을 벗겼다 입혔다 하는 일은 힘들고 귀찮다. 어떤 때는 안 쌌다고, 싫다고 꾀를 부리기도 한다.

자동식 팬츠는 없고 우리 조상님들은 지혜를 발휘하여 가랑이가 터진 옷을 입혔다. 이 옷은 앉으면 자연스레 벌어져 하고 싶은 용변을 앞뒤를 가리지 않고 볼 수 있는 편리한 바지였다.

기저귀를 차고 있으면 찬 대로, 빠졌으면 빠진 대로 배변을 하는 대로 지장을 주지 않게 되어 있다.

그래서 이런 옷을 입혀 주면 아기는 배변 가리는 습관들이기가 쉬웠고 혹 실수를 했다 하더라도 곧장 옷을 다 갈아입히지 않아도 되었으니 엄마도 편하고 현명한 방법이 아니었겠느냐는 것이다.

요사이는 세탁기가 있으니 별 문제가 안 될 것 같아도 싼 것을 발견하기까지와 아기 자신이 스스로 할 수 있는 능력을 키우지 못한 점 등은 세탁기의 편리함과는 무관하다.

또 아기를 보아 주는 입장에서도 신경을 덜 쓴다는 면에서 다르다. 아기가 배변을 하고 싶을 때 적절한 표현(언어)을 하기 전까지는 이렇게 좋은 방법은 선진국에서도 탐내는 듯하다.

더욱이 요즘같이 통풍이 잘 안 되는 종이 기저귀를 오래 채우는 것을 생각할 때 이것은 다시 일으켜야 할 생활과학이라 해 마땅하다.

어디 외출하는 경우가 아닌 이상 배변을 빨리 알아낼 수도, 갈아 채우기도 쉽고, 통풍이 잘되면 건강에도 좋으니 다시 생각해 보자.

한겨울에는 엉덩이나 정강이가 얼 수도 있다고 염려하는 사람이 있으나 요즈음 우리 생활이 얼마나 편리해졌나. 현대식 주택에 냉난방이 다 갖추어진 생활을 하는 입장에서 그것은 문제도 되지 않는다. 오히려 너무 덥게 키우는 것을 염려하는 시대이니 건강하게 키울 방법에 노력하는 것이 현숙한 엄마의 일이다.

아기용품 필요한 것 하나씩

요즈음은 아이디어 시대, 생산 시대가 되니 신생아용품도 많이 나오고 있으며 엄마, 아빠의 시선을 끌고 업자는 상품 리스트를 만들어 한꺼번에 장만하다 보면 불필요한 것도 많이 낭비를 부채질한다는 비판이 높다. 하기야 많으면 좋다고는 하지만 이젠 그렇게 생활하는 것이 꼭 좋지만은 않다. 배꼽 가리개나 발싸개 등이 과연 필요한가?

더욱 아기는 자라면서 새것에 흥미를 가지며 때맞추어 마련한 것에 보람도 느끼게 되는 것인데 마치 이삿짐이라도 되듯 오만 가지를 한 번에 사서 어쩔 것이냐 하신다.

전문매장에서 리스트를 내놓으며 '다 사 두면 좋을 것', '후에 필요할 것'이라고 충동구매를 부추긴다지만 판단은 엄마, 아빠에게 달렸으니 그것이 정말 필요할 것인가에 대해 재고해 보는 것도 중요하다.

하기야 '개똥도 약에 쓰려면 안 보인다'는 말이 있지만 개똥을 약으로 쓸 만한 병이 그리 많은 것도 아니라는 데서 별로 필요는 없는데 언젠가 쓰일 때가 있을 거라고 개똥을 준비해 두는 일은 지혜라기보다 어리석음에 가깝다 하겠다.

그렇게 장만했다가 그냥 내버려지는 쓰레기를 보며 이제라도 우리는 정신 차릴 필요를 느낀다. 혹 나중에라도 필요한 자료나 책이라면 몰라도 불필요한 생활용품 구매에 과다 지출을 하는 것은 삼가야 한다고 선배들은 조언한다.

형제나 남매가 여럿이라면 몰라도 요즘은 보통 하나, 둘로 족하다는 시대이니 더욱 그렇고 건전한 소비생활 풍토에 앞장서야겠다는 선진국형 생활태도라면 더욱 그럴 수는 없는 것이다.

사치와 낭비, 과소비나 전시용이 육아를 하는 데 무슨 소용이며 그러다가 아기도 낭비 과소비의 아길 키우게 되지 않을까 걱정하기도 한다.

'다 사 두면 쓸모 있을 것'이라는 장사꾼들의 입장도 이해는 하지만 허리띠를 졸라매야 할 사람들이 허세나 부리는 사람으로 전락하지 않기 위해서도 하나씩 가다듬어져야 할 것 같다.

꼭 근검절약이란 말을 안 쓰더라도 네 마리의 용에서 지렁이로 떨어지는 우는 범할 수 없고 또 아기도 좋아하지 않는다는 데서이다.

막상 너무 많으면 아기는 정신이 휘둥그레지고 어떤 것을 좋아할지도 모를 일이며 또 구별할 줄도 모르는 아기가 될 수도 있다면 어찌할까?

'그땐 이미 늦다.' 늦지 않게 시작부터 잘하는 엄마가 되려면 이런 것도 아무렇게나 기분 내키는 대로 하지 말자.

아기는 지금도 엄마를 '닮는다', '본뜬다' 하니 현숙한 구매태도로 육아에 임하자.

발달심리학에서

어린이들이 자라나는 것을 발달심리학 측면에서 살펴보니 어린이는 삶의 바탕이 되는 인성, 심성, 적성이 형성되는 시기에 가족이나 형제가 많은 환경에서 자라는 것이 좋다고 한다.

연령, 성별의 차이가 있고 관심, 흥미, 언어가 다르고 행동반경에도 변화가 많은 여러 가족이 나름대로 역할을 하며 어울리는 가정은 작은 사회로서 거기서 얻어지는 지능의 폭이 넓다.

그래서 옛날 우리 전통사회는 대가족제도가 실시됐는지 모르겠으나 현대는 정반대의 소가족, 핵가족을 지향하는 이면에서 속속 그 단점이 드러난다.

그렇다고 핵가족이 꼭 나쁘다는 것은 아니지만 가령 단순 생활양식의 도구를 대상으로 한 기능화된 생활 패턴의 0세 아기를 흥미 잃은 비인간적, 배타적, 자기중심주의적으로 만들기 쉽다는 것이다.

지난 몇 년 동안 우리의 부지향적 생활태도로 우리의 생활이 많이 편해졌는지는 몰라도 '애가 왜 이래' 하며 아기가 엄마의 바람대로

커 가지 않은 데서 오는 이상한 육아경험을 한 젊은 엄마들의 경험론을 토대로 아기는 역시 형제든, 친척이든 풍부한 가족 속에서 육성되어야 한다는 것을 이해한다.

가족계획으로 아들이든 딸이든 단 하나만 키우는 집안은 말할 것도 없지만, 남매를 둔 가정에서도 성차에서 오는 거리감을 극복하기가 어려웠다는 이야기며 오히려 그것은 자매나 아들 형제를 키우는 것만도 못하다는 육아경험을 들으며 아기에게 환경이 어떻게 제공되어야 할 것인지에 대해 깊이 있게 고려되지 않으면 안 될 일로 부각된다.

그래서 어떤 엄마는 일찍부터 유아원을 찾는다. 영재기능에 접근시키고 공연히 바쁘지만 그것이 근본해결책이 아닌 편파적인 욕구충족이라 평해지는 것을 보면 우리는 알 것을 바로 알고 있지 못하다는 것이 입증된다.

분명 어린이는 또래의 친구들 속에서 놀며 배우고 익히고 자라는 것이지만, 아기일 때는 형제들과 더불어 살며 익히는 것이 성숙한 인간이 되는 지름길이라는 학자들의 의견을 전하며 핵심에서 벗어나지 말 것을 당부한다.

아무리 좋은 장난감이 많이 있어 흥미를 유발하고 과학적 사고와 연결시킨다 해도 그것은 도식적 방법에 접근시키는 3~4세 이후의 일이지 너무 이른 시기에는 적합한 방법은 아니라는 것이다.

때문에 발달심리학에서도 아기가 자라나는 과정상 영아·유아의 육아에 있어서는 무엇보다도 엄마의 애정 어린 보살핌과 스스로 어떤 자극에 이끌려 발생하는 변화에의 관심으로 섭렵된 환경의 조화가 보다 자연스럽고 반항의 여지가 없는 것이라 했다.

너무 앞질러서도, 너무 처지지도 않을 심성·적성의 발달은 엄마의 지혜가 좌우한다. 이것을 찾자. 그래야 아기도 좋아할 것이다.

학자들의 의견을 다음에 들어 보자.

형제통바구니의 유아발달

유안진 교수가 전통사회교육의 유아교육에서 비교 관찰한 것 몇 가지를 간추려 보면, 발달심리학에서 인간은 나이에 따라 성격·인격 하는 품격과 윤리, 도덕 하는 인간의 기본틀과 지적·정서적 하는 성향이 다르다고 한다.

이것을 몇 단계로 나누어 보면, 그 첫째가 입으로 모유를 빠는 수유단계이며, 두 번째가 항문으로 변을 보며 반응을 의식하는 단계라 한다.

다시 말하면, 입을 통한 구강기에 신뢰와 불신이 형성되는 것이라면, 항문을 통한 항문기에는 의문과 자율이 생성되는 시기로서 자신과 타의식이 구분되고 자아도 싹튼다. 그러므로 아기는 항문으로 배설을 조절하는 의지를 배운다.

이 시기에 변은 자기 힘으로 만들어 낸 유일한 것이어서 대변, 소변 가리기를 잘 훈련시키면 창의적이고 수혜적인 사람이 될 수 있어도 훈련이 잘못되면 불복종적, 가학적인 사람이 될 수 있다 했다.

이런 중요한 과업을 협조 간섭하는(가르치는) 것은 경험 많은 할머니가 적격이다.

더욱이 이 과업이 성공적으로 결실 맺기 위해서는 핵가족의 단출한 분위기가 아니라 대가족이 좋다 하고, 언어적 자극이 풍부하고 여러 모델과 교정을 맡아 줄 가족이 많을수록 아기는 충족한 지적 발달에 도움을 받는다고 했다.

발달심리학자 피아제는(도덕과 규율에 있어 3세 전 아기들에게는 인지발달이 불완전하여) 이 관계의 개념을 획득하려면 '조작적 사고(造作的思考)'를 발할 수 있는 0세 이후로 보지만, 우리 전통가정에서는 그보다 일찍 이 개념을 획득했다고 본다.

의존성과 창의성의 연구결과에서는 대가족제도 내에서 자란 어린이가 의존성 점수가 높지만, 창의성 점수도 높았다.

이것은 성인 가족들이 '바람직한 행동'을 칭찬했을 때 강화된 것이기도 하다.

그래서 예전 한국인의 유머감각은 '창의적 특성'이라 했던 윤태림 교수의 표현이 상당히 근사한 의미를 지닌다고 했다.

이어령 교수는 '귀의 문화'라 칭하고 우리 문화를 '의성·의태어'라 표현하며 한국인의 청각적 발달을 설명했는데 우리말은 풍부한 감각을 다양하게 표현하므로 단순한 서양의 것과는 다르다 하고, 때문에 우리는 논리보다 감각으로 발달한 언어를 갖고 있다 했다.

손인수 교수는 우리의 전통적 가족주의 가치관에서 형제가 많아야 함은 ① 노동력이라는 경제적 필요로, ② 자식은 반타작이란 사망률에서, ③ 노후의 의탁을 위해서라고 했는데 그것뿐만 아니라 여러 형제 틈바구니에서 자란 어린이가 장점이 많은 것은 사실이다.

하버드 대학교의 맥클랜드 교수는 설화와 이야깃거리가 그 사회,

그 시대의 가치관을 반영하는 것이라 했다. 즉, 발생풍토와 내용의 가치를 희구하거나 유사한 환경을 만든다.

이런 관점에서 우리 동화는 인격형성에 중요한 것으로 나타났다고 본다.

심리학과의 모니는 아기의 성별에 따른 행동의 차이는 생후 1년만 지나도 나타난다.

프로이트는 아기가 구강기, 항문기를 거치면서 성기를 통한 성격발달을 하게 되는데, 3~4세가 되면 여아는 남자의 성기를 갖고 있지 않았다는 데 대해, 또 남아는 엄마의 애정을 독점하려는 콤플렉스를 일으킨다.

아동심리학자 레비스, 골드버그, 모니, 보우어 등은 부모의 아기 양육태도가 아기의 성격형성 및 능력발달에 영향을 주는 요인이 된다. 인간의 지능은 4세까지 50%, 8세까지 80% 형성된다고 한다.

심리학자 에릭은 어린이가 4~7세가 되면 '자립심'이 생겨(미운 일곱 살) 하고 싶은 대로 하려 하고 7~11세가 되면 '성취감'이 형성된다고 했다.

피아제는 4~7세까지를 '직관적 사고기'라 하고, 7~8세가 되면 '구체적 조작기'로 표현했다.

닐(영국의 교육자)은 어린 시절은 놀이의 시기라고 하였다. 때문에 이때 마음껏 뛰어놀지 못하면 어른이 되어도 놀아야겠다는 환상에 사로잡혀 생산적 일을 하지 못한다고 했다.

18세기 계몽주의자 루소는 저서 『에밀』에서 여성교육을 주장했는데 남성을 잘 보필할 목적으로 교육되어야 한다고 했다.

Rome의 아버지는 아들의 살상권을 법률로부터 허락받았다. 그러나 우리는 윤리로 아들의 도덕교육을 시켰다.

유태인 격언에 '물 한 그릇을 떠 와도 아버지에게 먼저'란 말이 있다.

제7장

첨단과학의 리포트

장난감 오염과 어린이의 지능발달

경북대학교 의대 예방의학과에서 정신지체아 290명을 정상아 120명과 비교 관찰하여 '87년부터 실시한 중금속과 정신지체와의 관계라는 논문을 발표했는데 특히 장난감을 빨아서 오는 납, 수은, 카드뮴 등 중금속 오염이 두뇌발달을 억제할 가능성이 있다고 했다.

무엇이든 입으로 가지고 가는 유아 때 페인트 조각이나 화장품의 유해성분이 체내에 축적되면 이 성분이 뇌를 자극해 정신지체의 요인이 될 수 있다는 것이다.

이것은 아기들 머리카락을 조사한 결과 쉽게 나타났으며, 정신지체아의 것은 정상아보다 함량이 높다고 했다. 특히 그들은 지능지수가 낮을수록 납 함유량이 많았다고 했다.

정상아의 납 함량이 11.36ppm인 반면 정신지체아의 납 함량은 14.97ppm을 나타냈으며 이들 중 선천성인 경우는 39명밖에 안 되었고 그것도 납함량 12.08ppm밖에 안 되었던 것으로 보아 후천적으로 생활 속에서 발생한 것이라 보고했다.

수은의 경우도 정상아들은 2.02ppm이었는데 정신지체아에서는 3.02ppm이 나와 이것도 같은 유형의 경로였을 것으로 판단했다.

또 연구진은 수은이 포함되어 있을 가능성은 종이, 쓰레기, 먼지 등에서도 찾아볼 수 있다고 했다.

카드뮴의 경우는 정상아 0.66ppm인 데 반해 정신지체아는 1.02ppm 이었는데 역시 지능지수가 낮을수록 함량이 많았던 것으로 확인되었고, 이는 주로 곡물이 오염됐을 때 흡수된 것이라 했다.

다른 한편은 유해 중금속이 들어 있는 알약을 장기간 복용했거나 중금속으로 오염된 물을 마셨을 때도 가해질 경로라고 한양대학교 의대 정 교수는 지적했는데 모체에서 태아로 옮겨지는 경우도 있지만 대부분은 생활환경에서 오는 것으로 유아가 빨거나 집어삼키는 일에 신경을 써야 할 것으로 주의를 요하고 있다.

외국연구를 보아도 납이 들어 있는 물질이나 페인트 등을 먹어 일어날 소지가 많은 것으로 보고되었으니, 아기를 돌보는 엄마나 가족들이 알아 둘 상식이라 해야겠다. 이렇게 볼 때 원인은 가까운 곳에 있고 얼마든지 예방 가능한 것인데 조금 소홀했거나 모르고 지나칠 때가 문제라 보므로 사소한 일이라도 육아하는 동안 엄마의 머리 씀은 불행을 예방하는 자(尺)라 해도 과언이 아닐 것이다.

모쪼록 어려움 없는 삶을 영위하기 위해 읽어 알아 두어야겠다.

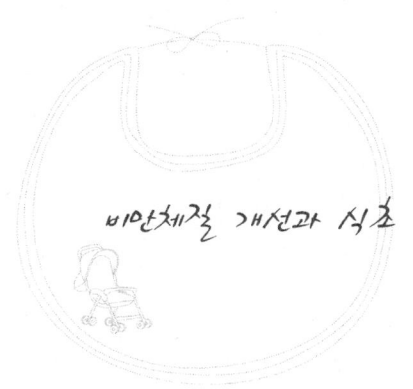

비만체질 개선과 식초

일반적으로 비만은 흡수된 영양이 소비를 능가할 때, 또는 초과한 열량이 지방의 형태로 축적될 때 생기며 이것이 칼로리의 대사부진으로 인해 에너지화하지 못하는 때인데 이런 현상을 체내의 필요효소 부족이라 설명하기도 한다.

이것을 안 우리 조상님들은 예로부터 이것을 해결하는 방법으로 식초 혹은 감식초를 만들어 복용함으로써 혈압과 당뇨 비만과 간기능 이상을 해결하였는바 그의 논문 「세포에서의 물질대사 연구」에서 "인간이 섭취한 영양분은 식초라는 물질에 의해 분해되고 에너지로 바뀐다"는 것을 발표한 일이 있으며, 일본에서는 야채효소 요법으로 체중감소를 하거나 굶으며 체중조절을 하는 사람이 많으나 이것은 굶지 않고도 체중감량을 시킨다고 호평을 받고 있는 듯하다.

일찍부터 식초가 산성체질을 바꾼다 하여 많은 사람이 식초로 성인병을 예방한 일이 있다. 그러나 그보다 한발 앞선 감식초는 비만에 아주 좋다 하며 자꾸 몸이 불어나는 엄마들에겐 한번 시험할 기회가 됐으면 한다.

감식초는 다른 과일에서 얻기 힘든 탄닌산이 풍부하고 비타민 C가 많이 함유되어 있어 이것을 발효시켜 숙성한 것으로 홍시를 만들 수 있다니 매우 좋을 것이다.

옛날 삼국시대 때는 감초두라 하여 감식초에 검정콩을 3:1로 5일 이상 두었다가 식후 한 수저씩 먹는 것으로 비만, 당뇨, 혈압, 간 기능을 좋게 했다는 문헌자료도 있다.

현대 연구에서는 이것이 음식물의 완전소화, 흡수와 체내의 젖산 등과 피의 불순물을 완전 분해하여 배설시키므로 피로회복과 체질개선의 자연치유력을 키웠다고 한다.

그래서 남자들은 숙취, 위궤양, 설사, 심한 기침 또는 소화불량, 신경통, 원기회복 등에도 효력을 본다며 많이들 복용한다니 이런 때를 위해 준비했다가 약 대신 권해 보는 지혜도 있으면 한다.

한 가지 흠이 있다면 오크통 속에서 숙성시키는 바람에 감의 떫은맛 성분인 탄닌의 작용으로 색깔이 일정치 않다는데 그래도 유해색소를 사용치 않는다는 것은 천만다행이라 하겠다.

또 체질에 따라 맞는 사람과 안 맞는 사람이 있을 수 있으니 시험해 보고 효과를 알아내는 것이 선결문제라는 것도 곁들인다.

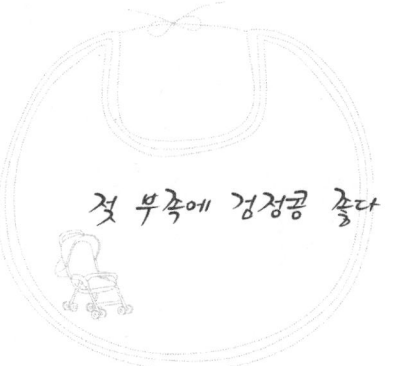

젖 부족에 검정콩 좋다

예부터 검정콩은 젖 부족을 해소시키는 데 효능이 있다고 많이 사용되었다. 요즈음 일반인에게는 보혈강장이며 성인병을 예방·치료하는 데도 크게 효험이 있다는 검정콩은 1/3이 단백질이요, 화학명으로 트립토판, 글루타민, 리진과 같은 필수 아미노산이 많이 함유되어 있다는 것은 다 아는 이야기지만 새로운 발표에서 검정콩은 비타민 B복합체로 B와 B_2가 각각 0.5mg, 0.2mg씩 들어 있고 장수에 좋다는 칼슘이 무려 199mg이나 포함되어 있어 5대 영양소를 골고루 갖추고 있어 양질의 모유와 모유생산에도 크게 도움된다는 것이다.

그뿐 아니라 빈혈, 당뇨, 심장병, 위장병 등 성인병의 치료와 예방에도 기여하는 불포화지방산, 리놀산 등이 우리 몸을 보호한다고 했다.

그런데 요즘 엄마들은 젖이 모자라서 우유로 대체한다는 이야기가 있는데 이런 것을 알아 두면 좋을 것 같다.

식초에 절인 콩

일명 초두라 불리는 식초에 절인 콩은 예부터 변비 등에 많이 쓰였다. 그러나 요즘 일본에서는 새로운 연구로 이것이 고혈압, 당뇨, 비만 등 성인병에 좋은 이유와 과학적 근거를 제시해 눈길을 끈다.

콩이 불포화지방의 고단백 저칼로리라는 것은 앞에서도 언급됐지만 '사포닌' 성분이 많고 체내의 소금성분을 혈액 속에서 제거하는 칼슘이 식초 속의 '유기산'과 합쳐 과산화지질을 제거하므로 콜레스테롤이나 동맥경화의 진행을 중지시키고 고혈압이나 고지혈증을 개선한다고 확인했다.

너욱이 콩의 혼합형인 식물섬유와 식초의 유기산이 지방합성을 제거, 우리 몸에 저해한 항비만 아미노산이 충분해 부인들의 비만해소에 도움된다고 한다.

또 당뇨병에 효과적인 이유는 음식물이 장에 오래 머물러서 흡수속도를 늦추므로 혈당치 상승을 완화한다고도 했다.

그러나 날콩에는 소화효소 저해인자가 들어 있어 주의해야 될 것이라는 학계의 지적도 있어 그 만드는 방법, 복용방법에도 유의해야 할 것이다.

방법을 요약해 보면, 잘 건조된 노란 콩(물에 씻지 않은 것)과 천연 양조식초(현미식초)를 준비한다. 뚜껑이 있는 병에 콩을 1/2가량 넣고 식초는 콩이 잠기도록 붓고 서늘한 곳에서 1주일가량 지난 후 수저로 10여 알씩 꺼내어 1회 또는 2회 먹는다(단, 풍기가 있거나 요산이 많은 사람은 피한다).

이렇게 하면 대개 2~3개월 후부터 효과를 느낄 수 있다고 한다.

그러나 날콩과 식초는 위장에 나쁠 수도 있어 살짝 볶아 할 수도 있다 하며 효과에 너무 과신해 과다복용은 금하는 것이 좋고, 또 이것은 약이 아니고 식품이란 점을 명심해서 입맛에도 맞게 하는 것이 좋을 것이라는 견해다.

한편 이것이 좋다고 만병통치로 착각해서도 안 될 것이고 특히 아기 방에는 냄새가 진동하게 하는 것도 별로 좋지 않을 것이라고 했다.

탄수화물은 쌀이 최고

　우리나라 사람들이 섭취하는 주식의 대부분이 탄수화물로 이것이 근육활동과 체온발생 등 에너지를 공급하는 데 최고라는 연구가 최근 미국 국립연구소(NRC)에서 발표되어 우리를 기쁘게 하고 있다.

　우리 주식물은 섭취 후 신장이나 혈관 등에도 부담을 주지 않는 식물성이어서 좋은데, 동물성 단백질을 많이 섭취하는 미국 사람의 경우 결장이나 유방암에 걸리는 확률이 높다. 그래서 어유(생선기름)로 된 캡슐 등을 복용한다고 하지만 이것보다는 1주 한 마리 이상의 생선을 먹는 것이 더 좋고, 또 그것보다는 식물성 탄수화물인 쌀이 밀가루, 감자 등보다 더 좋다고 판명됐으니 우리 음식의 우수성을 되새겨 볼 만하다.

　전문가 19명으로 구성된 연구팀이 5천 종류 이상의 각종 연구를 종합분석한 결과, 미국인의 하루 필요열량 중 탄수화물이 55%로 제일 높고 지방은 30% 정도 필요하고 단백질은 자신의 체중×0.8을 한 정도면 적당하다고 한다.

　그러나 단백질을 좋아하는 미국인들은 암, 심장병, 비만, 고혈압으로 고생하고 있다 하며 임산부도 술 때문에 태아에 나쁜 영향을 주고 있다고 경고했다. 그뿐 아니라 40~60%에 해당하는 미국인들이 비타민, 무기질 또는 다이어트용 단백질제재를 마구 복용해 오히려 해를 입고 있다는 것이다.

중년 여성에게 많이 나타난다는 '골다공증' 예방으로 칼슘제재를 복용하고 있으나 이것도 과학적 근거가 없는 행위이며, 이럴 때는 오히려 저지방우유 140cc를 마시는 것보다 나을 것이 없다고 했다.

이렇듯 자세한 연구가 발표되고 나면 유행의 허구가 낱낱이 밝혀지는 것인데 누가 뭐랬다고 줄줄 쫓아만 가는 풍습을 이젠 우리도 느끼는 바가 있어야겠다.

얼마든지 필요연구가 나오고 확실한 보고가 발표되는데도 이런 것을 읽어보지 못한 사람들은 어떨까 생각하니 한심스러울 때도 있다.

그러다가 덜컥 해서 병원에나 가고 그렇지도 못한 사람은 원인이 또 다른 원인을 만들게 되는데 이런 것을 보며 미리미리 건강에 유의하여 평생건강을 유지하여 행복하시길 빈다.

어느 사람은 시작 때 잘못하여 당뇨를 얻어 평생 고생하는 사람이 없나, 어느 부인은 감기 기침을 소홀히 해 평생 약으로 고생하고, 어느 엄마는 아기 돌보기를 잘못해 아기가 크는 데 너무 어려워 고생이 막급이라니 참고했으면 한다.

왜 미리 알고 조심했으면 됐을 것을 하고 나중에 후회하지만 한번 고장 난 기계나 우리 신체나 마찬가지인 것을 알았다면 이제부터라도 여러분은 건강할 때 건강유지를 위해 약간의 노력은 쉬운 것이라고 굳게 믿고 생활에 임하시길 바란다.

건강을 잃으면 모든 것을 다 잃는 것이라는 것을 명심하자.

더운물 설거지와 클로로포름 발생

최근 미국 환경청(EPA)의 발표를 보니 밀폐된 실내(아파트 같은 곳)에서 표백제나 세제를 사용해 세탁할 때나 설거지를 할 때 또는 샤워를 할 때에는 환기를 잘하지 않으면 더운물 속에서 발생하는 발암물질인 클로로포름이 형성되어 주부의 건강을 해칠 위험이 있다고 해 우리를 놀라게 했다.

조사한 바에 의하면 아파트 같은 가정의 실내공기는 바깥공기에 비해 4~5배가량의 클로로포름이 포함되어 있어 나쁜데 표백제나 세제의 사용으로 더운물 속에 포함된 염소가 찌꺼기 묻은 그릇 또는 다른 오물들의 세척 시에 그리고 빨래할 때도 반응이 일어나 클로로포름으로 변하며 이것이 과다하여 우리 건강을 해칠 수 있다고 보고했다.

원래 클로로포름은 물속의 세균을 죽이기 위해 사용된 염소의 화학적 작용의 부산물로 생기거나 일반 가정용품 속에도 포함되어 있다. 그러나 물을 끓이거나 이것으로 세척을 할 때는 더욱 많이 생긴다. 그것은 샤워를 할 때도 마찬가지 현상으로 나타난다.

미국은 이미 20여 년 전부터 식수에서 클로로포름이 발견됐다는 연구보고가 있었으나 적은 양의 것은 건강에 큰 해를 끼치지 않으므로 묵인되어 왔다. 그러나 생활이 변하여 아파트 같은 밀폐된 공간의 함유량을 보니 건강에 위험이 있다고 밝혀진 것이다.

그래서 미국 환경청 관계자들은 이 위험을 막기 위해 밀폐된 실내에서 샤워를 오래 하거나 설거지, 세탁을 할 때는 필히 환풍기를 돌리거나 문을 열거나 해서 신선한 공기로 교체해 주지 않으면 건강을 해칠 수 있다고 경고했다.

조만간 이 문제는 큰 파문을 일으킬 것이라고 연구원은 전망하며 생활의 80%를 실내에서 보내야 하는 겨울철 아파트 생활인들은 이에 큰 관심을 가져야 한다고 말했다. 요즘 난방이 너무 잘 되어 있어 실내가 더운 집 안에서 공기가 건조하다고 가습기를 사용하는 것도 필요한 일이지만 오히려 창문을 열고 환기하는 것만 못하다는 것을 일깨워 준다.

미국의 통계로 보면 이런 이유로 사망하는 사람만 연간 200여 명이 되고, 건강을 해친 사람은 꽤 많을 것이라니 우리도 정신 차려 아기를 위해서라도 이런 일이 생기지 않도록 해야 할 것은 물론이다.

한편 더운물 목욕은 어떠한가 하고 알아보니 그것은 괜찮다고 하니 같은 일을 하는데도 구별할 줄 아는 지혜가 필요하다고 느껴진다.

유전자 조작과 가공할 부작용

약 15년 전부터 유전공학이 발달하며 과학자들은 유전자 조작으로 인간이 필요로 하는 다량생산이나 동식물의 변종 등을 통한 우수종 만들기에 열을 올리고 있다.

그것은 박테리아에 사람의 유전자를 주입하며 새로운 약품을 만드는 일, 또 특정식물의 우수 유전자를 떼 내어 다른 작물에 접합하여 특수작물을 만드는 일이다.

더 자세히 말하면 소만 한 돼지도 만들고 사자도 호랑이도 아닌 라이거를 만들지 않나, 한 나무에서 위엔 토마토, 땅속엔 감자가 같이 열리게 만들지 않나, 생쥐의 귀가 토끼 귀만큼 큰 쥐를 만들고 질병에 강한 가축, 식물도 만들고 또 빨리빨리 자라는 나무, 날개가 없는 닭 등 재미있는 실험을 많이 하고 있다.

그러다 보니 소가 한 번에 송아지를 5마리나 낳을 수 있게 되었고 토마토 한 가지에서 토마토가 천 개나 열리는 등 21세기에 부족하게 될 식량을 메울 대안이라 하기도 한다. 암 같은 불치병도 쉽게 고치는 방법이 될 수 있을 거라며 동식물을 통한 유전자 조작이 한창 연구 중이다.

하기야 버튼만 누르면 자동으로 밥도 지어 주고 난방도 하는, 또 외출 시 차 안에서도 빠뜨린 말을 전달하는 카폰, 삐삐 시대이니 구태여 어려운 농사를 짓고 1+1=2라는 시대관을 유지하겠느냐는 생각도 들 수 있겠다.

그러나 다시 면밀히 관찰해 보면 유전공학 연구소에 불의의 사고가 생겨 이상한 생명체가(아직 실험 중인) 빠져나갔다고 생각해 보자. 그것은 우리 사회를 가공할 위력으로 파괴할 수도 있다는 데서 아연실색한다.

가령 그 생명체가 몸뚱이는 뱀이요, 고사리와 같은 신진대사를 하며 인간과 같은 두뇌를 가졌기 때문에 인간을 파괴하기 시작한다면 아직 방어술이 발달하지 못한 인간은 이 무서운 생명체에 의해 20~30년 내에 멸종되어 버리는 순간을 맞게 될 수도 있을 것이다.

이것은 공상과학을 만드는 한 사람의 두뇌로 엮어 낸 이야기지만, 이런 유의 많은 일들이 가상된다는 것이다. 그러나 이 같은 인간의 연구는 가능성을 염려한 예방적 경고로서 받아들일 충분한 이유가 있다.

그것은 과학이 하고자 하는 노력과 결과를 예측하지 못하는 데서 많은 문제를 낳을 수 있다는 데서이다.

다이너마이트를 만든 노벨이 노벨상을 제정하면서 폭탄을 만든 사람으로서 죄의식을 느꼈다는 말에서도 느끼지만, 양자 역할을 푼 덴마크의 닐스 보어의 상보성 원리에서도 느끼는 바가 있다.

닐스 보어는 아인슈타인과 비교할 만한 물리학의 거장이지만, 그는 "철학자들이 많이 아는 것 같아도 실제 알아야 할 원리에 대해서는 아는 것이 없고 과학자들은 꽤 구체적인 것을 아는 것 같아도 막상 근본적인 원리에 관해서는 아는 것이 없다"고 했는데 여기서 우리는 무엇을 느끼나? 과학의 독립적 발전만이 아닌 철학과의 교류가 필요한 것이 아닌가라고 생각해 본다.

육아에도 이런 것을 대입시켜 보면 새것과 헌 것은 같이 가는 것, 즉 온고지신이란 생각도 해 본다.

자연환경 파괴와 복구

한번 파괴된 자연환경은 복구하기도 어렵고 설혹 복구된다 하더라도 몇십 년 또는 몇백 년이 걸린다고 한다.

그래서 우리는 이 환경파괴를 무심히 강 건너 불 보듯 하지 않는다. 환경을 이제부터라도 더 망가지지 않게 하는 방안에 접근해 보니 그 간에는 너무 무관심했었다는 결론에 도달한다.

수천 년, 수만 년 된 자연환경을 훼손하느라 야단의 현장을 보며 우리는 돈에 눈먼 사람들 저렇게 하고도 자기는 괜찮다고 여기는 것일까? 탄식을 하지만 아직도 그런 곳이 자꾸 생긴다는 데는 아연실색할 수밖에 없다.

"어쩌자고 뭐! 골프장을 만든다고? 생산을 하다 보니 폐유, 폐자재 등 산업쓰레기를 버릴 데가 없으니까?" 하고 변명을 한다지만 훼손된 환경은 누가 어떻게 할 것인지 나 몰라라 할 수 없다.

그 결과가 자신에게 돌아오지 않는다고 생각할 수도 없으며 어느 때는 깜짝 놀라게 하는 일이 한두 번이 아니니 너 나 할 것 없이 환경정화에 합심해야겠다.

물론 발전을 시키자니 조금의 훼손은 감안하지 않으면 어쩌겠느냐고 반론을 제기한다지만 날이 갈수록 피해는 커지고 위험부담마저 가중되니 이제는 좀 자제할 때가 됐다고 본다.

그러나 아직도 아랑곳하지 않는 파괴는 후세까지는 그만두고서라도 당대인 우리 아기들이 큰 해를 입을 것이니 한심한 일이다.

자동차의 아황산가스가 우리 호흡기를 위협하고 산성화된 토질의 문제, 유독성, 농약이 공해를 만들며, 공장폐수 가정오수가 우리를 불건강하게 만드는 이때, 산림파괴로 활력 재충전의 기능마저 상실하면 장차 우리는 무엇에 의존하며 살 수 있을지 심히 우려를 놓을 수가 없다.

그것도 회원모집이 부진하여 이미 자연을 파헤쳐 망가뜨린 후 골프장 건설이 중단되었다니 어처구니가 없다. 이러고도 자기도 자식을 키우는 사람이라고 할 수 있을지 모르겠다.

또 요즈음 팔고 있는 생수 값이 휘발유 값에 육박하고 공업용수도 에너지 값에 맞먹을 정도에 와 있다니 처방을 어떻게 해야 할까도 문제지만 지구를 살려야 한다는 국제적인 환경협약이 새로운 무역장벽으로까지 대두되고 있어 '93년 중반기부터는 환경에 대응하는 국민적 단합이 절규되고 있으니 산업인, 레저인, 건설업자들의 각성과 허가를 맡은 주무관청의 감시도 게을러서는 안 되겠다.

자연환경의 복구와 더 이상 자연경관이 무자비하게 파괴되는 것을 막는 일은 우리 2세를 위해 서둘러야 할 일이다.

이것은 우리의 건강을 위해서나 자라나는 아기들의 건강을 위해서 시정되어야 할 중요한 일이라 본다.

자연생태계가 균형을 잃으면 우리도 균형을 잃게 된다. 산림훼손이 도를 넘으면 우리는 골병들며 활력을 재충전하지 못한다.

숲의 공기정화 능력

우리 건강을 지켜 주는 우리나라 숲의 공기정화 능력은 어느 정도일까 궁금하다.

그것은 숲이 무서운 아황산가스를 받아들이며 이산화탄소를 처리해 주기 때문이다.

그러나 주변이 개간으로 황폐화되고 산불 등으로 아름드리나무(수령 50~80년)들이 잿더미가 되는 것을 볼 때 남은 숲만으로도 괜찮을까 하는 생각이 들어 연구가들의 연구를 훑어볼 기회를 만들었다.

'98년 산림청 임업연구원이 최근 과학기술처에 낸 보고서 「산림의 공익적 기능의 개량화 연구 2」에서 밝힌 것을 보니 나무는 탄산가스를 공기 속에서 빨아들여 자라며 대신 우리에게 좋은 산소를 발산해 주는데, 지난해만 해도 숲 1ha당 7t 이상의 탄산가스를 흡수했고, 5t이상의 산소를 공급해 주었다.

또 나무는 숨구멍으로 아황산가스를 흡입하는데 지난해 1ha당 12Rg의 가스를 가져갔다. 그렇다면 전국적으로 약 8만t의 가스를 흡수한 것이 되고 우리나라 전체 아황산가스 배출량의 약 5%에 해당하는 것이다. 이렇게 볼 때 부족을 느끼게도 되지만 참으로 고맙기만 하다. 이렇게라도 해 주지 않았다면 우리 건강은 어떠했을까를 생각해 보면 아찔하기만 하다.

또 그 무서운 아황산가스와 일산화, 이산화탄소는 우리 아기에게 얼마나 해를 끼쳤을까를 생각하며 숲의 고마움은 잊을 수가 없는데 왜 그것밖에 정화하지를 못하나 하고 알아보니 우리나라 숲은 아직 어린나무가 대부분이어서 탄산가스, 아황산가스의 흡수량이 그럴 수밖에 없고, 나무는 청장년기의 왕성하게 성장할 때나 많이 흡수한다니 식목에도 힘써야 하지만 육림엔 가일층의 노력이 있어야겠다.

지구의 온난화현상, 산사태, 벌목 등에 감시를 게을리하지 말아야 할 것이 요청되고 토양침식, 산불방지 등에도 의식전환이 요구된다.

막상 임업시험소나 임업연구원 등 숲이 잘 가꾸어진 곳의 공기 정화능력을 측정한 결과 그것은 놀랍게도 숲을 통과한 공기 속의 아황산가스는 30% 정도까지 정화된 것에서도 느끼지만 일단 숲은 우거져야 하는 것이 무엇보다도 중요하다고 지적됐다.

또 숲이 간직한 물의 양을 보아도 우리나라 전체를 보면 약 180억t으로 나타났는데 수자원 보호라는 측면에서도 개간에는 무분별하지 않도록 정부나 민간인도 함께 노력해야 되지 않겠나 하는 생각이다. 나무가 없는 곳에서 흙과 모래가 씻겨 나가는 것을 보면 숲의 경우에 비해 200배가 넘었던 것을 볼 수 있으며 산사태는 숲의 경우에 1/2로 적었던 것으로 숲은 우리에게 얼마나 좋은 일을 많이 하고 있나 하는데 또 한번 감사한다.

숲은 공해에 찌든 도시인들에게는 더없이 벗이며 우리 정서안정과 건강유지, 회복에 얼마나 기여했는가 잊지 못한다.

　본인의 저서 2권, 3권에서도 테레핀 향기, 피톤치드 향기가 우리의 노폐물을 제거하고 활력을 재충전해 주는 중요한 것이라 했던 것을 독자들은 기억하실 것이다. 이것을 제공해 줄 숲을 보호하며 우리 건강 되찾기에 앞장서자.

　맑은 공기는 좋은 음식만큼이나 좋기 때문이다.

남녀의 우열비교

'남자는 최초에 승부를 하고 여자는 최후에 승부를 한다.' 또는 남자가 순발력이 뛰어나면 여자는 지구력이 우수하다는 남녀의 우열을 비교하는 연구가 있었다.

미국 UCLA의 생리학자들이 1920년대 이래 남녀의 마라톤 스피드 향상률을 조사한바, 21세기 중반에는 여자 마라톤이 남자를 추월할 것이라고 예언했단다.

그래서 참아 내는 실험을 해 본 결과 남자보다 여자가 15시간을 더 참아 내는 것으로 나타났고, 이것은 고통스러운 환경에서 감내하는 힘이라고 풀이했다.

그래서 동식물을 관찰해 본 결과 암나무가 수나무보다 환경의 악조건을 견뎌 내는 데 강하다 하고 암수 은행나무를 화학적으로 식별하기 위해 염소산칼리 0.05%를 물에 희석한 뒤 여기에 나뭇가지를 꽂아 보니 빨리 시든 나무가 수나무였다 한다. 동물의 경우 석화(굴)는 암수양성이 한 몸에 있는데 주변환경의 영향이 나쁘면 암컷이 되고 좋으면 수컷이 된다는 것이다.

다시 말하면 악조건에 감내할 필요가 있을 때는 암기능이 강해져 적자생존의 방향으로 간다고 한다.

이렇게 볼 때 남녀의 우월에 있어 지구력은 여성이 강한 것이 아닌가 하게 된다. 그러니 부부싸움에서 여성이 참는 것은 남녀의 우열 때문이 아니라 행복을 위한 것 때문이라 하게 된다.

독자 여러분도 이 자연의 순리에 공감하리라 믿는다.

남녀의 생각과 말의 차이

'여자의 육감은 뛰어나다.' 또는 '여자는 직관적이다'라고들 평한다. 그것에 반해 '논리적이지 못하다.' 그래서 '한 가지 주제를 놓고 이야기하다가도 엉뚱한 이야기로 흘러간다'고 하는데 그것은 구조적으로도 사실인가 보다.

인간의 뇌를 유전공학적 측면에서 연구한 영국의 엔모이어 공학박사가 『유에스투데이』지에 실린 '남녀의 사고와 언어가 왜 다르나'라는 발표에서 남자와 여자의 뇌는 태어날 때부터 다른 구조를 가지고 태어났으며, 때문에 사고나 언어의 근본적인 차이를 보인다고 주장하고, "남자들은 직관력이 부족하고 그러나 보이지 않는 현상을 분석하고 체계를 세우는 일은 능할지 모르지만 비약적인 사고를 하는 데는 여자만 못하다"라고 그의 『性과 뇌의 구조』에서 밝혔다.

그는 그의 저서에서 남녀의 사고방식에 있어 기본적인 차이는 뇌를 얼마나 포괄적으로 사용하느냐 또는 집중적으로 투입하느냐의 차이에서 오는 것인데 여성들은 이것저것을 섞는다.

인간의 뇌가 좌반구 우반구로 나뉘어져 있는 것은 익히 아는 일이지만 그 사이에 '코퍼스갤로섬'이라는 섬유조직이 이들을 이어 주고 있음과 이 조직이 남자보다 여자에게 많음은 처음 알려진 사실로 이 때문에 남녀의 사고 및 언어의 차이가 생긴다는 것도 밝혀졌다.

이 말은 배경에서 보니 여자의 뇌는 다시 산만하게 이루어져 있어 조직적인 사고를 하는 데는 약간의 취약점이 있다 하겠다. 다시 말해 여자는 뇌 전체의 상호교류가 활발하여 한 사물을 여러 각도에서 통찰하게 되므로 집중력이 결여될 수 있다.

그러나 남자는 사안별로 특정 부분의 뇌를 집중적으로 사용하여 일직선적인 논리전개를 잘한다. 그러므로 남자들은 공간의 지각에서 또 여자들은 직관적 상상력에서 특성을 발휘한다고 할 수 있다. 직업의 영역에서도 남자는 오히려 '눈'으로 하는 일이 맞지 않겠나 생각된다고도 했다. 그리고 역시 여자는 '입'으로 하는 일이 적합할 것이라는 견해다.

우리말에 여자 셋이 모이면 '시끄럽다', '간사해진다'는 속어가 있는데 역시 여성은 그래서 시끄러운가 보다.

한국의 영재교육

우리나라 영재교육은 사회와 국가 발전에 기여할 수 있는 것에 중점을 두고 있다. 그러나 미국, 영국, 캐나다 등은 다르다. 그들은 이미 초등학교 중반 때 각종 학문의 영역에서 ① IQ테스트, ② 교사의 측정과 관찰, ③ 부모의 다양한 표준화 등에서 도구를 활용한 발굴을 조기에 하고 있다. 아직도 변화의 폭이 많은 시절 각 개인의 잠재력을 최대한 활용할 수 있을 때 개발함을 목표로 하고 있다.

그런데 우리나라는 유일하게 과학고등학교가 있어 그나마 자연과학 분야에 치중되고 있다. 또 여기에 학업성취도(성적)가 선발 기준으로 되고 있다.

그러나 엘버터 대학의 멀케이 박사는 노벨상을 받았던 사람들을 조사한바, 생산성은 20~30대에서 최고조를 달했다는 통계에 접할 때 16~17세 된 고교수준의 영재교육이 얼마나 국가에 기여하게 될지는 의문이라 지적되기도 했다.

문화·예술·기능 부분까지도 영역을 넓혀야 할 것도 중요하지만 무엇보다도 잠재력 개발에 중점을 두지 않는 영재교육은 효과를 의심하게도 된다 했다.

그럼에도 불구하고 영재교육을 조기교육으로 유아교육으로까지 앞당긴 것은 무슨 의미이며 어디에 근거한 것이냐에 대해서는 의문도 있다. 설혹 조기교육이 효과가 있을지라도 반사적인 교육에 대해 실증을 일으키는 일을 무엇으로 보완할까에 대한 대책도 마련되어야겠다는 것이 일부의 우려다.

여기서 지적된 잠재력 개발이란 유아기의 엄마로부터 발견되는 것이며 그것이 인지, 언어, 행동발달에 뒤이어 지능, 재능 등의 특수기능으로 연결되는 것으로 그 후 초등학교 중·고등학교의 동등한 정기교육을 거치더라도 결국 각기의 특성에 맞는 전문적 영역으로 갈 때는 전에 발견된 잠재력에서 우열이 나타나게 된다는 것이며 소기의 성과도 기대할 수 있다는 데서 잠재력 발굴이 더욱 중요한 과제가 되고 있다.

이러니 0세 아기 엄마들은 이 점을 명심하여 귀여운 아기의 잠재력은 과연 어떤 것인가에 관심을 쏟아야 할 것이다.

책임전가 신드롬

우리만이 그런 줄 자책했지만 요즘 미국의 베이비붐 세대에도 책임전가가 성행해 골치를 앓고 있다. 그것은 다름 아닌 '낫미(Not me)'이다. '잘못된 것은 조상 탓'이라는 우리와는 다르게 미국인들은 이것을 자기가 아닌 '남의 탓'으로 돌리는 나쁜 버릇이 생겼다 한다.

가령 학교에서 아이들 성적이 나빠지는 것은 학교 때문이요, 아이들 성격이 난폭하고 산만해지는 것은 TV나 영화 때문이라고 떠들어대며 남을 희생양 만들기에 급급하단다.

학자들은 이것을 '낫미' 세대의 병리현상이라 하기도 하는데 이건 미국에만 있는 일도 아니요, 일찍이 지난 세기 '프랑스'에서는 '위기에 빠진 사회집단은 책임을 전가한다'고 했던 일도 있다.

1890년대의 흑인탄압, 20세기의 독일이 유태인을 탄압했던 일들은 남을 희생양으로 만드는 대표적 본보기였다고 말한다.

그러나 그것은 정치집단, 권력집단의 돌파구 찾기지만 지금 미국의 책임전가는 젊은 여성들의 무책임의 소산으로 가령 푼돈을 훔치다 붙잡힌 자기 애를 데리러 경찰서에 와서도 '그까짓 것 가지고……' 라고까지 해 자신의 못난 점까지 드러낸다니 이는 도덕이 땅에 떨어진 느낌이라 아니할 수 없다는 이야기다.

이래도 되는 건지 또 이러니까 미국이 저 지경이 됐지 하는 소리와 함께 우리에게도 경각심을 불러일으킬 계기가 아닌가도 생각하며 조심스럽게 반성의 기회로 삼고자 한다.

무릇 사회현상은 선악의 구별이 힘들고 자칫 악이 선을 이기는 듯한 착각을 일으키게 할 만큼 사회는 어지럽다. 오죽하면 루소도 "불합리한 사회에서 합리를 추구한다는 것 자체가 불합리하다"고 말한 적이 있지만 아무리 그렇더라도 악이 성행하면 그 가정, 그 사회, 그 국가가 망했던 일들을 역사 속에서 발견하며 잘못은 뉘우치면 될 것을 얄팍한 책임전가로 그 위기를 모면하려 할 때 후에는 더 큰 화가 밀려올 것을 생각하는 우리가 되어야 하지 않을지 하며 새로 대통령에 당선한 빌 클린턴이 만찬회에서 "이제부터라도 남 탓하기를 자제하고 개인이나 국가가 잘못의 책임을 겸허하게 받아들일 줄 아는 시대를 만들자" 하고 해 열광의 박수를 받았던 것을 상기하며 우리도 그에 상응하는 시대를 만들어 여러분은 좋은 분위기에서 살게 되기를 바란다.

우리도 한때 그랬지만 이제부터는 아니라고 할 때 전환기는 여러분을 좋은 쪽으로 몰고 가게 될 것이다.

식습관과 성격 형성

생활습관이 규칙적일 때 안정감이 형성된다는 것은 이미 알려졌다.

그러나 어린이의 식습관이 성격 형성에 크게 작용한다는 연구가 진행되어 엄마들에게 알리고 싶다.

얼마 전 인하대학교에서 초등학교 학생 328명을 대상으로 조사를 해 본 결과 편식이나 과식을 하지 않고 규칙적으로 식습관을 키운 학생은 대체로 안정되고 사려 깊은 활동성·사회성·책임성에 있어서도 우월했고 그렇지 못한 아이들은 이런 면에서 낮은 것으로 나타났다고 했다.

이런 것은 좋고 나쁜 가정환경과 생활습관에서도 기인하겠지만, 그보다도 식생활에서도 적지 않은 영향이 있었다는 데 문제가 있다.

가령 안정성에 있어서는 육류나 유지류 등을 선호하는 어린이에서, 또 우월성에 있어서는 어패류, 콩류, 채소류를 선호하는 어린이에게서, 또 활동성에 있어서는 감자류, 뼈를 먹는 생선류를 선호하는 어린이에서, 또 사회성에 있어서는 채소류를 선호하는 어린이에서 나타났으며, 재미있는 결과로 책임감이 낮을수록 육류와 감자류를 선호하는 것으로 나타났다는 것이다.

이렇게 볼 때 책임감이나 성취감이 높은 어린이는 대체로 생선이나 채소를 선호하는 것으로 나타났는데 그렇다면 과연 이것은 어떻게 적용할까에 대해서는 엄마들의 지혜가 있어야겠다. 그렇지만 장단점이 엇갈리기도 하고 어느 쪽이 더 좋은 건지도 모르겠으니 그저 참고될 좋은 연구라 생각되며, 오래 지속된 전통적 의미에서는 우리 식생활이 채식 위주였다는 것과 또 방법은 식품의 종류로 구분하기보다는 섭생요령에 있었으니 하루 세 끼를 거르지 않고 먹는 것, 또 너무 많이 먹기보다는 조금 적게 먹으므로 탈이 없고, 늘 맛있게 먹고 잘 소화시킴으로써 좋은 건강을 유지하지 않았나 하는 것도 빠뜨릴 수 없을 것이다.

소년 비행의 원인

선진국 미국이라는 나라, 살기 좋고 모든 것이 풍부하여 부족함이 없다고 하는 미국에서 비행청소년이 증가하는 이유는 무엇일까? 많은 학자들이 그 원인을 찾아내며 분석하고 교정하려 애쓰고 있는데 그 원인 중 중요한 것이 0세부터 1세가 되는 기간의 모자접촉과 관계가 있다는 것을 발견했으니 놀라지 않을 수 없고, 학자의 논문이 나왔기로 단편적이나마 소개하고자 한다.

심리학자 볼비는 40~50명의 소년 범죄자들을 자세히 조사해 보니 이들에게선 독특한 성격을 발견했는데 '범죄 그 자체를 위해' 범죄를 저지른다는 것이다.

다시 말하면 남의 생명, 재산을 존중하는 마음은 전혀 없고 자기가 하고 싶은 대로 하면 된다는 생각이고, 그것은 그들이 자라 온 0세로부터 1세 사이에 어머니로부터 충분한 애정을 받지 못한 모자 소원에 기인한다고 했다.

이런 아이들은 언어가 뒤지는 장애로 그맘때 알 수 있는 말을 해도 알아듣지 못하는데 그것은 그전 엄마 품에 안겨 자라야 하는 시기를 놓친 것이 그 원인이라 한다.

아기에게는 발달단계에 맞는 엄마의 지도편달이 있어야 한다. 그래서 엄마는 그 시기에 맞는 말을 하며 아기의 성격, 지능, 재능을 키워야 한다.

그런 중에도 아기는 넓은 이해의 세계 속에서 반대로 하면 어떤가 하고 창작적 표현을 해 보기도 한다. 그러면 엄마는 "그러면 안 돼요" 하며 자기가 하고 싶은 것을 억제시킨다. 그때 그것이 잘 유도되면 좋지만 오히려 반항해 보려는 의지가 생길 수도 있다. 이것을 어떤 엄마들은 나쁘게 생각하고 부정적 표현으로 억제시키려 하는데, 그것보다는 "이렇게 해야 해요"라고 긍정적 방향으로 유도하는 것이 보다 교육적이다.

독일의 학자는 20년간 반항했던 아기들과 그렇지 않았던 두 그룹의 아기들 성장과정을 추적, 조사한 결과 오히려 반항을 했던 그룹의 아기들이 자발성, 자주성 면에서 더 잘 자라고 있음을 포착했다는 것이며, 그들은 자기주장의 체험을 통해 자신의 의욕이나 주장을 발전시키는 방법을 체득한 것이라 하는데 이런 것은 비행의 원인과는 다르다.

반항은 시기에 맞는 체험이고 비행은 그 시기를 놓쳐 체험을 제대로 하지 못한 절름발이 현상이라는 이야기다.

소련의 심리학자로 주로 소년 문제를 연구한 루리아는 또 다른 실험으로 아기에게 "단추를 누르세요" 하면, 아기는 한 번 눌러 보고 재미있으면 계속해서 누른다. 그런 아기에게 "그만 누르세요"라고 해 보라. 그들은 멈추지 않고 계속 누른다. 이때의 제지하는 말은 오히려 아기의 반응을 강화하는 역기능을 발휘한다.

이것은 0~1세의 발달과정에 있는 어려운 조절기능인데 이런 것을 체험하며 0~1세의 기간은 태내 열 달과 같은 육아에 중요한 시기가 되는 것을 잊지 않아야겠다고 했다.

태내에서 생긴 바탕을 옳게 감지하고 북돋아야 할 시기, 이것이 그간 잘못됐던 다른 육아와 다르다는 것을 일깨우고 싶은 것이며 혹 엄마가 이 기간을 잘 지도하게 되기를 바랄 뿐이다.

민족생활연구소라는 데서 미국인이 일본 청소년을 연구, 발표한 것을 보면, 인스턴트식품을 좋아하는 어린이들은 성격이 급하고 참을성이 없다. 또 공부를 싫어하고, 난폭하고 이기적인 인간이 된다.

아침식사를 거르면, 10~12시간 공복으로 위는 무력증이 오고 식욕은 감퇴되어 나쁘다. 혈당치를 낮춘다고 하나 낮아지지 않는다. 체력이 떨어져 활동력에 지장 있다. 체중저하로 무력해진다. 수업시간 중에 집중력이 좋지 않다.

제8장

새로운 의학정보

선천성 대사이상

선천성 대사이상의 대표적인 것으로 정신박약 증세가 있다.

생후 3~7일 사이에 아기의 발바닥에서 피를 뽑아 아미노산 대사이상을 검사하면 쉽게 발견될 뿐 아니라 이것을 고치는 방법도 식이요법으로 가능하니 어려움이 없다.

그러나 국고보조 등이 없고 의무화되어 있지 않아 시기를 놓쳐 버리면 약 6개월 후쯤에 증세가 나타나는데 이때는 이미 늦다. 그래서 조기진단과 치료를 권하는데 우리도 미국이나 일본과 같이 검사를 의료보험에 넣어야 한다는 것이 의료계의 지적이다.

1991년 초부터 7월 말까지 보사부가 신생아 1만 2천 명을 조사한 결과, 대사 이상자는 3명이었던 것으로 신생아 3~4천 명당 1명꼴이라니 매년 신생아 60만 명당 2백 명 정도의 정신박약아가 발생한다는 통계이고 보면 이를 소홀히 할 수 없는 상태에 와 있다.

최근 연세대학교 황 교수는 논문에서 '89년 한 해 동안 수술받은 신생아 질환분류에서도 총 1,260명 정도가 이 증세였다 하고 10만 명

중 72명 정도가 수술을 필요로 한 선천성 대사 이상이었다니 참고해야겠다.

1960년대에 사망률이 30~40%였던 것에 비해 15%로 줄어들고는 있지만 이는 조기발견이 되었기 때문이라고 덧붙였다. 그러나 조기발견을 못 할 경우는 치명적 손상을 입을 위험과 후에는 수술효과도 적으니 이 점 각별히 유의해야겠다.

특히 탈장이나 심장박동 이상 유무, 고환정류(睾丸精流) 등도 진단 기술이 개발되어 발견 즉시 수술하면 치명적 손상은 면할 수 있다니 가급적 조기발견에 힘써야 하겠다.

병원에 가 봐야 할 아기 질병

- 입의 질병: 구내염, 구강염, 지도상설, 아구창
- 식도의 질병: 선천성 식도경련, 식도협착
- 위나 장의 질병: 급성 맹장, 위·십이지장궤양, 항문, 농양과 치루, 열홍 등
- 간장의 질병: 선천성 총담, 신생아 간염, 종양 등은 대개가 소화기 질환에 속하므로 소아과에 가야 한다.
- 인후·기관지의 질병: 감기, 선천성 천명, 급성 후두염, 기관지염 등
- 폐의 질병: 폐렴, 늑막염(흉막염) 등 호흡기 질환이므로 당연히 흉곽외과에 간다.
- 눈의 질병: 사시, 유행성 각막, 결막염, 선천성 녹내장, 굴절이상, 가상근시 등이 있다.
- 피부질병: 땀띠(한진), 소아 피부염, 혈관종 농가진 등
- 귀, 코, 목의 병: 외이염, 이구전색, 습진, 급성 비염, 부비감염, 편도염 등은 대개 감각기 질환으로 안과, 이비인후과에 가야 한다.

·혈액의 질병: 선천성 심장병, 후천성 심장병, 빈혈, 백혈병, 혈우병 등은 순환기 혈액질환이므로 내과에 가야 한다.

그 외에도 어린이병과 치료에는 내분비의 질병, 신장의 질병, 알레르기의 질병, 뇌 신경계의 질병, 전염성 질병, 정형·성형외과의 질병, 소아외과 질병 등 여러 가지가 있는데 이는 전문의가 할 일이니 병원에 가서 전문의의 진찰에 의해 치료가 되는 것이 바람직하다.

그러나 이런 질병은 흔히 있는 것은 아니니 그저 참고를 위해 삽입하는 것이다.

6개월 된 아기의 문제점 발견

5~6개월 된 아기의 상태가 다음에 해당하면 나쁘다.

· 표정에 생기가 없을 때

· 온순하게 혼자 있기를 좋아할 때

· '따로따로' 하기를 무서워하거나 체온이 평균 이하로 내려갈 때

· 안고 우유 먹이는 것을 싫어할 때

· 가슴에 안고 흔들 때 싫어하는 아기 등은 초기 육아 때 잘못이 있
  었나 알아보아야 한다.

아기가 울 때는 2~3분 내에 발견하고 보채는 이유에 곧바로 대응
해야지 혼자 그칠 때까지 두는 아기들에게서는 무력증을 많이 발견
하게 된다.

그것은 계속 신호를 보냈지만 엄마와 커뮤니케이션이 안 된다고
그만 방법을 포기하기 때문에 기인하는 결과라 한다.

많은 실험에서 보니 7~8개월까지(반년 이상) 엄마의 충분한 애정

을 받고 자란 아기에게서는 정서장애가 발견되지 않았다는 의학계의 보고가 있다.

아기가 원할 때 엄마가 옆에 와 주면 아기는 호흡이 고르게 된다. 이때 아기는 신뢰하고 자신감을 갖는데 이것이 발육의 절대조건이다.

그러나 그렇지 못할 때 오는 호흡기 장애는 자율신경의 기능이 발달되지 않으며 결국엔 감기에 약한 아기가 되는데 이런 아기에게는 아무리 약을 투여해도 잘 낫지 않는데 그 원인이 바이러스 때문이 아니라 애정결핍이기 때문이라고 한다.

이런 것을 '문명감기'라고 이름 붙이고 있으나 요즘 어린이 감기의 약 70%가 이런 유의 것으로 우리를 놀라게 한다.

신은 해와 달을 빼고 늘 자기 곁에 어머니가 계시게 해 주셨다고 한다.

그러나 아무리 울어도 엄마가 "오, 그래" 해 주지 않으면 애정에 결핍을 느끼고 호흡장애를 일으킨다는 것이다.

이것이 신생아가 6~7개월이 넘기 전에 형성되는 심성의 핵이다.

그래서 자주 문제를 일으키기도 하고 엄마의 반응도 본다. 어떤 면에서는 문제를 일으키지 않는 온순한 아기가 불건강한 증거라고까지 한다.

불만이 있으면 울고 욕구를 충족할 때 학습의욕이 왕성하다고 하며 이것이 결여된 아기는 발달에도 이상한 현상이 있으니 일찍부터 홀로서기를 잘못 유도하지 말자.

건강한 아기는 가만히 있지 않는다. 이것저것을 부스럭거리고 야단을 많이 맞는 편이다. 그러나 그렇다고 이런 아기를 장난꾸러기라는 별명의 이름을 붙일 필요는 없다. 잘못된 말은 씨가 될 수도 있기 때문이다.

　가급적 이런 건강한 아기의 성품을 어떻게 바라는 쪽으로 유도할까 하는 것이 엄마의 임무라면 이해가 될지 모르겠으나 의욕을 충분히 발전시키는 데 주력하는 것이 중요하다는 것을 인식하고 그것이 어떤 것인지 모를 때는 자신이 임신 중에 아기가 태중에 어떤 영향을 많이 받았을까를 되새겨 보면 해답이 용이할 것이라고 한다. 무에서 유가 창조될 때 틀림없이 어떤 원인이 있었을 것이다. 그것을 알아내는 것이 훌륭한 엄마의 마인드다.

육아 시 사고의 응급조치

6개월 이전의 육아는 일반적으로 엄마의 실수로 일어나며 그 후 1년이 되기까지는 아기의 미숙한 행동에서 오는 수가 많다.

그래서 아기가 있는 집에서는 늘 주위에 신경 쓰며 아기의 손이 닿지 않는 데 물건을 두고 조심하지만 아차 실수할 수 있으므로 아래 몇 가지 조치방법의 일러두기를 한다.

- 출혈이 심할 때는 동맥지압법으로 지혈하고, 갑자기 호흡이 멎으면 인공호흡을 시키며, 숨을 쉬는지 가슴이 움직이는지를 확인한다. 인공호흡은 환자 입에 입을 대고 바람을 불어 넣어 주는 것이다.
- 맥박이 뛰지 않을 때는 인공호흡을 시킨 다음 심장을 가볍게 마사지해 준다.
- 의식을 잃었을 때는 이름을 부르며 가볍게 뺨을 치고 눈 움직임을 보고 반듯하게 눕힌다. 이때 머리를 높이면 숨통이 막힐 수가 있다.
- 시멘트 바닥이나 흙에서 넘어져 무릎이나 팔꿈치가 쓸려 새살이 보일 때, 상처가 작아도 깨끗이 씻고(과산화수소, 물) 연고를 바른

뒤 가제를 붙인다.

· 담배, 성냥, 화장품, 흙 등을 삼켰을 때, 손가락을 목 속에 넣어 구토를 하게 한다. 그래도 남은 것 같으면 물이나 우유를 먹인 다음 혀를 눌러 토해 내게 한다.

· 칼이나 뾰족한 것으로 베이거나 찔려 피가 날 때 상처에 가제를 대고 일단 지혈을 시킨 다음 소독을 하고 염증이 생기지 않도록 연고를 바르고 붕대를 감아 준다.

· 데었을 때는 그 정도에 따라 처치법이 다른데 붉어질 정도로 약간 데었을 때는 부위를 찬물로 씻고 열을 식혀 준다(얼음찜질도 좋음).

· 물집이 생길 정도의 심한 화상은 일단 찬물, 간장, 얼음 등으로 식혀 안정시킨 다음 의사에게 간다.

· 더 심한 화상으로 속살까지 상했을 경우도 감염되지 않도록 깨끗한 물로 열을 식히면서 곧 병원으로 가 응급조치를 받는다.

· 단단하고 작은 물건을 삼켰을 때 입 안에 손을 넣어 꺼내거나 윗몸을 숙이고 등을 가볍게 두드려 준다. 이때 폐 안에 남은 공기가 나오면서 삼킨 물건이 나올 수가 있다.

불란서 신생아의 정신요법

태어난 지 며칠 되지 않는 신생아. 아직도 요람 속에서 탄생의 꿈을 꾸는 듯한 아기에게 엄마 자신이 임신 중에 겪었던 일을 솔직히 털어놓음으로써 신생아가 겪을 장애의 원인을 해소하는 방법으로 프랑스에는 신생아 정신치료센터 및 임산부의 고민해소센터가 있다.

이들은 대개 어린이 복지시설이나 소아과 의사들을 찾아와 하루 종일 울거나 젖을 먹지 않으려는 고민스러운 신생아를 대상으로 한다. 따라서 결국은 정신과 의사에게 의뢰하는 경우도 적지 않다. 이런 문제를 쉽게 풀기 위해 만들어진 곳이라는 데 공감하며 참 좋은 아이디어라는 생각이 들어 알리는 것이니 막상 신생아는 고통스러움을 울음이나 잠을 자지 않는 것 등으로 표현하지만 어떤 때는 이것이 호흡곤란 또는 신경질로 나타나기도 하기 때문이다.

대개의 경우 이런 때 신생아는 '육체의 언어'라는 고유의 표현방법으로 이를 나타내지만 엄마가 이를 이해하지 못하면 고통스럽다.

그러나 정신과에서 이 원인을 추적해 본 결과 그것은 임신 중에 있었던 어떤 일들에서 비롯된 것이다. 그래서 엄마가 사실을 털어놓고 이해를 해 달라는 식의 고백성사 같은 말을 함으로써 모자간의 관계는 씻은 듯이 이해에 접근이 되더라는 것이다.

가령 "네 엄마는 임신을 원치 않았었어. 그러나 어쩌겠니. 이제 이렇게 되고 보니 엄마는 네가 예뻐 죽겠단다"라거나 "엄마는 임신기간에 자주 아팠단다. 그래서 너도 건강이 좋지 않은 모양이구나. 그러나 이제부터라도 젖을 잘 먹으면 건강해질 거야" 등의 말을 걸면서 부둥켜안고 뽀뽀도 하고 귀여워해 주면 배에서 꾸르륵 소리를 내며 조금씩 다른 모습을 보인다는 것이다. 이런 정신과 의사들의 노력이 주효하게 된 동기는 발생, 태생의 문제에 접근하며 진전되었는데 태아는 염색체에 기록된 유전적인 프로그램에다 임신 중 내외적 환경요인의 심리적 현상에 영향을 받았기 때문에 여기에는 주사나 약이 아닌 마음으로 치료해야 된다는 것이었다.

유명한 프랑스의 소아 정신분석학자 돌토는 신생아가 태어나면서 들은 첫 번째 말은 "평생 동안 기억의 테이프에서 지워지지 않는 것"이라는 독특한 의견을 내놓기도 했다.

또 바리 실리니크는 생후 4일쯤의 아기 울음은 멜로디 형태를 갖추어 일종의 요람 교향곡을 형성하는데 때로는 울음을 변형하여 자신의 의사를 반응시킨다 하여 많은 연구에 인용되며 이것이 생후 6일 된 아기의 정신치료에 인용되고 있다.

또 정신분석법을 적용하는 앨리아세포 박사는 신생아도 자기 주변 이야기는 잘 알아듣기 때문에 조심해야 한다고 주의를 환기시킨다.

다시 말하면 신생아의 무의식세계라 칭했던 이 부분은 이제 더 이상 환상의 세계가 아니라 정신분석학자나 의사들이 적극적인 몰두로 치료가 가능하게 된 분야라 하고 있다.

이상에서도 우리는 선진국의 신생아 연구가 여기까지 왔음을 보고 기뻐한다. 그러나 그것은 원인 예방적 방법이 아닌 현상의 치료요법이라는 데서 아쉬움을 금할 길 없다.

현상이나 결과나 그렇다면 그것은 언제부터 무엇을 어떻게 했어야 했는지에 대한 것이 아닌 한 이것은 태교의 범주에서 벗어난 치료의 학이다.

태교는 이런 것을 미리 알고 그 이전부터 잘한 사람들의 것이니 신생아들을 이런 모습으로 끌고 가거나 의심하게 되지 않기를 바란다.

산업사회가 되고 국제화시대가 되어 많은 이런 현상이 가능할지 모르지만 되도록 이런 일이 없게 하기 위해 그간의 태교연구는 더 발전할 것이다.

그러므로 이 책을 읽는 분은 누구나 원인을 태교 쪽에서 찾고 어떤 경우 그것을 몰라 잘못됐을 경우에 활용할 대안이라고 해석하기를 바랄 뿐이다.

하기야 젖도 안 먹고 떼만 쓰는 신생아를 잘못 알고 약을 먹인대서야 말이 안 된다. 심리적, 정신적 이상은 정신요법이 치료의 지름길이므로 여기에 과학보고를 옮기는 것이다.

아기 엄마의 방광염

방광염은 여성이면 누구나 한 번쯤 경험하는 비뇨기과의 흔한 질환으로 걱정할 것은 없지만, 이 증상이 오면 잦은 소변과 용변 이후에도 덜 본 것 같은 잔뇨감이 있고 요로 입구가 아프고 개운치 않은 느낌이다. 특히 겨울철에 증세가 악화하는 현상으로 알아 두면 좋을 것이다.

우선 한밤중에도 서너 번 소변을 보러 가면 이 증세의 가능성을 생각하는 것이 좋다.

그뿐 아니라 아랫배가 저리는 듯한 통증과 고열이 나면 이상을 느끼자.

방광염은 주로 외부의 세균침투에 의해서 시작되지만 그것은 대개 질 내의 유산균이나 항문의 대장균 또는 포도상구균 등이 원인이 된다.

그것은 여성의 요로가 남성보다 커서 세균침투가 용이하기 때문이며, 부부생활 후의 청결을 소홀히 했거나 하는 경우에 발생하기 쉬운 것으로 비뇨기과에서도 말한다. 때문에 성관계 후 샤워를 했더라도 반드시 소변을 보는 것이 좋고 질 내를 깨끗이 씻으며 소변볼 때의 통증은 물을 자주 마셔 소변으로 균을 씻어 내는 것이 좋다고 했다.

방광염은 여러 가지여서 이런 증상은 통칭 방광염(요도염과 요도 게실을 뺀)의 20~30%밖에는 안 되지만 요도증후군 중의 하나다.

대개의 경우 치료가 쉽지만 재발이 잦아 고생하는 경우가 있으니 늘 청결히 하여 질환으로까지 연결되지 않도록 하는 것이 중요하다고 말한다.

특별한 경우 요도 탈출증이라는 것이 있는데 이것은 자연출산 때나 배변할 때 힘을 너무 주면 요도가 밖으로 빠져나오는 경우인데 이때 요도가 감염되기 쉬우니 이런 경우에는 의사에게 진단받는 것이 좋겠다.

또 소변을 참아 생기는 경우도 있다. 특히 겨울보다 여름에 발병빈도가 높은데 노폐물이 방광과 요도에서 부패하여 세균이 번식, 발병하기 때문이다.

옛 어른들 말씀에 '소변은 참으면 병이 되고 대변은 참으면 약이 된다'는 말씀이 있듯이 소변은 참지 말고 배설해야 되고 그 후는 청결히 하는 것을 잊지 말자.

수술 후의 항생제 남용

서울대 의대 의료관리학 교실이 '92년도에 큰 병원 70곳을 대상으로 항생제 사용실태를 조사해 본 결과 제왕절개 수술의 경우 662명 중 99%에게 항생제를 사용한 것으로 나타났다.

항생제는 약효가 강해 특정한 치료에만 사용되어야 함에도 불구하고 2차 항생제도 이들 환자의 68%에게 이를 투여했다고 조사되었다.

항생제는 병균의 발육을 억제하는데, 또 각종 감염증의 치료에 필요하다. 그러나 너무 사용하면 위장장애나 현기증과 같은 부작용을 일으키는 등 역작용이 있으며 또 심하면 재생불능성 빈혈을 유발하기도 하며 또 병균이 이 약에 의해 내성을 얻으면 병균의 내성도 강해지는 악순환의 문제가 있다. 때문에 전문가들은 예방적으로 1~2회 정도 증상에 맞게 투여하는 주의가 요구되는데 어쩔 수 없는 경우가 생기는 것 같다.

제왕절개의 경우 잘 알려진 유명병원에서조차도 짧게는 2일에서 7~8일까지도 계속 투여하는 것으로 지적됐다. 병원에 따라 다르기는 하지만 2차 감염의 위험도 높은 만큼 부득이하다는 논리를 펴는데 실제는 부작용의 가능성을 줄이는 것이 더 좋다는 것으로 당사자들의 지혜가 요구된다 하겠다.

그래서 이 문제는 계속 논란의 대상이고 의사들의 노력에 따라 얼마쯤은 줄일 수도 있다고 하니 과연 어떻게 해야 할까. 실제로 세균 감염 등으로 수술이 잘못된 결과를 책임져야 할 입장에 서게 될 의사에게도 위로를 보내고 싶지만 가능한 한 환자의 상태를 정확하게 판단할 여유를 가져야 함도 필수적인 일이라고 말하게 된다.

그뿐 아니라 항생제를 투여하면 모유를 먹이지 못하는 단점과 아기에게 미치는 영향에 관해서는 이미 여러 번 지적했으니 여기서는 피하겠지만 왜 엄마들은 이런 문제도 모르고 어디다 신경을 쓰는 걸까. 앞으로는 선진국 국민이 되기 위해 이런 것도 알아 두자.

'도둑맞고 사립문 닫는다'는 속담이 있지만 미리 알아 이렇게 되는 일 없게 하지 않는 한 문제는 문제를 일으켜 엄마와 아기 모두에게 탈 없는 일이란 어떤 것인가에 눈 돌릴 때에만 여러분은 행복을 망가뜨리지 않을 것을 의심치 않는다.

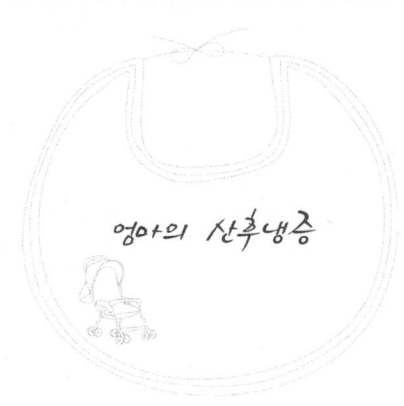

영아의 산후냉증

　일명 수족냉증이라고도 하는 것으로, 일반적인 냉증, 즉 신장, 위장 등 내장기관에 문제가 생겨 발생하는 냉증 말고 산후조리 때의 잘못이 무심코 지나다 중년이 되어 나타나는 현상이다.

　그것은 산후 조리 기간에 찬물을 사용한다든지 했을 때 신체의 어느 부위든 물이 닿은 부위에서 발생한다는 것이다.

　일반적으로 손, 발 등 사지에서 많이 일어나지만 어떤 분은 허리나 복부 등 다른 부위에서도 가끔 발생한다.

　이런 현상이 산후부터 계속되었으나 별것 아닌 것으로 생각하다 심해지면 병원을 찾는데 이 원인은 산후 냉증으로 보며 치료는 한방약을 얼마 동안 쓰면 고칠 수 있다 한다.

　약재로는 생강, 당귀, 인삼 등 열을 많이 내는 것, 이른바 거한재를 주로 써서 냉기를 풀어 주므로 치료가 가능하다.

　그러나 이것을 소홀히 해 병이 아닌 듯하다가는 나중에 어느 부위가 차다, 저리다 하다가 몸 안의 장기에 위험이 있다는 신호가 오므로 가급적 속히 알고 증상을 없애는 것이 현명하다.

감기예방

별것 아닌 것 같은 감기도 우리 아기를 괴롭히기 시작하면 한이 없다.

도대체 감기란 어떤 것이며 예방방법이 없을까 하여 알아보니 감기는 환절기에 많이 오며 심신이 피로할 때나 불결함을 해결하지 않을 때, 또 유행성 바이러스가 성행할 때 많이 온다고 한다.

그러나 그것은 인간에게만 있는 것은 아니고, 동식물에게도 있다.

한의학에서는 상한(傷寒)이라 하는데 몸이 춥거나, 얼거나 상하거나 하면 온다 하고 양의학에선 건강이 나빠질 때, 즉 과로·과음·과식상태이거나 바이러스가 활동하기 좋은 기후·온도·장소에 가면 묻어온다고도 한다.

통로는 코·입·손끝에 달라붙었다가 약한 부위로 침투하게 되는데 코로는 재채기와 더불어 콧물이 나오게 하고, 입으로는 기침과 더불어 목젖, 기관지를 상하게 하며 일반적으로 소화불량과 몸살, 설사까지 동반하는 경우가 있다.

나무도 보면 겨울에 잎이 얼고 심하면 가지도 얼어 해를 입는 일이 있는데 이것도 감기의 일종이다. 그러나 추위에도 견디는 침엽수 등은 두꺼운 옷(잎)이므로 이것을 예방한다고 하며 이것이 방한(防寒)의 역할을 한다고 한다.

그러나 사람은 추위만 피해서도 안 되고 피로나 불결예방, 또 과로, 과식, 사람이 운집하는 곳, 환자들이 드러나는 곳 등은 피해야 하지만 요즘에 사람들과 접촉하지 않고 격리된 곳에서 생활할 수 있을까?

더욱이 조금만 이상해도 약방이요, 병원이요 하며 환자들이 모이는 곳을 드나들어야 하는 생활이라면 예방은 처음부터 어렵다. 그런 사람들이 아기를 안아 주고 뽀뽀를 한다면 아기도 무방비 상태다.

그래서 우리는 예방을 발생원으로부터 풀어 보는 지혜에 접근해야 겠다. 발생원인은 서두에 이야기했으니, 그런 일과 그런 곳을 피하려 노력하는 것이어야겠으나, 가령 몸은 늘 활동하니까 체력·기력이 비축되어 있어야 하고 아무리 많은 에너지를 신체가 요구하더라도 비축한 것이 다 소모되어 부족한 상태가 되어서는 안 되겠다는 것이다.

다시 말해 덥다고 갑자기 서늘한 곳만 찾는 일이라든지, 춥다고 따뜻한 곳만 찾으므로 생리현상, 신진대사에 저해가 되는 행동, 즉 게으르거나 반대로 과한 소모현상을 가져오면 '상한'의 원인이며 바이러스의 온상이 될 수 있다.

그래서 약도 예방적 투여를 위해서라면 몰라도 걸린 후에 아무리 애를 써도 어렵다. 그래서 아기를 위해 생활습관을 달리하고 감염 루트를 차단하는 엄마, 아빠의 노력만이 예방의 지혜라고 할 수 있다.

그리고 목감기는 목 안이 추위에 상한 것이라 하고 코감기는 콧속이 추위에 상한 것이라고 표현할 수 있는데 이것을 예방하는 방법은 평소의 건강, 즉 컨디션이라고 할 수 있다.

아무리 독한 균과 얼어붙은 추위라도 건강하면 바이러스는 쳐들어오지 못하는 법임을 알고 무리하지 않는 습관을 기르도록 해야겠다. 무리는 금물이다.

'아기의 컨디션이 좋은가? 과식하지는 않았는가? 짜증내는 일 없는가?' 등에 신경 쓰며 온도변화에 잘 대처하는가를 알아차리면 웬만한 감기는 극복할 수 있다고 한다.

그러나 알레르기성 기관지는 곰팡이 같은 것이 원인일 수도 있으니 '아스페르질루스' 같은 포자의 번식이나 봄에 나부끼는 버드나무씨 꽃가루도 주의하며 또 꽃향기를 맡는다고 너무 가까이 가는 것 등은 피해야 할 것이다.

위암과 방부제 든 음식물

서울대병원 제2진료 김 부원장이 '히포크라테스의 광장'이라는 글에서 지적한 것을 보니 우리나라가 세계 1~2위의 위암 발생률을 갖고 있으며 그 원인은 방부제가 든 음식물 때문이라는 것이다.

우리 일상생활의 음식물 속에는 숱한 방부제가 판을 치며 그중에서도 '니트르소' 화합물이 가장 많다. 이 화합물이 위 속의 세균에 의해 환원되고 '아민'이라는 물질과 결합해 '니트로사인'이라는 강력한 발암물질로 바뀌면 '암'을 발생시키는데 이 무서운 실험을 흰 쥐에 조금씩 40주 정도 투입했더니 쥐는 위(胃)에 선택적으로 암을 일으킬 수 있다고 했다.

이런 연구결과를 바탕으로 미국은 제2차 세계대전 전후를 통해서 암 발생률을 급격히 저하시켰고 일본도 1980년대 후반부터 감소추세에 들어갔다는 것이다.

물론 그 이유와 병행해서 냉장고 보급률이 늘었고 거기에 신선한 음식물을 보관할 수 있었던 이유도 설득력을 발휘한다는 것이었다.

그러나 우리는 어떤가? 아직도 인스턴트, 패스트푸드, 캔제품 등에 방부제가 사라지고 있는지 의심스러우며 특히 유아용 제품을 갓 조제한 것, 신선한 것으로 하고 있다는데, 궁금하다.

물론 대개의 제품 생산업자들이 알아서 하겠지만 여하튼 방부제 문제는 각별히 신경 쓸 문제에 속한다.

덧붙여서 세계적으로 위암 발생률이 높은 민족인 한국, 일본, 칠레 등의 식성을 살펴보면 대체적으로 짜게 먹는데 이 짠 소금에도 암의 주범인 '니트로사민'이 적지 않게 들어 있다는 것이다.

그래서 짜게 먹는 우리에게 위암 발생률이 왜 높은지도 알게 되었고 그러나 과식하지 않기 운동으로 앞으로는 발생률의 감소를 가져 올 것이라는 학계의 보고도 있었다.

그러면서도 한편 오랜 식습관이 하루아침에 바뀔 수도 없을 것이고 주부 되시는 엄마들의 지혜를 발휘하여 조금씩 싱거운 맛을 익히게 하는 것이 건강을 위한 길이라 본다.

그래야 점점 좋아질 것이 아니냐는 의견도 있는 것을 보면 문제는 그런 것을 알았다고 갑자기 서두르면 맛이 없다느니 맛이 왜 이러냐는 등 반대 의견도 나올 수 있다는 데서 그러기 전에 내용을 이야기하며 서로의 의견을 접근시키는 자세 또한 중요하다 하겠다.

그 내용물 대치물의 선택에서 혹이라도 부족을 느끼거나 맛이 없게 하지 않는 데 있다. 만약에 맛이 없으면 그건 실패작이요, 그전 그 맛을 그리워할 테니까 말이다.

단, 한 가지 방부제가 든 음식물은 사지 않으면 되니 쉽겠지만, 일일이 다듬거나 손질해야 하는 음식물은 조금 시간이 걸린다 하더라도 싱싱한 것, 건강에 이로운 것이라는 점에서 크게 도움이 발견되니 가급적 가능한 것부터 하나씩 개선하는 노력이 요청된다고 하겠다.
조그만 노력으로 위암을 예방할 수 있다면 어찌 피할 것인가?

문제된 인공수정

'93년 벽두부터 일부 의학계는 인공수정 파문이 확산되어 가임여성이나 엄마들의 눈살을 찌푸리게 하는 보도가 연일 계속됐다.

그것은 시술 전 확인해야 할 안전도검사, 즉 혈액, 간검사나 AIDS 검사 등이 표면적으로 지적됐지만 실제로 중요한 것은 한 사람의 정자가 수십 명에게 또는 수백 명에게까지 주입되고 있다는 점이다.

차후의 근친결혼을 예방한다는 의미로 최대 10명 미만으로만 한정한다는 미국의 경우에서도 문제를 일으킨 일이 있었는데 우리는 이 문제를 어떻게 마무리 지을 수 있을까 하는 데 관심이 집중된다.

당국에서는 불임클리닉의 파행운영과 책임과 고발까지 서두르고 있으나 그보다 이것은 차츰 더 큰 문제를 야기할 소지를 안고 있으니 동물실험도 아닌 이 문제는 자연적·섭리적 방법으로 귀의코자 하는 요구에 쐬기를 박는 또 하나의 몽류병적 의료행위라 하지 않을 수 없다.

여기서 잠깐 살펴보더라도 현재 임신 중인 사람이 이 사실을 알았으니 어찌할까도 문제지만 어려운 시술을 받았을 상태인데 그렇다고 당장 중절을 할 수도 안 할 수도 없으며, 또 기분 나쁜 감정을 억누르지 못할 때 태아에게 미치는 영향도 문제가 된다. 엄마의 정신적·심리적 문제가 아기의 인성·심성에 미치는 영향을 간과할 수 없기 때문이다.

미국에서도 이런 아기를 낳았으나 키우기가 싫어 육아기관에 양육 포기 각서를 쓰면서까지 버리듯 맡겼지만 그 후에 가끔 생각이 나다가 종국에는 길에 가는 애들을 보면 불현듯 생각이 나 반미치광이가 된 소식도 들은 우리로서 그런 일이 발생하면 어찌하나 걱정되며 그 애가 자란 후에라도 '누구는 누구의 씨란다'라는 소문이 그 아이의 마음을 아프게 해 정신적으로 착란현상까지 일으킨 여러 사례를 알고 있다면 적이 염려된다.

그러지 않아도 그런 기사라면 쫓아가 헤치는 매스컴 기사들을 보면 앞으로 이 일은 쉽사리 잠재워질 일이 아니다.

더욱이 아기의 성씨를 누구 것으로 할 것인지의 문제, 나중에 자기 아기라고 주장했을 때의 법적인 문제, 그것의 도덕적, 사회적 친인척 문제, 또 다음에는 있을 수도 있는 형제, 남매간의 혈통문제 아버지가 같은 남매끼리의 결혼, 이혼 시 아기의 법적인 문제 등 많은 문제가 연결의 고리를 갖는다.

그래서 이 문제는 처음부터 철저했어야 했다. 그러나 이제 와서 어쩌자는 건지 AIDS 시험을 안 했다는 것 정도로 법의 적용을 해서 되겠는지 심히 유감이다.

그것은 법을 다루는 사람들의 소관사항이지만 생명을 다루는 사회 규범 속에서 부부, 부모, 친인척 사이의 문제나 사회의 혼란상을 어떻게 보완할 수 있을지 염려되며 계속 문제로 돌변할 소지가 남게 될 것을 의심치 않는다.

그러므로 이 행위는 단순한 불임을 해결하는 차원이 아닌 전통과 관습의 체계와 변화에 미치는 영향과 잘못된 문화 창조라는 멍에까지 걸머지게 될 엄청난 행위로 분석되어야 할 일로 초점이 맞춰져야 된다고 본다.

그간의 인공임신 성공률을 보더라도 우리나라 보사부는 잦은 인공임신 사고를 줄이려 불임클리닉을 대상으로 조사한 결과 착상률에 있어서도 9%밖에 안 되는 것을 20% 이상이라도 과장선전을 일삼았다고 지적하고 시술을 통해 아기를 가질 수 있는 최종확률도 5~6% 밖에 되지 않는다고 '93년 2월 6일 확인했다.

5%라면 100명을 시술했을 때 5명밖에 안 됐다는 의미인데 이렇게 적은 확률에도 응해야 하는지 의심되며 이것은 25개의 유명병원 불임클리닉의 실태로서 그들은 시술 전 사전검사를 이행하지 않은 것은 물론이요, 성공률도 아직 미약한 것을 과대포장하여 많은 불임부부들을 낙담케 했을 것이니 의료인들의 각성이 요청된다.

더욱이 장부를 조작하거나 한 점에서도 생명의 존엄성을 무시한 듯한 처사는 다른 의료인들의 명예마저 실추시키는 결과로서 인책되어야 할 것이 요구되며 불임부부들의 불신임도 면치 못한 것으로 보인다.

이렇게 되니 자연임신, 자연분만하여 아기엄마가 된 여러분은 얼마나 행복하실까에 대해 칭찬을 아끼고 싶지 않으며 혹이라도 이런 문제로 고민하는 분이 주변에 있으면 자신의 방법 경험담 등을 이야기해 주므로 인공임신의 피해에서 벗어날 수 있게끔 해 주면 좋겠다.

이렇게 쉬운 일도 모르면 그렇게 어려워지는 것을 볼 때 태교책은 작은 도움으로 큰 기쁨을 주는 방향타 역할이라는 생각이 든다.

약물로 아들, 딸 골라 낳아?

　성공률 70~80%요, 시술비는 우리나라 돈으로 200만 원 선이라고 광고를 냈더니 불임 여성들이 몰려와 파문을 일으켰다는 영국의 '런던 젠더 클리닉'이 화제의 대상이 되었는데 거기에는 한국인 '류 박사'도 끼어 있어 관심을 끌었다.

　사실상 이것은 '신의 섭리'나 '자연의 섭리'에 위배되는 '인간 제조술'이 아니냐고 윤리성이 논란되기도 하고, 얼핏 섬뜩한 느낌마저 드는 자웅 창조술이라는 데에 재고의 여지는 있다.

　그러나 불임의 고통을 극복하기엔 너무 어려움이 있다는 여성들에겐 어떤 복음같이 여겨지는지 구름 떼같이 몰렸다 해서 과연 어떤 것인지 알아보기로 했다.

　그것은 '생리학적 약물요법'을 이용해 성별을 선택적으로 한다는 것이다. 그러나 원하는 아기를 갖기 위해서는 가임부의 체질별 체크를 임신 전에 보통 4~5회씩 시술을 거쳐야 한다고 했고, 80~90%의 성공률이니 만약에 원하는 대로 되지 않았다 해도 중절은 하지 않겠다는 서약이 전제된단다.

그러나 각계의 비판적 견해는 선별임신의 기술적 문제와 실패 시의 중절 등을 막을 장치가 없다는 등 심각성을 더한다고 초점이 모아진다.

낙태 반대운동 단체에서는 '인간 탄생을 마치 상품 생산하듯' 하는 연구를 비난했고, 이에 반해 류 박사도 조건부 서약을 한 것이므로 오히려 현행 낙태가 법적으로 허용되는 것에 의해 더 나은 방법이 아니겠느냐고 반박했다니 어느 쪽 의견이 더 옳은 건지 모르겠다. 얼핏 코에 걸면 코걸이요, 귀에 걸면 귀걸이라는 '이언령비언령'같이도 느껴진다.

다만 우리의 의견은 아무리 과학발전의 혜택을 누리고자 하는 사람이 있을지라도 인공적 임신 문제는 그간에도 여러 번 지적했듯이 어쩔 수 없는 사람에게는 몰라도 호기심을 갖지 말아야 할 것이 '인공배란촉진', '인공수정', '인공분만촉진', '인공분만' 등의 많은 것이 장점보다는 오히려 단점 지적이 컸다는 데서 재고의 여지를 두며 기왕이면 좀 더 완벽할 때까지의 연구에 두자는 것이다.

어떤 면에서는 좋을 수도 있는 이 연구가 아직 시험기간이라면 우리는 스스로가 시험의 대상이 되는 것을 원치 않는 것이다. 그것은 결코 바람직하지도, 그래야 할 필요도 없기 때문이다.

많은 결과에 보건대 정신적, 심리적으로 한번 잘못된 아기는 후에 문제가 연속적으로 다른 곳으로 연결되는 현상을 본 우리로서 쉽게 접근하기를 바랄 수는 없다.

아직도 연구는 연구요, 시술은 완벽하기를 바라는 이유는 임신이 인체의 어느 부분을 자르거나 도려내거나 하는 의술의 분야가 아닌

하나의 인간 전체, 즉 인간이라는 한 생명체를 탄생시키는 일이라는 데 있다.

　누구나 자기가 둘이 아닐진대 구태여 불확실한 결과의 대상물이 될 필요가 있을까 하는 것이며, 그러기보다는 동양적 방법에 접근해 볼 수도 있다는 정보를 드리고자 한다. 그것은 한방에도 몇 가지 방법이 있기 때문이다.

닌텐도 증후군

    아기 방에 컴퓨터나 TV 등 단말기를 두지 마라! 잠자는 동안에도 전자파는 흐른다. 전기용품, 전자파의 해(害)를 경고하는 이야기가 계속 나온다.

    그런데 요번에는 아이들의 장난감인 전자오락기가 광과민성 간질 같은 발작증세를 보여 엄마들을 놀라게 했다. 충격적인 이 소식은 외국에서 10여 년 전부터 염려된 전자파의 해독으로 이미 주의사항이 홍보되었으나 우리나라에서는 처음 발견되어 파문이 확산된 것이다.

    번쩍번쩍하는 빛의 자극으로 뇌파에 이상을 일으킬 수 있으며 재미에 열중하다가 갑자기 머리가 아파오며 "아무것도 보이지 않는다"고 소리치고 또 눈동자가 돌아가고 팔·다리가 뒤틀리는 현상, 혹은 거품을 무는 현상이 발작증세의 형태이다.

    마치 간질과 비슷하여 아이는 쓰러지고 온몸에 경련을 일으키기도 한다. 그러나 병원에 실려와 여러 가지 진단을 해 봐도, 과거 건강상태를 물어봐도 그 아이는 큰 병을 앓아 본 일도 집안에 간질기의 병력을 가진 사람도 없었다.

그것이 '닌텐도 증후군'으로 밝혀졌는데 이것은 전자오락기에서 발생하는 강력한 빛에 대한 뇌의 반사작용으로, 뇌는 좋지 않은 반응을 피하려는 속성의 일시적 비정상 반응을 일으킨 것이라는 판정을 내렸다.

물론 더 자세한 진찰결과가 나와야겠지만 국내의 각 종합병원에 이와 비슷한 사례가 매년 증가하고 있는바 이것은 적지 않은 걱정거리로 염려될 것은 확실하다.

한편 비디오게임 프로를 제작하는 일본 닌텐도 회사는 이것이 간질병과는 무관하다는 주장을 한다지만 전문가들의 견해는 이것이 직접적인 원인은 아닐지라도 간접 원인은 될 수 있으니 이런 것이 의심되는 아기들에겐 삼가도록 하는 것이 바람직하다고 말하고 몇 가지 요령을 내놓았는데 첫째, 한 시간 이상을 넘지 않도록 할 것, 둘째, 화면과의 거리를 3m 이상으로 할 것, 셋째, 보안경 등으로 빛의 자극을 줄이거나, 넷째, 단말기의 크기와 빛의 밝기를 줄일 것 등을 예방적 지혜로 하라 했다.

여하튼 이런 것은 충격적 소식이며 6~10세 된 소년들의 문제에 속하지만 각종 전자파에 대한 주의는 소홀할 수 없는 문명의 이기병으로 경각심을 불러일으킬 만하다.

요즘 직장에서는 남성이 여성에게 컴퓨터 칠 것을 부탁하면 "자신이 치시지요!" 하고 남성은 "요번에는 아들 하나 낳아야겠으니 좀 봐달라!" 하며 Y정자 보호를 말한다는데 우리도 우리 아기 보호를 위해 뭔가 확실히 해야 할 것 같다.

그것은 각종 단말기가 가정용화하여 아기도 거기에 노출될 염려가

다분히 있다는 데서 엄마들의 세심한 주의가 요구된다 하겠다.

그것은 전기밥솥, 다리미, 전자레인지, 오븐, 냉장고, 정전기를 일으키는 옷감 등 기타 생활용품이 모두 전기, 전자파와 연관되며 이것은 집안 곳곳에 있는 실정이니 작은 것이라도 우리 아기에겐 해가 되어서는 안 된다는 데서이다.

몰랐을 땐 평범히 지나칠 수 있는 것도 그 화가 밝혀지고 보면 그것은 우리 주변에 늘 잠복한 것이라니 우리는 생활주변을 자주 체크하며 살아야 할 것으로 주의를 환기시킨다.

다시 이런 기기를 전문적으로 연구하는 분의 의견을 다른 각도에서 조명해 보니 이런 증상은 여러 경우가 있는데 ① 반사성 반응이라 하여 발작증까지는 안 가더라도 특별한 일에 잘 반응하는 사람이 있다는 것이며, ② 반사성 발작이라 하여 미국에선 어느 아나운서의 목소리만 들어도 발작한다는 경우도 있으며, 또 교회의 오르간 연주자가 찬송가 어느 대목에선 꼭 발작을 일으키는 사람이 있었고, 여러 빛깔 중 유독 어떤 빛을 받았을 때는 발작하는 사람이 있다는 것으로 발작증을 여러 가지가 있을 수 있다고도 했다.

그뿐 아니라 미국에선 각종 단말기의 보급, 시청률이 높아서인지 '안구결손증' 환자가 3천만 명 정도가 된다는 것이다.

비디오 게임을 하는 어린이에게는 콜라나 사이다, 아이스크림 등을 주지 않는다. 그것은 적은 흥분제나 찬 것도 나쁘다는 데 있고, 가능하면 컬러TV보다 흑백TV로 바꾸는데 그것은 화려한 색깔에서 자극이 가중될 수 있다는 이유 때문이었다.

사실 나침반을 단말기 앞에 갖다 대 보면 막 흔들리고 동서남북의 방위가 이상해지는데 이렇듯 전자파는 인체의 신경계통에 큰 영향을 준다는 것이었다.

또 그것은 다른 각도에서 1981년 미국 MIT공대 그래그 교수가 정리한 내용에서도 비디오 게임의 경우 화면 중 어떤 일정한 모습이 1초에 반복해서 리듬을 만들면 그것에 뇌가 공명현상을 일으켜 곧바로 비디오 게임에 합류한다.

그것이 과부가 걸리면 라디오 다이얼이 안 맞은 것과 같게 되어 발작반응을 일으키게 된다고 했던 점 등이다.

또 1983년 유크 대학의 왓슨 교수도 인간의 뇌파에 4Hz짜리 전자기기를 접근시켜 공진을 하게 되면 심장이 불규칙하게 뛰고 심방이 혼란되며 혈당과 내분비선에 이상이 생기고 강한 스트레스와 압박감을 느끼게 된다고도 했다.

그러나 비디오 게임이 프로그램 내에 그림 작도상 8Hz(인간 뇌의 알파파 상태)를 만드는 경우에나 간질과 유사한 발작을 일으키는 것이라 하기도 했다.

따라서 유럽공동체(EU)에서도 제품의 8Hz를 조사 중이라 했다.

이상은 신생아, 유아에겐 직접 관계는 없겠지만 간접의 영향을 고려하여 참작의 의미는 있다고 본다.

그것은 요즘 어린이의 장난감도 기계화, 색상화하여 어느 정도 위험요소를 내포하고 있다는 데 세심한 주의를 요한다.

먹는 무좀약과 기형아

이것은 기왕에 아기를 출산한 엄마에게는 무용한 메시지라 할 수도 있겠으나 다음 동생을 볼 때 도움이 될까 해서 정보를 주는 것은 그것이 너무나도 큰 위험이기 때문이다.

별것 아닌 무좀약이 남성의 정자를 파괴할 수 있다는 것은 있을 수도 없는 일이지만 혹시라도 기형의 원인이 되어서는 안 되겠다는 생각에서다.

'93년 1월 보사부가 WHO의 통보에 따라 알려진 것으로 우리나라의 8개 제품이 7개 제약회사에서 나오는 것으로 알려졌는데 시판 중인 항생제(성분명: 그리세요플린 단일제재)가 동물 실험결과 태아에게 독성을 발휘해 기형을 일으킬 수 있는 것으로 밝혀졌는데 이것 말고 부작용이 우려되는 먹는 무좀약으로는 SP제약의 세모훌신 캡슐, HI제약의 풀지무 브이 정, S약품의 훌신포르테, DS제약의 그리세프풀린 정 및 캡슐, KW제약의 그리세프 풀린정, HS제약의 그리민정, HD약품의 훌비신정 등 8개 제품이다.

또 보사부는 기관지 천식, 두드러기, 멀미방지용 약으로 쓰이는 항히스타민제(성분명: 아스테미졸 및 함유제재)인 HY의 히스마날정과 히스마콜 캡슐의 경우 간기능 장애, 부정맥 환자들에게 쇼크를 일으킬 수 있다고 밝히고, 또 몇 개 회사에서 병원에 납품하고 있는 항암제(성분명: 카보플라틴 제재)는 심근경색, 뇌경색 등의 부작용을 지적하고 최면 안정제인 조피크톤은 건망증과 정신이 몽롱해지는 부작용이 있을 수 있고 정신 신경제인 페노치아진 제재는 모유에 전달되어 태아(신생아)에게 나쁜 영향을 줄 수 있는 것으로 WHO에서 통보받았다는 것이다.

한편 국내의 의약품 부작용 모니터링에서 고지혈증 치료제(성분명: 베자피브레이트)는 탈모증에, 진해 거담치료제(성분명: 소보레롤)는 피부 알레르기를 일으킬 우려가 있는 것으로 밝혀졌다고 보도됐다.

이렇듯 보사부는 이들 약품에 부작용 표기를 추가토록 지시하고 특히 먹는 무좀약에 대해서는 남자들이 약 복용 시 최소 6개월간은 피임하도록 주의를 당부하기도 했다.

그러나 이런 것을 모르고 그냥 남이 좋다니까 사 먹는다면 나중에 어려움이 있을 수 있으니 이 글을 읽는 분이라도 이 사실을 알고 또 다른 엄마들께도 전했으면 한다.

아쉽기는 일반적으로 약을 구입 시 약품명으로 구입한다는 것이 상례이니 앞으로 성분명에도 신경 써서 무지한 사람같이 화를 입어서는 안 되겠다는 의미다.

일단 결과가 잘못됐을 때는 돌이키지도 못하는 것이 생명이니 추호도 불행한 일이 없게끔 강조한다. 절대로 실수는 용납되지 않는다.

부모님이 깜빡, 아찔할 때

요사이 길을 가다가 순간적으로 깜빡하는 사람이 있다. 현기증을
일으킨 것도 아니요, 또 시력이 나빠진 것도 아닌데 가도 가도 시멘
트벽이요, 자신이 가고자 하는 곳이 나오지 않아 헤맨다. 혹이라도 늙
었다면 치매라는 병의 시초가 아닌가 하고 걱정할 만큼 이상한 현상
이 있단다.

어떤 분은 40대 여성으로 시장에 간다고 나섰는데 갑자기 이상해
서 보니 가던 길을 맴돌고 자신이 목적한 곳으로 가질 않고 어디로
가고 있는지 모르겠다며, 지나가는 사람을 붙잡고 "시장이 어느 쪽이
냐?"고 물었는데 그때 마침 경험이 있는 동네 아저씨를 만나게 됐고
그가 사이다를 사 주며 마시라고 해 쭉 들이켜고 나니 온몸이 시원해
지며 '아, 여기가 이웃동네 잡화상이구나' 하는 것을 느끼고 '오, 저기
차가 지나는구나' 하는 것을 알게 됐다고 한다.

또 어떤 분은 눈동자를 보며 소리를 질러 제정신이 돌아오게도 했
단다. 또 맑은 공기를 마시게 해 제정신이 들게도 한다.

이런 경우는 노부모나 노시부모를 모시고 살 때 알아 두어야 할 일로 서양 의학으로 생각하면 병원으로 모시고 가야겠다고 생각하겠지만 동양적 응급조치법에 이런 것이 있다는 것을 알아야겠다.

그것은 노인이 되고 또 몹시 피로를 느끼는 어느 순간 깜빡하는 일이 있다. 이럴 때 꼭 병원치료를 받아야 할 일은 아니고 민간요법으로 거뜬히 위급한 순간을 넘기는 방법은, 쉬는 것과 시원한 물을 마시라는 것임을 알아 두자. 이것은 일종의 허약현상 또는 직사광선의 잘못 쪼임이라는 현상이지 병적 현상이 아니다.

그것을 안 우리 선조들은 동양적 의술 차원에서 그에 맞는 응급조치법을 활용했으니 약리적 치료방법이 아닌 정신적·물리적 치료방법이었다는 데 현명함이 엿보인다.

인간의 신체는 신비하여 잠시 부분적 고장이 있을 수 있다 하더라도 이것을 제자리로 오게 하는 것은 경험의 바탕에서 오는 지혜 창출이지 공연히 병적 현상으로 치부할 필요는 없다 하겠다.

그 후 발생빈도나 근력의 나타남을 보고 전문의와 상담하는 것이 노인을 모신 사람의 지혜다.

이런 일은 남녀노소를 막론하고 있을 수 있다. 그러나 모두 무사한 것은 우리가 지혜롭게 대처하고 있다는 증거다. 그럼에도 불구하고 판단을 잘못하면 병자(환자)로 잘못 알 수가 있으니 알아 두면 좋겠다.

일반의 경우 이것을 빈혈이라고 자가처방을 내리고 보혈강장제를 복용하거나 주사를 맞아야 한다지만 실은 피가 부족하다기보다 요즘은 과다증상에서 오는 경우도 있다는 것으로 이 현상은 속 귀(耳)에 중심이 안 잡힐 때 또는 뇌로 가는 신경이 이완됐을 때 오는 현상일 수도, 피곤이 중첩됐을 때 일어나는 현상일 수도 있으니 예기치 않은

이런 경우를 만나면 병이라기보다 일시적 현상으로 보는 것이 타당
하며 곧장 약을 복용하거나 병원에 달려가진 않아도 된다.

　1차적으로 신선한 공기, 시원한 물로 정신적·심리적 안정을 취하
면 된다. 단, 이런 일이 자주 반복되면 의학적 처방을 받아야 된다고
의사는 말한다.

제9장

생활상식

한방요리와 음식궁합

　음식에도 궁합이 있다는 말과 전통음식을 잘 만들어 먹을 줄 알면 질병도 다스릴 수 있다는 말이 요즘 많이 나돌고 있어 우리를 기쁘게 한다.

　이것은 필자가 일찍부터 주장해 온 바요, 서구식을 즐기다 보니 오히려 건강을 해치고 있다는 이야기를 발전시킨 일이다.

　자연식·건강식 생활이 눈앞에 있는데 공연히 멀리 외국 것에서 찾으려 하지 말고 우리 주변에서도 쉽게 찾을 수 있다면 그것이 바로 사실과학이요, 생활과학 이야기가 아니냐는 것이다.

　'한방요리로 질병을 다스려?' 하고 의심을 갖는 분이 있을지 모르지만 여성들의 생리통에 가물치가 좋고 만성 위염을 앓는 분들에게는 들깨꽃이 효과적이요, 고혈압이 있는 분에게는 돼지콩팥을 볶아서 섭취해도 상당한 효험이 있다는 걸 아시는지?

　물론 병이 깊어진 환자에게는 다른 치료방법이 요구될지는 몰라도 그런 허약증 체질로 아직 크게 병을 앓는 상태가 아닐 때는 이런 방법으로 증세를 호전시킬 수 있다는 데 초점을 맞춘다.

이 외에도 여성들에게 많은 변비에는 살구씨를 죽으로 만들어 자주 섭취하면 자신도 모르는 사이에 변이 좋아진다.

조리법은 산앵두나무씨 20g, 새박뿌리 20g 정도를 닭국물 두 대접 되는 것에 넣고 끓인 다음 불린 쌀 한 줌 정도를 믹서에 넣고 이 국물과 같이 간 다음 다시 냄비에서 끓이며 살구씨가루 2스푼을 넣고 잣을 띄우고 간을 맞추어 복용하면 된다.

감기나 위통에는 묵은 생강을 소주에 저며 넣고 몇 개월쯤 지난 후 설탕물과 혼합한 것이 좋고, 빈혈에는 시금치 볶음을, 고혈압과 동맥경화증에는 양배추로 주스를 만들어 복용하면 좋고 당뇨병엔 당근주스를 만들어 복용하면 좋다는 발표가 있다.

그러나 질병 이전의 건강인에게는 궁합에 맞추어 음식을 섭취하면 맛도 좋고 영양도 좋아 건강에는 조화를 이룬다 하고 이것들은 보기 좋고 먹기 좋아 가히 건강식생활이라 할 수 있다고 했다.

그건 사실이겠으나 어떤 음식과 어떤 음식이 잘 맞을까 해서 찾아 보니 돼지고기에는 새우젓이 제격이요, 닭고기에는 인삼이 제격이라 했다. 돼지고기에는 지방과 콜레스테롤 성분이 있어 추울 때의 에너지원이 되며 비타민 B_1이나 F도 꽤 있어 여기에 단백질, 칼슘, 무기질이 풍부한 새우젓을 겸하면 지방의 분해효소 작용이 잘 되어 소화액의 분비가 증가해 소화에 도움을 준다는 것이며, 닭고기에 인삼을 넣는 것은 인삼이 비타민 B_1의 복합체이며 무기질이나 당질 말고도 20여 가지의 약리작용을 하는 성분이 산성인 닭고기와 잘 조화를 이룸으로써 더울 때 우리 몸에는 더없는 건강식이 된다고 설명하기도 한다.

그 외에도 불고기엔 들깻잎이나 상추를 곁들이면 필수 아미노산이나 비타민 C를 섭취하게 되어 좋다는 것이며, 북엇국에 미나리를 넣으므로 색의 조화나 고단백·저지방의 구수한 국물을 마실 수 있어 술을 많이 마신 다음 날 좋은 건강식이라 한다.

또 생선회를 먹을 때 생강을 넣으면 좋은데 생강은 쇼가올 성분이 있어 맵기는 하지만 여기엔 독특한 향기와 살균력이 있어 식중독을 예방할 수 있다는 것이 특징이다. 채친 생강과 함께 넣으면 비린내도 없애 주고 비브리오균을 퇴치해 장염을 예방할 수 있다.

그러나 오이와 무를 함께 섭취하면 비타민 C를 파괴해 오히려 나쁘며, 도토리묵을 먹은 후 후식으로 감을 드는 것은 탄닌 성분의 떫은맛이 증폭해 나쁘며, 토마토에 설탕을 가하면 비타민 B를 파괴하니 나쁘다.

이렇듯 음식에도 궁합을 잘 맞추면 좋고 섭취방법의 실수로 잘못하면 오히려 해가 될 수 있으니 주부로서의 자격은 상식으로나 가족의 건강을 위해 최소한 지식을 갖고 있어야 하는 것이라 생각된다.

시부오닝 건강과 체질의학

평상시에 음식을 골고루 잡수시는 것은 건강하시다는 증거다.

그러나 약간 신체의 어느 부위에 이상이 있는 분에게 어떤 음식을 준비할까 하고 고민할 때 요리책이 소용되지 않는다. 이런 때를 위해 몇 가지를 알아보니 과일, 채소는 어느 경우에도 좋지만 종류별로 분류해 보니 다음과 같이 나열된다.

· 당뇨: 콩, 사과, 요구르트, 우유
· 위암: 토마토, 가지, 양파, 호박, 옥수수, 상추
· 유방암: 황록색 과일이나 야채, 요구르트
· 췌장암: 인삼류나 감람나무 유(油)
· 방광암: 인삼, 배추, 우유, 브로콜리 등
· 순환계: 마늘, 생강, 버섯, 해초류, 등 푸른 생선
· 관절염: 정어리, 청어, 꽁치, 고등어
· 동맥경화 · 심장질환 예방: 녹차, 가지, 블루베리, 맥주 등
· 천식: 마늘, 양파, 고추, 겨자, 자극성 있는 것

•변비: 인삼, 팥, 콩, 보리, 사과, 배추, 해초류

•원기 부족: 새우, 게, 인삼차, 요구르트

•고혈압: 해초, 마늘, 콩, 우유, 녹차, 과일, 생선

•콜레스테롤: 인삼, 콩, 우유, 녹차, 과일, 생선

•저혈압: 포도주, 맥주, 양파, 육류, 상추

•설사: 꿀, 요구르트, 감, 보리, 밤

그러나 체질에 따라서는 약간 다를 수도 있다. 그것은 우리 체질이 약간씩 다르기 때문이다.

본인의 저서 태교 시리즈 3권의 사상체질(四象體質), 팔상의학(八象醫學)에서 보면 알 수 있듯이 소음인에게 태양인의 처방이 맞을 수 없고 태음인에게 소양인의 것이 잘 맞지 않는 다는 이치이니 몇 가지 중 시험적으로 해 보고 당사자가 좋다고 느낄 때 그것을 사용하는 것이 바람직하다.

그러나 최소한의 구분방법이라도 있어야겠다는 생각일 때 참고자료는 있어야 하지 않겠느냐는 입장에서 전문가들이 꼽은 것을 옮겼으니 조금은 도움이 될 줄 믿는다.

그런데 술을 좋아하시는 시부모님께 또는 남편에게 어떻게 하면 될까 하는 것을 살짝 알아본 결과 우선 술도 종류에 따라 체질에 맞는 것과 안 맞는 것이 있다 하고 또 안주도 구별되어야 한다는 연구가 나왔으니 알아보기로 한다.

이명복 박사의 팔상의학에서 보니(이것은 태교 시리즈 3권 『임신태교』에 그 방법을 옮긴 일이 있지만) 남편과 시부모님의 체질부터 쉽게 확인하는 방법은 다음과 같다.

1. 태양인: 왼손에 무를 쥐었을 때 오른손의 링이 벌어진다.

2. 소양인: 왼손에 감자를 쥐었을 때 오른손의 링이 벌어진다.

3. 태음인: 왼손에 당근을 쥐었을 때 오른손의 링이 떨어진다.

4. 소음인: 왼손에 오이를 쥐었을 때 오른손의 링이 떨어진다.

이상과 같이 체질을 먼저 확인한 후 시부모님 체질에 맞는 술과 안주를 알아보자.

1. 태양인

·태양인 Ⅰ형

－잘 맞는 술: 소주, 크라운 맥주, 국향, 오가피, 쌀막걸리, VIP 등

－잘 맞지 않는 술: 청하, OB맥주, 매취, 패스포드

－좋은 안주: 해물탕, 미역무침, 생선구이, 귤, 사과, 뿌리 없는 야채

－좋지 않은 안주: 불고기, 돼지고기, 잣, 은행, 도라지

·태양인 Ⅱ형

－잘 맞는 술: 소주, 크라운 맥주, 국향, 쌀막걸리, 보드카

－잘 맞지 않은 술: OB맥주, 청하, 조니워커, VIP, 썸씽 스페셜 등

－좋은 안주: 생선회, 낙지볶음, 오징어, 조개탕, 오이, 양배추

－좋지 않은 안주: 돼지갈비, 닭볶음탕, 튀김, 당근, 도라지, 인삼

2. 소양인

·소양인 Ⅰ형

－잘 맞는 술: 소주, 국향, 매취순, 쌀막걸리, 드라이진, 조니워커 등

－잘 맞지 않은 술: 청하, 패스포드, 다크호스, 시바스 리갈, 레미마

틴 등

−좋은 안주: 보쌈, 해물탕, 조개탕, 오이, 포도, 딸기 등

−좋지 않은 안주: 통닭, 닭볶음탕, 보신탕, 미역무침, 감자, 고구마, 오이 등

·소양인 Ⅱ형

−잘 맞는 술: 소주, 크라운 맥주, 고량주, 쌀막걸리, 조니워커 등

−잘 맞지 않은 술: 청하, OB맥주, 오가리, VIP, 썸씽 스페셜 등

−좋은 안주: 게찜, 국수전골, 해물탕, 대하구이, 오이, 당근, 보쌈 등

−좋지 않은 안주: 미역무침, 보신탕, 감자튀김, 닭고기, 사과, 귤, 인삼 등

3. 태음인

·태음인 Ⅰ형

−잘 맞는 술: 소주, 크라운 맥주, 국향, 고량주, 쌀막걸리, 조니 워커, 썸씽 스페셜 등

−잘 맞지 않은 술: 청하, OB맥주, 오가리, 매취순, 패스포드 등

−좋은 안주: 두부, 닭고기, 국수전골, 징기스칸, 도라지, 배추, 사과 등

−좋지 않은 안주: 해물탕, 오징어구이, 갈치구이, 메밀 등

·태양인 Ⅱ형

−잘 맞는 술: 소주, 국향, 크라운 맥주, 쌀막걸리 등.

−잘 맞지 않은 술: 청하, OB맥주, VIP, 시바스 리갈, 썸씽 스페셜 등

−좋은 안주: 국수전골, 두부무침, 잣, 은행, 호두, 무, 당근, 도라지 등

−좋지 않은 안주: 조개탕, 오징어, 불고기, 해물탕, 보쌈 등

4. 소음인

·소음인 Ⅰ형

－잘 맞는 술: 소주, 크라운 맥주, 고량주, 쌀막걸리, 조니워커, VIP, 썸씽 스페셜 등

－잘 맞지 않은 술: 맥주, 청하, 오가피, 패스포드, 다크호스, 시바스 리갈 등

－좋은 안주: 닭고기 냉채, 보신탕, 닭찜, 감자튀김, 토마토, 인삼 등

－좋지 않은 안주: 돼지갈비, 게, 새우, 바나나, 오이 등

·소음인 Ⅱ형

－잘 맞는 술: 소주, 국향, 쌀막걸리, 고량주, 조니워커, 패스포드 등

－잘 맞지 않은 술: 맥주, 청하, VIP, 시바스 리갈, 썸씽 스페셜 등

－좋은 안주: 보신탕, 미역무침, 김구이, 감자튀김, 복숭아, 토마토 등

－좋지 않은 안주: 돼지고기, 해물탕, 게, 새우, 굴 등

이상에서 보니 대체로 소주는 무난했고 맥주는 조금 나빴고, 안주에 있어 태양인에게는 불고기, 돼지갈비, 닭볶음탕, 육류 등이 좋지 않은 것으로 나타났다. 이것은 소양인에게도 거의 마찬가지여서 역시 육류는 조금씩 권하는 것이 좋겠고 비교적 해초류, 식물성에는 크게 거부가 없으므로 이쪽이 좋겠다.

또 태음인, 소음인의 경우도 닭고기 등이 들어 있기는 하지만 비교적 해물이 나쁘고 생채나 무침 쪽은 좋은 것으로 보아 이쪽의 것을 마련해서 권해 보는 것이 어떨까 한다.

그렇다고 이것이 얼마만큼 적중하는 것이냐는 것과 또 그것이 그때의 컨디션과는 아무런 관계가 없을까 하는 데 대해서는 언급이 없

는 것으로 아직 미진한 부분도 있어 계속 연구가 진행되어야 할 것이고 이만큼이라도 밝혀졌으니 많은 참고가 되길 바란다.

일본인 오오야마[大山] 씨는 약품이 그 환자에게 맞는가 안 맞는가를 체질의학으로 구별하고 있으나 우리는 음식으로 구분하고, 남성에게는 술로도 구분하게 했다.

여하튼 이 체질의학은 병이나 약이 자기 자신에게 어떻게 작용할까를 알고 사용하는 분석적, 지성적 효험이 충분히 입증된 생활철학으로 알아 둠이 좋겠다.

그 외에도 노인들의 평생건강을 위해 체크해 주는 시스템이 개설되고 있고 이것은 성인병 건강을 위해 절차가 간편한 프로그램으로 운영된다니 회원으로 가입시켜 드려 어려움 없는 노후를 유지시켜 드리는 일도 좋겠다. 이미 선진국에선 '메덱스 시스템'이라 하여 널리 보급되고 있다고도 한다.

새로운 유아용품

요즘은 유아를 위한 연구도 대단해서 소리 나는 장난감, 흔들리는 의자, 구르는 침대(자동차), 움직이는 동물인형, 깨지지 않는 소도구, 모형 TV, 이야기 그림책, 다양한 벽걸이, 가볍고 폭신한 의복, 업거나 안아 줄 때 쓰는 멜빵, 태교음악이 나오는 우유병, 육아태교식 셈놀이 등 다양하다.

그런데 불란서에서 인기 있다는 자동차식 침대는 바퀴가 달려 구르게 되어 있으며 모형도 좋아 많은 엄마들의 환심을 끌고 있단다.

그뿐 아니라 머리만 잘 쓰면 얼마든지 새로운 것을 개발할 수 있는 산업시대에 사는 우리로서는 아이디어 경쟁을 해 볼 만도 하다.

크리스마스카드나 생일축하 카드도 인형이 툭 튀어나오는 것이 있다. 폐품을 활용한 꽃꽂이, 종이접기, 가위로 자른 데커레이션 등도 있고 잡지책이나 달력에서 나온 좋은 그림첩 등도 엄마의 노력만 있으면 얼마든지 아기의 눈을 뜨게 할 자료가 될 수 있다.

생산업자는 아이디어 상품을 만들어 팔지만 엄마는 뛰어난 기지를 발휘해 아기를 기쁘게 또 영특하게 하는 방법이 있을 수 있다.

가끔 시골에 가 보면 많지 않은 장난감, 지혜를 발달시킬 도구 자료들이 마련되어 있지 않은 것을 볼 때 도시에 사는 엄마들은 그래도 낫다. 그러나 같은 서울에 살아도 재치 있는 엄마와 재치가 모자라는 엄마 사이에는 지도방법이 다를 것이며 그것은 돈으로 사는 것에만 있지 않고 자신의 지혜에 달렸다는 것을 일깨우고 싶다.

서울에서도 어떤 엄마는 부러지거나 망가지면 곧장 버리지만 어떤 엄마는 그것들을 다른 각도로 활용하는 방안을 마련하고 아빠나 아기를 기쁘게 해 주는 것으로 알뜰하고 풍요로움을 발견하게 되니 금전·물질만능 시대의 생활상에서 벗어나 실제로 보람 있는 교육을 하게 되기를 바란다.

인간의 머리는 무한대이다. 뇌의 1/3만 써도 영재에 속한다는데, 머리는 안 쓰고 몸으로 감정으로 사는 이들을 보면 뭔가 측은한 생각이 든다는 말을 들으며 여러분은 '참 멋있다', '배울 게 많다'는 어머니상을 만드시면 어떠할까요. 기저귀도 손수 만들어 보고 아기 옷도 손수 만들거나 고쳐 보고 해서 그것을 아기나 아빠가 엄마의 체온(체취)을 느끼게 하게끔 할 때 그것은 여러분이 돈을 벌어서 돈으로 해결하려는 마음보다 값질 것을 믿어 의심치 않는다.

하나를 보면 열을 안다는 일이식백(一而識百)의 중국태교의 한 토막을 인용하며 여러분도 새로운 유아용품 하나를 만들며 여러분의 아이디어가 꽃피기를 기대해 본다.

태줄이 끊어졌다고

출산하면 당연히 탯줄을 자른다. 그러나 그랬다고 모자의 유대도 자르는 것일까? 이 연구가 미국에서 행해진다.

동물(거북이) 실험 또는 아기가 7~8세까지 자라는 동안의 여러 인간실험을 해 봐도 모자관계는 영원하여 설혹 헤어지는 경우에라도 모자는 끈끈한 연결고리로 이어져 있다는 것이 밝혀졌다.

아기를 남에게 맡긴 어떤 엄마는 자다가도 꿈에 보이며, 또 어느 엄마는 길에 가다가 애들을 보면 문득 버린 아기 생각이 나고 가슴에 멍이 든다. 망각이라는 기능이 있기에 망정이지 만약 그런 것이 없었으면 생을 유지하지도 못했을 것이라는 정신분석의 연구도 있다.

물론 6·25와 같은 전쟁, 천재지변과 같은 어쩔 수 없었던 상황도 있었다. 그건 뼈아픈 일이었지만 그렇지 않은 여하한 상황이라도 그것을 뭐라 설명할 수 있을지가 궁금하다.

어떤 폭력에 의한 경우였더라도 그렇지만 이유 있는 미혼모나 일시적 충동에서 저질러진 기구한 운명의 인간은 아예 태어나지 않은 것만 못하다. 그러나 어찌하랴! 그것은 신의 섭리에서 일어난 기구함이니 그렇다고 생명에 대한 무관심으로 발생한 저주스러운 행동의 잔영이 정신착란으로 이어져서는 안 된다는 의미에서도 그것은 갈라지지 않는 모자의 유대에 경종을 울린다. 이런 것을 입증하는 거북이 실험은 만 리나 떨어진 태평양 상에서 자신의 새끼가 죽임을 당할 때 어미의 뇌파가 뛰는 것을 발견했던 것이며, 인간의 모유도 돈을 받고 먹이는 유모의 젖이 진짜는 자기 아기에게 물렸을 때 전달되더라는 옛이야기에서 입증되듯 모자의 유대는 탯줄이 끊어졌다고 끊어지는 것이 아니라는 데 의미를 발견한다.

다만 엄마가 미워하면 아기도 엄마젖을 안 먹더라는 임상실험이 있었지만 그 결과는 후에 자기에게도 같은 결과가 돌아왔다고 보고되었다.

생명은 신비하고 오묘한 것이므로 우리는 육아하는 데도 정성으로 하게 되기를 빈다.

그것은 정성을 쏟은 만큼 그 결과도 좋은 것이기 때문이다.

아기가 자라서 어찌 될 거냐 하는 것은 완전히 엄마의 손에 달린 것, 엄마의 정성은 헛된 것이 아니라는 데 공감하기 때문이다.

탯줄이 태내에서 필요하듯 태어나서도 아기는 엄마의 마음이 필요하며 그것이 잘 투영되면 아기는 더 바랄 것이 없으니 자신 있고 떳떳한 아기로 자라게 하기를 비는 마음이다.

성모 마리아의 육아 때 관심사

마리아는 성령으로 잉태하셨기에 우리 범인과는 다른 임신을 하셨다.

그러나 출산된 예수는 인간과 다름없는 성장 단계를 거치셨다. 단지 그의 생각, 그의 행동이 범인과는 다른 것이었음을 우리는 믿는다.

그런데 성모 마리아는 육아에 남다른 점이 없었을까 하고 많은 학자들이 관심을 쏟아 보니 여기에도 남다른 면이 발견됐다. 그러나 그것을 일일이 다 옮길 수는 없고, 특징적·교훈적 입장에서 발췌해 옮겨 보면, 성모 마리아는 어린 예수를 지켜보며 그의 언행에 있어서도 민감하게 파악했다는 기록이 있다. 어린 예수는 선지자 메시아의 말씀을 듣고 기억하는 데도 남다른 일면이 있었지만 이런 어린 예수의 행동에 관심을 기울이며 특이한 면을 찾아내고 그의 뜻이 무엇인가에 대해서도 한 점 놓치지를 않았단다.

그래서 그런 일을 제자에게 바로 전해 주시기도 하고 또 그가 하고자 하는 일에 매치되는 일을 하지 않으려 노력했다는 말이 전해지기도 하지만 어린이를 키우는 여러분에게도 이 말이 갖는 의미가 무엇인지 전하고 싶다.

자칫 우리는 신생아나 0세 아기를 아무것도 모르는 아기로 치부하는 일을 손쉽게 한다.

그러나 과연 그럴까? 과학자들이 말하듯 아직 미발달의 생명이지만 그의 능력은 과소평가할 수 없을 만한 것이라고 했듯 그 성장과정에 가해져야 할 엄마의 노력은 여러분의 역량이라는 데에 소홀할 수 없다.

잠을 잘 때도 이따금 무엇을 연상하는지 꿈을 꾸는지 버둥대며 응얼대는 것을 보며 예전 할머니들은 그것을 '배냇짓'이라고 하셨지만 현대 심리학자들은 잠재의식의 발현 등으로 표현하고 있다. 태내에서 있었던 어떤 의식의 연상이나 현실세계에서의 감각적 반응이라 한다면 아기가 받았던 어떤 영향과의 연관이냐 하는 데의 관심은 여러분의 것이어야 한다.

오직 엄마만이 그 역할의 주인임을 알고 찾아냈으면 한다.

영재를 만드느냐 천재의 소질을 발견하느냐는 문제는 차후로 미루더라도 최소한 그것이 어떤 것이냐 하는 데까지는 가야 훌륭한 엄마로서 책임을 다하는 일이라는 것을 암시하며 그렇게 할 때에만 아기도 모자의 유대가 독실해진다는 것을 일깨우고 싶다.

그것은 관심이며 파악이며 이해이며 탯줄이 끊어진 이후에도 계속되는 관계라고 말한다.

탁아기관의 장단점

우리가 탁아기관을 이용하는 것은 그곳이 복지기관이거나 과학적 육아기관이란 생각에서 또는 육아전문 봉사기관 같은 생각이 들어서 찾고 있다. 물론 그런 의미의 곳도 있을 것이다.

그러나 현행 탁아기관이란 왕왕 사업행위를 하는 곳이란 면에서 크게 어긋나지 않기 때문에 재고의 여지가 크다. 경영상의 문제 때문에 그렇지 않을 수도 없지만 대부분의 탁아소는 생모가 아기를 돌봐 주는 일, 친할머니가 봐 주는 일과는 인성발달, 심성발달에 크게 다를 것이란 의미를 잊어서는 안 된다.

사회주의 국가에서는 일찍부터 사상을 심어 주기 위해 시작되었고 엄마는 합동농장, 공동사업장에서 일을 해야겠기에 이런 기구설치가 요구됐지만 자유경쟁 체제의 민주국가 사회에서는 더욱이 발전하는 국제사회 시대를 지향하는 자본주의 사회에서는 국제경쟁에서 이길 수 있는 인간 특수한 재능을 성숙시키기 위해서도 독자적인 품성이나 기질의 발전을 시킨다는 면에서 집단생활이나 이른 조기교육은 생각해 봐야 할 일이라 하고 있다.

요즘 문제되고 있는 어린이의 정서장애나 다음 단계에 돌입하면 하기 싫어 한다는 조기교육 또는 이기주의 외톨이가 되어 간다는 여러 가지 문제들이 아동 성장발달에 적절치 않은 엄마들의 욕구에 기인하고 있다는 것을 생각할 때 이제부터라도 우리는 그 시기에 맞는 방법에 대해 귀 기울여야 할 것으로 안다.

직장문제 때문에 혹은 바빠서 할 수 없는 경우라 하더라도 내 아기 탁아는 친할머니나 엄마를 대신할 수 있을 만큼 충분한 분에게 부탁하여 성격형성에 문제를 일으키지 않을 방법을 택하는 것 등은 대단히 중요한 일이라 할 것이다.

어느 엄마는 차후에 문제를 발견하고 이것을 고쳐 주느라 애를 먹고 있다 하며 어느 엄마는 고쳐 줄 방법을 찾지 못해 우왕좌왕한다는 말을 듣고 이것은 원천적 예방이 필요하다는 데 공감한다.

탁아사업이 이 시대 필요한 사람들에겐 편리한 이용의 가치는 있겠지만 불투명한 영특성만 남는 일이 될 수도 있다는 면에서 시간, 정도 그리고 방법에 대해 알아보고 할 일임을 강조한다.

아기는 엄마의 품을 그리워하고 태내에 있을 때 받은 영향에는 익숙하지만 새로운 환경, 새로운 영향에는 어리둥절할 수도 있다. 그럴 때는 그것이 긍정적으로 받아들여지면 좋지만, 부정적 영역으로 치달으면 엄청난 궤도수정을 요구하게도 되니 신생아가 태아같이 아무것도 쓰이지 않은 흑판에 글씨를 쓰는 것, 그림을 그리는 것이란 생각에는 동조할 수 없다.

그 아기가 타고난 성품, 기질, 재능에 맞지 않는 것은 그 아기에게 좋은 지도가 될 수 없음을 전제할 때 탁아도 마구하는 입장에서 좋은 방향으로 전환하는 지혜는 필요한 충분조건임을 알아야겠다.

놀이는 즐거운 배움이요, 가르침이라 할 수는 있겠지만 알맞은 놀이와 그 아기에게 맞는 가르침이 필요한 것이다.

분유제조 회사와 제조정지 처분

1992년 12월 10일자 각 일간신문을 보면, 우리나라에선 제일이라
는 분유회사 세 군데에 보사부에서 제조정지 처분 또는 23개 품목 제
조정지라는 큰 타이틀 기사가 실렸다.

이럴 수가 있을까 하여 내용을 살펴보니 『조선일보』 기사를 보면
남양분유에는 항생물질을 넣어 제조했기 때문에, 또 매일분유에서는
유통기한을 늘려 표시했다는 이유로, 그리고 파스퇴르는 첨가물을 속
여 판매했기 때문이라는 부타이틀 기사가 있었고 『한겨레신문』에는
남양, 매일, 파스퇴르가 각각 항생물질 원유 사용, 표시사항 거짓 기
재라 했고 『중앙일보』는 9일자에서 성분, 유통기한 허위표시로 처분
이라 쓰였다.

그 외 신문에서도 밝혔겠지만 제조정지 기간이 최고 37일까지로
되어 있는 것으로 보아 금번 보사부 엄벌은 단호했던가 보다. 여기서
돌이켜보면 이 문제는 근래에 와서 급격히 증가한 이유만은 아니다.

오래전부터 문제를 발견하기는 했으나 개선 지시에 따른 대안에도

문제는 있어 끌어오다가 이제는 본격적으로 철퇴를 가한 것이라 여겨지기도 하고 실제로 과포장·과선전이 빚은 많은 문제점을 이제라도 바로잡아야겠다는 차원이라 느껴져 우리는 고맙게 여긴다.

그것은 모유 수유와 우유 수유의 차이에서뿐만 아니라 분만 시의 문제, 육아 시의 문제에 이르기까지 다양하게 아기에게 미치는 영향에서이다.

영양이 아니라 영향에 대해서 우리는 선진국 사람답게 판단할 줄 아는 엄마가 되어야 한다는 데서다.

얼핏 세상이 변하고 생활습관이 달라졌다고들 하지만 근원적 잘잘못은 모르고 '아이들이 왜 이래'라든지 '키우기가 어렵다'라든지 하는 엄마들을 보며 "그 원인을 생각해 보았는지"라는 질문을 하게 되며 '편하게 키우고', 또 훌륭한 엄마, 행복한 엄마가 되기 위해서는 우유와 모유의 차이 정도는 알아야지 그냥 그런대로, 생각대로만 하는 무식한 지식인은 되지 말아야 할 것이 아니냐는 데로 의견을 접근시킨다.

어찌 지성이 있다는 현대 여성이 광고에나 눈을 돌리고 선전문구에만 현혹되는지 지성을 의심받게 한다. 그러고도 뭐 할 말이 있겠느냐고 꾸지람하는 교육자들의 말씀을 대입시키며 이제는 제발 대우를 받으려면 지성인답게 이성으로 행동하기를 권한다.

다른 장에서도 언급했듯이 그것이 고학력일수록 심했다는 통계는 우리를 슬프게 했고 우리 사회를 멍들게 했었던 일을 생각하며 조그만 근거 제시가 여러분의 의구심을 풀 수 있게 되기를 바란다.

병원에 입원하는 아기들의 순위를 보아도 모유 수유의 경우는 0.4%에 불과하나 모유, 우유 혼용의 경우는 8%로 늘고 우유만 먹인 아기에 있어서는 24%라는 선까지 크게 느는 현상을 뭐라고 설명할 것인가? 그래도 우유 수유를 고집할 생각인지 잘 알아 하길 바란다.

또 어느 신문에선 모유 아기보다 우유 아기의 폐렴 발생확률이 높다고 발표한 일 등 많은 발표가 쏟아지는데 엄마의 의견은 어떤지 묻고 싶어진다.

아기 엄마와 모유문제는 이처럼 중요하기에 거듭 지적하게 되는 것을 이해 바라며 태교도 생활과학이라는 차원이기 때문에 강조하는 것이다.

알뜰한 엄마들

물질만능, 금전만능 시대가 변하여 절약과 재활용시대가 열린다.

일찍부터 독일인은 성냥 한 개비를 쓰더라도 두 사람 이상 모여야 사용하므로 '라인 강의 기적을 이루었다'는 이야기를 알고 있지만 그간 우리는 너무나 물건의 풍요로움 속에 파묻혀 새것만 좋아하는 낭비풍조가 인간성마저 좀먹을 뻔했다.

그러나 요즘 엄마들은 정신을 차리기 시작해 바꿔 입기, 고쳐 입기 등 헌 옷도 재활용하는 운동이 일고, 싫으면 싼값이라도 받고 파는 알뜰시장을 열므로 건전한 생활풍토롤 더불어 사는 사회를 만들어 간다는 데 칭찬을 아낄 수 없다.

그렇다. 실은 우리도 '한강의 기적'을 만든 사람들이 아닌가. 남들이 부러워하는 경제기적을 이룩했었다. 그럼에도 불구하고 일부의 몰지각한 사람들의 몽유병적 형태로 발전을 멈추고 경제는 뒷걸음질쳐 '그럼 그렇지 한국인이 뭐 그리 대단한 민족이라고'라는 평과 '네마리 용 중 지렁이로 몰락한 나라'라는 쓴 약을 마셔야 하는 국민이 되고 말았으니 다시 정신을 차리자.

어떤 엄마는 아빠가 입던 남성복을 고쳐 입어 많은 사람들의 눈길을 모았고 어느 분은 무늬가 있는 남편의 윗옷에 금속단추를 두 줄로 달아 더블재킷으로, 바짓단을 접어 올리고 허리를 줄이는 등 약간씩 고쳐서 최신유행의 여성복으로 바꾸어 박수를 받았단다. 또 무늬가 있는 여름 한복은 홈웨어나 원피스로 고칠 수도 실밥을 뜯어내면 치마 하나가 원피스감이 된다는 활용성도 보였다고 한다. 그뿐 아니라 상보, 이불보, 아기 옷도 헌옷 재활용의 소품전에 등장했다.

여성들은 습관적으로 '자기는 옷이 하나도 없다'고들 하지만 어느 가정이나 집에 가 보면 옷을 잔뜩 쌓아 두고도 활용하기 싫어서 그런다는 핀잔과 알뜰한 사람만이 가정을 풍요롭게 하는 지혜임을 역설하기도 했다.

여기서 재미있는 말은 '나에게 못 쓸 헌옷이지만 남에게 가면 쓸만한 옷이 될 수도 있다'는 것이다. 경험 있는 어머니들의 좋은 조언이기도 했다.

그래서인지 요즘 혼기 여성들의 혼수에 재봉틀이 들어간다는 이야기를 들으며 이제야 우리도 정신을 차리기 시작했나 보다고 느껴질 때가 한두 번이 아니다.

미국의 젊은 여성들의 사고도 '무조건 벌어 본때 있게 쓴다'는 풍습으로부터 '덜 벌어도 고쳐 입으며 편안하고 화목하게 살고 싶다'는 쪽으로 바뀌고 있다는데 어느새 우리도 그렇게 하게 된 것을 보니 기쁘다.

모쪼록 어머니들의 깨달음이 이 나라를 구하는 길이 되길 바라는 것은 역사에서도 보듯 나라를 구한 모세의 어머니가 훌륭했고 이스라엘을 구한 것도 주이시 마더들의 지혜라 하고, 전쟁 패망국 일본을 구한 것도 어머니들, 여자들의 노력이 숨어 있고, 사실 그간 우리나라도 여러 번의 어려움이 있었으나 이렇게 발전이 되게 한 데는 어머니들의 숨은 공도 빠뜨릴 수 없을 것이다. 몇 사람의 잘못으로 찌들어가는 우리 가정, 우리 사회를 일으키는 데 다시 한번 지혜와 알뜰함을 발휘해 보자.

　장한 우리 엄마들 '세계는 남성이 지배해도 그 남성을 지배하는' 엄마들인데 허리띠를 동여맨다니 우리는 기대한다. 얼마 후 다시 일어설 것을 기대해 의심치 않는다.

말은 '의사의 표현이다' 또는 '감정의 표현이다'라고 약술해 본다. 그러나 그렇게 단순하게 정의를 내리기엔 너무나도 위력이 있는 것이 말이다.

말을 잘하면 '천 냥 빚을 갚을 수도', 또 잘못하면 '뺨이 석 대일 수도' 있다는 옛말을 생각하면 말이 생활을 부드럽게 또 험악한 분위기의 주인이 될 수도 있다는 면에서 중요성을 지닌다.

말을 잘하는 것은 웅변가요, 정치가요, 또 교단에서 가르치는 사람의 책무 같은 의미도 내포하지만 탤런트, 배우들도 직업상 말을 잘해야 하는 것으로 되어 있다.

그런데 이 말이 갖는 의미를 가정으로 끌어들여 부부간의 대화 또는 부모와 자식 간의 대화로 장을 펼쳐 보면 또 하나의 의미를 발견할 수 있다.

어느 가정은 화목하고 어느 가정은 불목한가에 대하여 또 어느 가정은 행복하고 불행한가에 대하여 말의 구사방법, 의사표현과 연결시키며 돈이 많고 적음과 관계없이 명예가 높고 낮음과 관계없이 말이 갖는 의미는 말의 요술성과 무관하지 않다.

출근하는 남편에게 "여보, 쌀독에 쌀이 한 말밖에 남지 않았어요" 하며 마음에 부담을 주는 부인이 있는 반면, "쌀독에 쌀이 아직 한 말이나 남아 있어요" 하는 말은 같은 말이지만 얼굴표정, 악센트, 행동요령에서 어떤 때는 불유쾌, 불안, 스트레스까지 발생시킬 요물이라는 데 놀란다.

그까짓 쌀이 조금 있거나 많이 있거나 뭐 그리 큰 문제가 될 것도 없지만, 그 말은 인간을 구속하고 얽매고 짓누를 수도 있다면, 그건 정신적·심리적 불건강을 일으킬 요소로 둔갑할 수 있다는 데서 문제는 발생한다.

어느 학자는 이것을 '병리현상', 표현의 '폭력현상'이라 하기도 한다.

자신의 편안함을 위한 상대방 끌어들이기 또 자신의 부족을 커버하기 위한 상대방의 약점공략이라 하기도 하는데 중요한 것은 이 말이 맺은 결과론에서 과연 어떠했을까이다.

얼마든지 좋은 말이 있고 용기를 북돋우는 말, 희망을 주는 말이 있는데 하필 기분 나쁜 말, 심정이 상하는 말, 발걸음을 무겁게 하는 말로써 하루를 망치려는지 이건 주부들이 좀 더 이성적이 되어야 할 과제라 하지 않을 수 없다.

한 알의 씨앗을 뿌리면 많은 열매가 맺듯 한마디의 말이 여러 결과의 원인이 될 수도 있다면 좋은 결실을 맺을 말은 어떠한 것일까? 과연 우리는 그것을 위해 노력하고 있는가 생각할 때 불행한 가정, 불목하는 가정은 거의 돈이나 의식주 문제보다 오히려 말이 갖는 의미의 요술적 산수를 잘 풀어야 한다는 데 초점을 맞춘다.

세상에 부담스러운 말, 나쁜 말을 하려거든 그것이 잘 소화될 수 있는 시간대를 가려서 하는 것이 효과적이다. 그렇지 않고 때 없이 장소를 가리지 않고 하는 말이란 언제나 화근이 된다는 것을 알아야겠다.

'말이 요물이야', '요 주둥이 때문에' 하는 말은 말을 잘못 해 놓고 후회하는 변명이지 잘하고서야 그런 말이 소용이 될까. 더욱이 할 말을 참다가 난데없이 밑도 끝도 없는 말을 하며 분위기를 파탄 내는 사람, 옥타브가 높은 말을 하여 듣는 데 거부감이 생기는 말도 있으니 우리 엄마들은 이런 데 유념해야 할 것 같다.

그러나 잘하는 사람의 경우에서 "너무 걱정 마세요", "내가 방법을 구해 볼 테니" 한다든지, "그 문제는 이렇게 해결하기로 했어요" 해서 남편이 오히려 책임감을 느껴 잘하려 했다면, 그 집 분위기는 돈으로 살 수 없는 화목이 잘 유지되는 가정이 될 것이다.

예부터 침묵은 '금'이요, 말 잘하는 것은 '은'이라 했지만 그것도 현대의 의미로 풀어 보면 오죽 말을 잘못해 아주 안 하는 것이 더 낫다고 했겠는가라고 해석되고 말 잘한다는 뜻도 조잘대니까 값어치가 없다는 것이지 좋은 말로 분위기를 살리는 슬기로운 말을 놓고 평가한 것은 아니라는 의미로 해석되기도 한다.

'말로써 말 많으니 말을 말까 하노라'라는 옛 시인의 말풀이도 말이 와전되거나 곡해를 일으켜 화를 자초한다는 의미이지 참으로 말을 잘하면 온화하고 부드럽고 몰랐던 것을 풀어 주어 이해하는 분위기가 된다는 것에 지혜의 샘이 기대된다.

말은 자신의 의사요, 마음이다. 그러니 사정으로 연결하지 말고 상대방 입장을 이해하는 쪽으로 몰아 보자. 남편이 되건 시부모가 되시건 친구건, 직장에서건 말을 잘하면 칭찬을 받지 욕이 되지는 않는다.

다만, 요사스럽거나 저만 잘난 체하는 말, 험담, 간계, 훼방, 반토막말 등의 말은 삼가고 칭찬, 이해, 협조 등의 말이 가치를 지니는 것이니 이를 생활화하자.

말이 풍성한 것과 말 많은 것이 다르듯 악센트가 맞지 않는 말과 속도에서 또 허망한 말과 이치에 맞는 말에서 점잖은 말 쓸 때와 재미있는 말 쓸 때 또는 어떤 문제가 나왔을 때, 직업상 컨디션에 따른 변화에서 달라질 수 있는 것을 용해할 준비를 하며 하는 말일 때 말은 가치를 갖게 될 것이다.

부부가 티격태격하는 것, 고부간 갈등도 자세히 분석해 보면 말이 화근이 된다. 고분고분한 말도 제 성격대로, 감정대로 한다면 그것을 좋아할 사람, 그리 많지 않다. 그러나 인간이 제 각각 다르더라도 함께 모여 살 수 있는 것은 말이 해결사의 역할을 하기 때문이다.

굉장히 화가 난 사람이라도 말 한마디에 얼음이 녹듯 풀어지는 것을 알 것이다. 그러나 그렇지 못하면 돌같이 딴딴해지니 어느 것이 더 좋은가? 선후를 가리고 결과를 감안해 말 잘하는 방법을 찾자.

말이란 굴러다니면 천하게 되지만 잘 간수했다가 필요할 때 적절히 잘 쓰면 금은보화에 비교할 정도가 아니다.

여러분도 남편이 "사랑해"라고 해 주면 기쁘다는 것은 자주 이야기되는 것이지만 그런 말 한마디가 나오게 한 것도 여러분의 노력의 소산이었다면 두 번이고 열 번이고 나오게 하는 것은 분위기를 만드는 말에서 기인하는 것이었음도 의심의 여지가 없다.

말 한마디가 사람을 죽일 수도 살릴 수도 있다는 현실에서 말의 중요성을 절감하며 인식의 전환이나 다짐의 계기가 되시길 빈다.

말의 성찬에서 나쁜 것을 골라 보라면 줏대 없는 거짓말, 속이는 말, 덮어씌우는 말, 비방, 왜곡된 말, 필요 없는 말, 속 빈 강정 같은 말, 뜬구름 잡는 말, 곧장 탄로 날 말, 쓸모없는 말, 남을 해치는 말, 감정이 상하게 하는 말, 화가 나게 하는 말, 속상하게 하는 말, 삘이 꼬이는 말, 신경질적인 말, 눈살을 찌푸리게 하는 말, 고함, 비명, 남을 탓하는 말, 비유하는 말, 제 주제파악도 못 하는 말……

좋게는 진실된 말, 금언이 되는 말, 항상 기억되게 하는 말, 굳은 약속의 말, 지키려는 말, 은은히 속삭이는 말, 인자한 말, 잘못을 덮어주는 말, 시원스러운 말, 이해가 잘 되게 하는 말, 겸손한 말, 존경어 등이 있다.

그러나 이해상관이 없는 말은 무해무득이라 할 수 있고 용두사미의 말은 애당초 할 필요도 없으며, 자기주장만 앞세우면 파장을 겪게 되기 쉽고 남의 약점을 들추거나 공격했을 때는 늘 반격의 크기가 어떨 것이냐에 대비하지 않으면 안 되니 좋은 분위기를 원한다면 상대방의 장점을 끌어내는 데 있음을 잊지 말자.

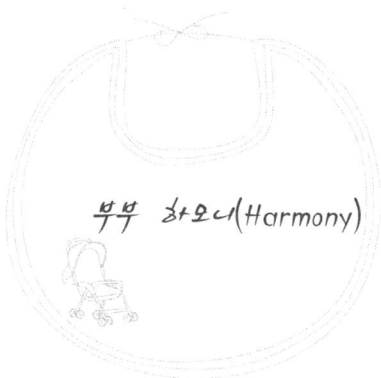

부부 하모니(Harmony)

부부는 일찍이 의견을 맞추는 연습을 하자. '부부는 일심동체다'라는 말은 결혼식 때 주례사에서 으레 나오는 말이다. 그러나 생활하며 생기는 서로의 의견대립은 가급적 속히 의견을 일치시키지 않으면 안 될 것이 이것은 왕왕 부부에게서 나타나는 현상으로 서로 의견이 다른 건 당연한 일이지만, 어떻게든 의견을 맞추려 노력하지 않는 한 부부의 의견은 달라 심해지면 마찰의 원인이 되기도 한다.

그런 것을 발전의 단계로 보는 측이 있는가 하면 이기주의, 자기 위주가 과하면 갈라설 수밖에 없는 관계로 보는 측도 없지 않다.

선인들의 경우에서도 제각기 살아온 양식이 다른 두 사람이 마음을 맞추며 산다는 것이 쉽지 않아 한쪽이 다른 한쪽에 맞추려 하는 풍습을 가진 우리로서 시대의 변화를 이유로 현대는 그렇게 할 수 없다 할지라도 기왕에 행복하기 위해 정한 배필이라면 의견을 맞추려 노력하지 않고는 두고두고 불화, 마찰, 싸움의 원인이 되는 것을 어찌하랴!

그건 나만 그런 것이 아니라 모든 부부가 다 그런 것이니, 내가 행복하기 위해서라면 의견을 맞추려 노력하는 것보다 더 나은 방법은 없다. 따라서 충돌은 말하는 형식에서, 생각하는 방향에서, 입장 차이에서 오는 것이므로 그것을 한쪽으로 맞추면 마찰이 화합으로 변할 것이니 이해가 되도록 조용한 말로 이야기해 보며, 서로 의견이 다를 때 법원의 판사는 어떻게 조정할까를 생각하고, 한발짝 뒤로 물러서서 상대방을 이해하려 노력하자.

무조건 자기 의견을 앞세우다 보면 의견은 충돌로 돌진하고 급기야는 서로가 몰이해한다는 쪽으로 기울게 되고 심하면 고민에 빠져 대화단절까지 빚게 되니 이것을 슬기롭게 하기 위해 미리미리 방법을 찾는다면 극단적 상황은 피할 수 있을 것이라 여긴다.

서로를 위하고 보다 상대방을 이해하는 데서 의견이 접근하게 되는 것이다. 모쪼록 양보의 미덕에 앞장서도록 하자.

부부는 말맞추기, 의견 맞추기, 자기의견 내세우기나 상대방 의견을 꺾는 것은 마찰이다.

마찰은 불신을 낳고 불신은 상대방으로부터 좋은 말, 사랑스러운 말을 들을 기회를 상실하고 만다.

기회는 늘 있는 것 같지만 내 것으로 만들지 못하는 한 허망한 것만을 남길 뿐 좋은 결실을 거두지 못한다.

우리는 되도록 양보와 의견일치를 함으로 티격태격하지 않는 분위기 조성에 힘쓰자.

좋은 분위기를 조성하면 사소한 일은 사소한 대로, 그리고 안 맞는 의견도 쉽게 맞추어지게 되리라.

언어는 부드러운 것을 골라 쓰며 되도록 고음은 피하며, 나지막하게 포근하게 그리고 알맞게 하라. 장단이 안 맞으면 뒤틀리기 쉽다.

뒤틀리기 전에 좋은 쪽을 포착하라.

아기에 대한 문제에 대하여 말할 때는 남편은 비교적 무심하여 잘 모른다. 이해할 수 있도록 접근시키며 알려 줘야 한다.

덮어 놓고 잘하기를 기대한다든가 잘못했다고 핀잔을 주면 아기 돌보기를 기피하게 될지도 모른다.

남편이 친정부모 형제를 대할 때에 대한 것으로, 생일·축일·기일을 잘 기억하지 못하면 아내가 기억을 했다가 전해줌으로써 잘못을 미연에 방지하는 것도 한 방법이다.

어떤 사람은 기억 못한다고 꼬투리를 잡으려 하지만 그것보다 남편이 잘하는 사람으로 만드는 것이 으뜸 아내가 할 일이다.

호칭에 대하여

현대는 쉽고 편하게 산다. 또는 적당히 아무렇게나 호칭을 부를 수도 있다.

그러나 호칭은 인간관계를 부드럽게 편안하게 하는 처세술이기도 하다. 늘 쓰는 호칭이지만 잘못되었을 때는 오히려 화를 내게 하거나 거북살스럽고 어색한 분위기를 만드는 수가 있으니 무리 없는 호칭으로 어려움 겪는 일이 없도록 하기 위해 몇 가지를 알아보자.

◎ 여러분은 이제 아기를 낳은 입장이라는 것을 전제하고 보면,

· 어른들 앞에서 남편을 칭할 때: ○○아빠, 애비가 좋고, 우리 아빠는 안 됨(우리 아빠라면 나를 낳아 주신 분을 칭하는 것이다).

· 초면인 사람 앞에서는: 제 남편, 우리 남편

· 남편의 형님은(남에게 말할 땐): 아주버님, 시숙

· 아직 미혼인 시동생에게는: 도련님, 삼촌

· 결혼한 시동생에게는: 서방님

· 손위 시누이를 부를 때는: 누님, 언니, 형님

• 손아래 시누이에게는: 아씨, 작은 아씨

• 시아버님의 형제, 남매는: 시숙부님, 큰아버님, 시고모님 등

• 시어머님의 형제(남매): 시이모님, 시외삼촌 등

◎ 남편이 처가댁 식구들을 칭할 때

• 어른들 앞에서: 제 장인, 장모님(빙장어른, 빙모님)

• 동료나 상사 앞에서 부인 호칭은: 우리 집사람, 제 안사람, 제 처, 내 아내

• 처의 언니나 동생은: 처형, 처제

• 처의 오빠나 남동생은: 처남(큰, 작은)

• 자기보다 연령이 위인 처남에게는: 형님

◎ 친정 오빠나 남동생이 자기 남편을 부를 때

• 보통 매부. 지방에 따라 매형, 매제

• 나이 많은 오빠는 자네, ○○서방

이렇게 호칭을 잘하여 귀여움이나 칭찬받는 며느리가 되어야겠다. 예절 바르다는 말이 다름 아닌 상대방 지칭을 잘하는 것부터라 생각하고 호칭을 제대로 사용하도록 하자.

높임 말씨에 대하여

요즘 사람들은 되는 대로 말하다가 갑자기 어른들 앞에서 말하라
면 잘 안 되는 부분을 지적해 보면,

- 저의 시어머님께서 '이렇게 하라고 하셨다'를 '이렇게 하시라고
  했다'는 잘못된 것(앞뒤가 바뀜). '이렇게 하시라고 하셨다'도 잘
  못된 것(바보 같은 존칭)
- 우리 남편이(그이가) '그러던데'를 '그러시던데'는 잘못된 것(아랫
  사람에게는 된다)
- TV에서 '그러던데'를 '그러시던데'는 잘못된 것(여러 계층의 연령
  이 모였을 때)
- 어른 앞에서는 남편 높이는 말을 잘못된 것이다. 자기 말을 높여도
  잘못된 것이다. 어른 앞에서는 어른 말씀을 높여야 되는 것이다.
- 시댁어른 말씀을 친정 부모님께 할 때는 '시어머님이 그러라고 하
  시던데요'가 맞다. '시어머님이 그러시라고 하더라', '시어머님이
  그러시라고 하시더라'는 모두 틀린다.

•친정 부모님 말씀을 시댁에서 할 때도 '친정어머님이 그러라고 하
시던데요'가 맞고, '친정어머님이 그러시라고 하시더라'는 틀리다.

존칭어를 잘 쓰면 잘 배운 사람으로 대우받고 칭찬받지만, 잘못 쓰
면 집안어른들을 욕되게 한다. 존칭은 상대방을 높이며 자신을 낮추
는 데 매력이 있다.

우리나라 말은 형용사뿐만 아니라 존칭어가 많이 있어 아름답다.
그런데 그것을 잘못 쓰면 오히려 바보 같아진다.

또 강한 악센트의 접미어는 상스럽고 배우지 못한 것 같은 인상을
준다. 말끝이나 중간에 '○○인데↗', '○○니까↗', '○○○같아요'
등의 말이 아무리 유행한다 해도 이런 말을 시댁 어른들 앞에서 하면
욕먹거나 눈살 찌푸리게 된다.

TV에서도 점잖은 분위기에서는 이런 표현을 안 쓴다.

'○○데'는 '○○데요'로, '까'는 '까요'로 '같아요'는 주관적으로,
즉 '좋은 것 같아요'는 '좋아요'로 빨갛다, 검다 등 자기 의견을 분명
하게 말하자.

네 발 달린 짐승 소화불량 없다

이 말은 제목만 보아도 흥미롭고 관심이 간다. 왜 그럴까? 그렇다면 인간도 기어 다니면 그럴까 하고 생각해 보지만 어이없는 소리다.

인간은 만물의 영장이요, 진화를 거듭하며 머리를 쓰며 두 발로 걷게 되었는데 그것을 '소화'라는 문제 때문에 다시 네 발로 걸을 수는 없다.

그러면 어째서 소화불량이 자꾸 있어 우리를 괴롭히는가 하고 생각할 때, 그것은 많은 생각을 하다 보니 스트레스가 쌓이기 때문이 아닌가 하게 되고 만약 그렇다면 우리는 소화불량의 문제가 아닌 스트레스를 해소하는 방법을 고려해야 하지 않을까 생각된다.

그러면서도 그것뿐만은 아닐 것이니 다음 문제에도 귀 기울여야 한다.

기왕에 왕성한 사람들의 스트레스는 당연한 것이니 제쳐 놓는다 치더라도 어린 아기의 경우의 스트레스는 거의 엄마로부터임과 그 외의 경우도 엄마가 원인제공자로 부가됨을 빠뜨릴 수 없는 것이 괴롭다.

대개의 경우 엄마는 아기에게 심혈을 기울이지만 탈이 났을 때 보면 엄마의 작은 실수나 소홀에서 연유하는데, 바이러스성이나 외적인 문제를 제외하고서라도 아기의 컨디션에 맞추지 못한 경우, 과식이나 부주의, 불결 등도 빼놓지 못할 요인이 되는 것을 잊을 수 없다.

바이러스성에도 세심한 주의를 했으면 어느 정도는 예방할 수 있고 외적인 문제인 이물질, 온도, 부패 등에도 문제는 발생할 수 있으니 아기 컨디션을 제대로 파악하지 못했다면 그것을 잘했다 할 수 없다. 더욱이 많이 먹여 둔다고 조금 많이 먹인 것이 과식이 됐을 경우에도 적당한 운동과 소화를 촉진할 놀이 등으로 잘 넘기면 괜찮다. 그러나 바쁘다 보니 아기에게 신경을 덜 써서 생긴 일이라면 원인은 엄마에게로 돌아온다.

그래서 엄마들은 늘 체크하고 돌봐 주어야 하는 무거운 짐을 진다.

동물의 생태계를 보더라도 어미는 새끼가 독립적 생을 누릴 때까지 한시도 감시를 게을리하지 않는다 하며 물고기도 마찬가지이니 만약 잠시라도 새끼에게 소홀할 때 새끼는 적에게 먹히는 밥이 되는 것을 보면 인간은 다행히 그렇지는 않더라도 탈의 원인이 되어 괴로운 일이 안 되게 하기 위해 잠시도 소홀하지 말자.

그런데 네 발 달린 짐승은 어째서 소화불량이 없을까? 그들은 장기가 옆으로 있어서일까 하고 풀어 보지만, 그것은 오히려 적당히 먹고 잘 운동하는 데 있는 것이라니 우리도 참작의 여지가 있을 것이다.

겨울을 나기 위해 뱀이나 개구리들은 영양을 잔뜩 축적하고 동면을 할 때는 모르지만 그렇지 않은 계절에는 양껏 먹고 나머지는 저장해 두었다가 다시 먹는 것을 보면 동물의 자연법칙은 삼가는 데 있는 것 같기도 하다.

엄마는 알아서 먹이고 탈이 안 나게 먹이는 것이 엄마의 지혜지 아기들의 지혜라 할 수는 없지만 우리 아기의 식습관도 처음엔 엄마가 만드는 것이니까 시작 때 이 이치를 깨달아 잘하자는 의미로 비유·설명한 것이다.

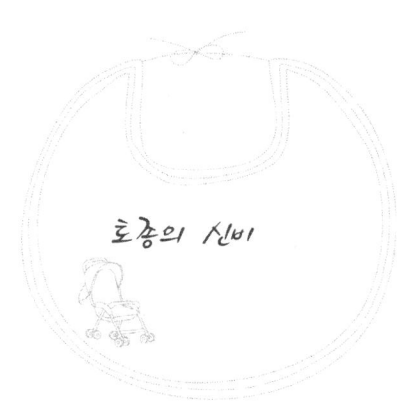

토종의 신비

요즘 농산물 개방이다 UR이다 하여 국적도 모호하고 약효도, 맛도 없는 외국과일, 산나물, 뿌리, 식용동물들이 들어와 우리 건강을 위협하고 있다.

계절이 아닌 때 들여온 호주산, 중국산, 미국산에서는 농약이 3~5배 발견되고 흑염소라고 이름한 중국산 염소는 약효가 없는 것이었으며 미국산 옥수수나 밀에서는 농약이, 북미산 녹용, 녹각도 우리 토종에 비하여 아무 쓸모없는 것이었다. 중국산 인삼이라는 것도 고사리, 도라지, 조기, 대추, 호두, 잣, 밤도 모양만 같지 맛과 효능에 있어서는 토종에 비교가 안 됐다.

그래도 가격이 저렴해서 구입한다는 주부들의 말은 이해하지만 참으로 내 아기, 우리 가족의 건강을 지키려면 토종의 신비함에 눈떠야 할 것 같다.

얼마 전에 검은 닭의 약효능이 발표되더니 요번에는 인삼뿌리를 사료로 먹인 닭이 나은 알이 냄새도 안 나고 맛좋다는 것이 발표됐고 냄새 없는 마늘이 특허를 따 내고, 쑥을 먹여 키운 쑥닭이 있고 닭도 붉은 토종닭이 맛과 영양 면에서 다르다는 것을 밝혔다. 오리도 유황을 먹여 키우니 암치료에 탁월하다는 연구가 나와 우리도 개량 농업, 개량축산을 하고 보니 토종의 신비가 새삼스럽게 알려진다.

인삼도 우리 것이 왜 그렇게 좋은지는 계속 밝혀지고 있지만 기후, 풍토가 다른 것은 과학으로도 해결하지 못하는 신비한 부분이며 더욱이 과일 같은 것은 제철에 난 싱싱한 것이 임산부 건강에 좋다는 말이 3권 『임신태교』에 들어갔을 만큼 중요하다. 그러니 귀여운 아기에게는 더 말할 나위가 없겠다.

그간에는 모르고 농약, 살충제를 썼기에 우리 것에 부정적 시각이 었지만, 그것은 두부에 석회·화학약품·응고제를, 콩나물에는 무슨 농약을 써서 키웠기에, 또 바나나는 카바이트로, 간장, 식초도 화공약품으로, 고춧가루는 씨를 물들여 팔았기에, 또 참기름, 벌꿀 등도 속여서 팔았기에 또 원양어업에서 들어온 동태, 오징어 맛이 달랐기에 생각되지만 이제는 우리 토종의 맛과 효능에 되돌아오고 있음을 느낀다.

그리고 보면 사실 우리는 우리 토종의 효능에 맛들이고 살아온 특수성이 있다. 그러면서도 요새 그것을 우리 시대 우리 입에 맞게 개량하고 있으니 역시 토종이 왕이라는 말이 나올 법도 하다.

앞으로는 엄마들도 이 점에 유의하여 우리 아기 입맛을 외국 것으로부터 되돌아오게 해야 하지 않을까 싶다.

요즘 '토종이 왕'이라는 유행어가 있다. 몸과 땅은 쪼개질 수 없다는 '신토불이'의 내 고향 특산물이 자연의 맛, 새로운 포장으로 우리들에게 선을 보이고 있어 이것들을 간추려 소개하면 다음과 같다.

경기도

· 강화의 인삼(수삼), 영지버섯, 도토리 가루

· 양평의 밤

· 가평의 잣

· 인진의 참깨

· 중부 서해 바다의 서산 김

강원도

· 홍천의 산나물, 취나물, 약대추

· 원주의 볶음피땅콩, 알땅콩, 치악산의 표고버섯, 건표고

· 횡성의 치악산 더덕, 토종꿀, 찰옥수수

· 영월의 칡녹말, 칡국수

· 춘천의 막국수, 칡차, 칡정

· 거진·고성의 고사리, 도토리 국수, 창란젓, 명란젓

· 명주의 마른 오징어, 자연산 돌김, 골뱅이, 꽁치, 토종꿀, 감자(고구마) 전분, 감로차

· 설악산의 표고버섯

· 양양의 산채, 양봉꿀

· 정선의 그림바위 한약재

· 양구의 양봉꿀

· 평창의 곡물가구

· 화천의 무공해 나물류

· 인제의 설악산 치커리, 쑥가루, 결명자, 옥수수쌀

충북

· 괴산의 전통참기름, 들기름, 영지특산물

· 제천 박달재 고춧가루

· 봉양 건채류

· 영동 상촌의 곶감, 호도, 건표고

· 보은의 대추

· 중원 천둥산 산나물

충남

· 대전의 영지, 영일엽환, 로열젤리

· 금산의 아카시아 벌꿀, 인삼차, 인삼농축액

· 연기의 황금알 대추

· 보령의 주포 김

· 당진의 석문 김

· 공주 신풍의 표고버섯, 영지버섯

· 부여의 홍삼타브렛, 홍삼정, 차(분)엑기스, 정환, 정

· 서산 간월도의 어리굴젓, 땅콩, 참깨

· 산의 대추

· 대안의 참기름

· 홍성의 오곡, 참깨

· 청양의 표고버섯, 구기자

· 예산 삽다리의 한과

· 천안 풍세의 호도, 영지버섯

· 서천의 장항쌀

전북

· 남원 동일의 토종꿀

· 지리산 뱀사골의 호도, 벌꿀, 한봉꿀

· 장수의 곱돌, 오미자

· 진안의 인삼, 표고

· 완주의 생강가루, 곶감, 고산대추

· 순창의 전통고추장, 장아찌

· 무주(구천동)의 호도, 오미자, 고사리

· 정읍의 대추, 숙지황, 참기름

· 부안의 메주

· 변산의 기장미역, 멸치액젓, 김

전남

· 여천의 돌산 갓김치

· 거문도의 건문어, 건새우

· 완도의 건어물

· 신안(흑산)의 건오징어

· 나주의 무공해 곡물

· 구례의 지리산 작설차, 산수유

· 화순의 동북마포, 영지

· 담양의 창평 쌀엿, 조청

· 해남의 좁쌀

경북

- 청송이 벌꿀, 건고추
- 영양의 고추
- 칠곡의 토종꿀
- 경산(봉화)의 대추
- 상주의 참기름
- 영주의 케일과립, 생국수
- 안동의 참깨

경남

- 거창의 봉밀, 한란
- 하동의 작설차, 녹차, 죽염
- 영풍의 취나물, 묵
- 함안의 곶감. 밀양의 단장대추
- 양산의 기장미역, 다시마
- 진양의 마, 산약
- 사천의 현미, 미숫가루, 개량메주, 율무영양차
- 산청의 토종꿀, 생초, 양봉꿀, 곶감, 작설차
- 통영의 맛고구마
- 거제의 표고

울릉도

- 울릉도의 취나물, 오징어, 호박엿, 천궁

제주도

· 제주의 띠지갑, 펑지갑, 접모자, 건더덕, 건도라지, 벌꿀, 옥돔

제10장

미풍양속

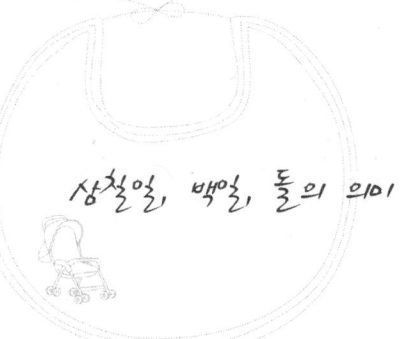

삼칠일, 백일, 돌의 의미

삼칠일의 의미

우리나라 육아풍습에서 삼칠일은 산모나 신생아에게 있어 회복과 무사건강에 상당히 과학적이었다고 한다.

삼칠일은 세이레요, 세이레를 잘 넘기면 사망, 질병, 항균에는 일단 고비를 넘긴 것이 되며 엄마도 2백여 마디뼈가 제법 자리를 잡는다 하여 건강이 회복될 것을 의미했다.

현대 같은 의학이 발달하지 못했던 예전엔 그때까지 배꼽의 화농성, 또는 태독 그리고 전염성 여러 질환에서 위험을 맞았던 일이 있었다. 그래서 그랬겠지만 이것은 현대에도 적용되는 것이 아기의 이목구비와 오장육부 등의 완벽한 기능은 이때쯤 되어야 안심할 만치 확인되며 아무리 건강한 엄마라도 이때까지 조리를 잘해야 후일 완전한 건강에 지장이 없다는 것으로 직장여성도 산후조리 휴가가 있는 것이다.

실제로 석 달 열흘, 즉 백일을 넘어야 한다고 되어 있지만 우선 세이레는 3단계의 고비 중 첫 단계를 통과한 것이니 일단은 안심해도 된다.

빙허각 이씨의 『규합총서』에도 보면 동자장수경에 유아의 단명 이유로 8가지가 있는데 이것들이 삼칠일, 백일 안에 일어날 수 있는 일로서 조심할 것을 나열하고 있다.

또 월력에서 첫 윤회일수 일주일을 삼세번 한 것이라는 점에서 우주원리를 생각할 때 최소한의 기간임을 무시하지 못한다.

아기를 낳았을 때는 외인출입을 막았는데 이만하면 반가운 방문객에게 인사하여 선보일 수 있지 않겠나 하는 동양의학, 역학의 판단이 곁들여 있음도 알 수 있다.

이런 것은 자신이 장차 살아갈 세상을 감지하는 단계적 프로그램이며 이때부터 아기는 청각, 미각, 촉각, 시각, 후각 등 오감을 작동시키게 되는 것이라 했다.

나라마다 다른 풍습이 있어 다양한 육아방법이 있지만 우리는 우리에게 맞는 방법이기 때문에 또 그 외 나쁜 점을 발견하지 못했으므로 부정하거나 고쳐야 할 이유는 없을 것이다.

차츰 좋은 연구가 나오면 가미하거나 첨가할 수도 있겠으나, 아직은 이것을 능가할 어떤 발표도 없으니 잘 지키는 것이 옳다 하겠다.

백일의 의미

삼칠일을 넘긴 산모는 조금씩 집안일도 하며 가벼운 외출도 할 수 있다. 그러나 아직 힘든 일, 어려운 일은 피해야 했는데 백일을 넘기면 골격, 근육, 식욕 등의 증진으로 건강은 상당히 회복된 것으로 본다.

1년 12달을 4계절로 나눌 때 석 달하고 열흘은 한 계절을 넘어 다른 계절로 바뀐 시기가 되며, 계산하면 두 계절을 산 셈이니 웬만한 일은 할 수 있는 시간이다.

예전에도 잘 먹으면 '백일산모'라 했듯이 잘 먹는 현대에 그 이상의 필요는 별개의 문제가 될 것 같다.

전엔 백일 된 아기에게 밥알 몇 개를 미역국에 말아 주었다는데 그것은 소화력을 인정해서 실시한 것이요, 장수건강을 자신하며 먹인 것이다. 이쯤 되면 상당히 건강해진 것은 확실하다.

그리고 백일에는 떡을 만들어 돌리기도 했으며 이 떡을 받은 집에선 보답하는 의미로 돈이나 실, 쌀 등으로 답례했고 이는 부귀, 영화와 건강, 장수를 빈다는 의미였다.

아기는 새 옷으로 단장하고 어른 무릎에 앉아 아직 익숙지 않은 손놀림으로 떡을 만지기도, 또 제 입에 넣으려고도 해 한바탕 웃음이 터지고 이것을 제지하느라 아기를 울리기도 하며 모인 가족들은 그날을 축복한다.

예전엔 백일을 잘 넘기지 못한 아기들이 백일해(100일 동안 기침하는 것) 같은 병을 얻어 고생도 하고 했지만 현대는 D.P.T. 접종으로 예방하므로 백일해를 염려할 필요는 없다.

생활이 풍부하고 살기 좋아진 시대의 젊은 부부들은 이날을 기념하기 위해 백일 사진을 비디오로 찍고 또 축하객들도 정성 어린 선물로 반지, 팔찌 등 다양한 선물로 축하하는 좋은 일면이 있기는 하지만 황금과 같이 오래오래 변하지 않고 부귀하라는 의미라면 몰라도 너무 사치에 몰리는 풍습은 우리의 미풍양속에 위배되는 일이라고 나무라기도 한다.

인간이 제일이지 물질에 예속되는 듯한 일은 삼가는 것이 좋겠다.

할머니, 할아버지나 가족, 친지들 품에 안기며 앞으로 있을지도 모를 낯가림 같은 것을 미연에 방지하고 사회라는 공동체 속에서 삶을 영위하는 모습을 어릴 적부터 익혀 익숙해져야 장래가 촉망된다며 이런 행사를 치르게 한 조상님들의 뜻을 잘 새겨야 할 것으로 여긴다.

방문객도 자신이 어떤 전염성 또는 바이러스성 질환이 있을 때는 아무리 아기가 건강해도 위험이 있음을 예견하고 참석을 피하는 미덕이 있었고 모인 친지들의 놀이도 아기가 피로하지 않도록 주의하는 예를 지켰다.

돌의 의미

돌은 4계절 365일을 완전히 한 바퀴를 돈 기쁜 기념일이다.

우리나라같이 사계가 뚜렷한 풍토에서 태어나 봄엔 꽃이 피고, 여름은 덥고, 가을엔 오곡이 무르익는 선들바람이, 겨울엔 눈이 산야를 하얗게 뒤덮는 추운 날씨들을 모두 경험하고 한 바퀴 되돌아온 날, 자신이 출생한 귀빠진 날이다.

햇볕이 쨍쨍한 날도 있었고 비바람 부는 날도 풍성한 황금들녘도 경험했을 것이다.

고장마다 조금씩은 다를지라도 인간이 살아갈 세상의 기후풍토와 변화가 어떤 것인지 경험했을 것이다. 지각적으로는 아닐지라도 감각적, 촉감적으로는 느낌을 받았을 것이다.

아무리 무한대 속의 우주라 할지라도 그런 4계절, 즉 365밤을 자고 나니 다른 한 해가 열리는구나 하는 것을 무의식 속의 의식인 영감으로나마 알게 됐을 것이다.

이젠 엄마도 완전회복이 되고 모든 일을 전과 같이 할 수 있게 됐다. 그래서 우리 조상님들은 이날을 큰 경사의 날로 맞이했다.

옛날엔 대역, 소역을 다 치른 날이라 하기도 하고 앞으로 있을 생애에 어려운 첫 번째 세 단계를 무사히 잘 넘긴 날이라 하기도 했다.

산모도 잘 못 먹으면 회복에 1년이 걸린다 했는데 아무리 어려운 살림을 하는 집안일지라도 이때쯤은 완전 회복된다고 해 이후는 모자가 공히 건강한 삶을 누릴 수 있다고 본 것이다.

그래서 첫돌에는 보통 돌상을 차려 주고 그중에서 아기가 무엇을 먼저 잡는가에 따라 장래를 점치며 즐거워하고 건강과 장수를 빌었다.

그러나 지능발달 면에서는 3~4세 아기와는 달라서 어디까지나 감각적 기능에 의존할 수밖에 없다.

즉, 아기는 엄마의 말소리로 청각기능을 통해 발달하는 것과 오줌 쌌을 때 기저귀 갈아 주는 촉감, 안아 주고, 업어 주고 재울 때의 느낌, 그리고 장난감을 갖고 놀 때의 즐거움 등에서 얻는 지능발달이 있겠고 다음은 어르고 까꿍하며, 도리도리, 짝짜꿍 시킬 때의 흥미로움, 새로움과 할아버지 할머니가 무릎에 앉혀 놓고 이것저것을 가르치실 때 개발되는 뇌발달이 지능으로까지 연결된다.

아기가 울 때도 보면 눈에 이상한 것이 보이거나 엄마 손이 와 닿으면 울음을 멈칫한다. 그러면서 뭔가 스스로 능력을 발달시켜 간다. 이것을 새로운 세계를 향한 교감의 모습이라 할 때 한 가지 한 행동이 이 모두 잠재력 발현을 학습하는 태도로서 그것에 맞는 자료들이 제공되어야겠다. 이런 것들이 오늘 손님들에게 선을 보이는 내용이며 일체의 행동은 돌을 맞은 부모가 느끼는 아기의 발달한 모습이다. 때문에 신생아가 돌이 될 때까지 엄마의 역할은 지대하다. 아무리 혼자 놀 수 있고 봐 주는 사람이 있다 해도 이런 부분을 적절히 발달시키기에는 엄마 역할보다 더 좋은 대역을 맡을 사람이 또 있을까?

엄마는 육아의 기초를 위해 뭔가 확실해져야겠다.

무릎에서 학습한다

돌을 전후한 아기들은 앉았다 섰다 하며 사방팔방으로 휘젓고 다니기 때문에 무엇 하나 남아나는 것도 없고 그렇다고 그 창조적인 욕구를 억제시키는 것이 옳지 않으니 할머니, 할아버지는 아기를 안아다 자기 무릎 위에 앉혀 놓고 글, 그림을 보여 주시기도 하고 재미있는 이야기도 해 주셨다.

현대에는 폭신폭신한 침대며 소파 등이 있지만 그래도 아직은 따스한 체온과 근육의 탄력이 있는 할아버지, 할머니 무릎이 훨씬 앉기 좋고 넘어지지 않게 잡아 주시니 안전하고 흥미 있는 수수께끼, 이야기보따리가 풀어지는 곳이기도 하다. 또 어떤 면에서는 엄마의 나무람 같은 것은 없고 무한히 하고 싶은 것을 해도 다 받아 주시는 그 무릎은 무감각한 가구, 도구보다 10배는 더 가고 싶은 곳이기도 하다.

그래서 어른들은 이런 기회를 제공하고 지능발달, 재능발달을 위한 시기로 활용한다. 이것이 사랑의 학습장이요, 영아 육아의 무릎학교이기도 하다. 요즘 같은 핵가족 생활에서는 엄마들이 이 일을 대신

하지만 여하튼 이곳은 입학 전의 배움터라 할 수 있다.

유아 교육기관에서 아무리 좋은 프로그램을 만들어 놓고 전문으로 연구한 사람이라 하는 여성들이 여러 아기들에게 같은 것을 주입식으로 전달하려고 애를 쓴다 해도 포근한 사랑과 아기가 원하는 것을 알아차려 흡족하게 해 주는 무릎배움터보다 더 좋을 수는 없다.

할머니는 경험이 풍부하여 방향과 그것이 맺을 결과에 대해서까지도 일목요연하게 내다보고 하신다. 어떻게 보면 불규칙적인 것 같으면서도 그렇지 않고 규칙적이면서도 무한히 자유분방하게 원하는 대로 맞춰 주신다.

'귀여운 내 새끼', '예쁜 내 강아지'라는 정이 듬뿍 담긴 표현을 써 가면서까지 아기들의 의욕을 이끌어 내며 그에 맞는 것을 보따리 속에서 찾아내는데 가령 방귀를 뀌는 아기에겐 "오, 방귀가 나왔는데 없어졌네. 방귀가 어디 갔지? 어디, 이 바지 속에 있나?" 하며 뒤지는 시늉으로 지능을 발달시킨다.

어떤 때는 아기 장난감 속에 '다람쥐 인형'이 있었다든지 '솔방울' 같은 모형이 있다면 그에 맞는 노래도 나온다. "다람쥐야 다람쥐야, 알밤도 줍고, 솔방울도 줍고" 하며 다람쥐가 솔방울을 줍는 형용을 해 보이면 '아, 다람쥐는 그렇게 하는구나' 하면서 순리의 자연학습, 동물학습도 재미있게 시킨다.

억지 암기식·주입식 교육이 아니다. 그래야 폭이 넓고 풍부한 사람이 된다고 한다. 그리하여 아기들은 사고하고 어휘·재치·유머 감각을 발달시킨다.

그러다가도 먹을 것을 원하면 먹을 것을, 만약 먹을 것이 마땅치 않으면 자신의 빈 젖이라도 물려 아기의 원하는 것을 풀어 줄 아량도

베푼다.

때로 무엇을 잘못 먹어 배가 아파 보라. 할머니는 곧장 의사가 되기도 한다. "할미 손은 약손 니 배는 똥배" 하며 아픈 배를 문질러서 스르르 아픔이 없어지게끔 해 주신다. 물론 병원에 가야 할 일도 있겠지만, 웬만한 일은 할머니 손으로 다 해결이 되었다. 그래서 할머니는 만능의 재주꾼, 의사, 선생님이시며 무엇이든 원하는 대로 해 주시는 요술쟁이라 할 수 있다.

그뿐이 아니다. 피곤해서 잠이 스르르 온다는 것을 알면 곧장 자장가, 동화, 동요 중 어느 것이라도 끄집어내어 포근히 단잠을 청할 수 있게도 해 주신다.

그런데 놀 때 사내아이에겐 이상할 수도 있는 장난감을 만들어 흥미를 돋운다.

그것은 고추에 관한 것인데 "어디 고추 좀 보자", "우리 대감 안녕하신가", "사타구니는 뽀송뽀송한가" 등 손주의 고추에 지대한 관심을 쏟는다. 아마도 남존여비 시대의 유물이거나 대를 잘 잇기 위한 배려에서 나온 발상이라고 볼 수 있다. '고추 따 먹자'라는 대목에서는 이것을 '거세공포증'으로 연결할 필요가 있을까 싶다.

단지 그 귀중한 대물림의 보배가 잘 발달하게 하려는 자극적 조크라 한다면 그저 평범한 이야기로 볼 수도 있겠는데 심리학의 오지로까지 몰고 갈 필요가 있는지 의심되면 설혹 그런 일이 만에 하나라도 생길 수 있다고 해서 편파적 평가문화의 소산이 될 필요는 없다고 본다.

물론 3~4세 혹은 4~5세의 지각이 발달했을 때 그래서는 안 되겠지만 0세에서 돌까지의 시기에는 크게 염려되지 않을 것으로 인정되며 2~3살 위인 형이 있을 때에는 삼가는 것이 바람직하다.

그러나 장성한 사람들 앞, 어른들 앞에서 하는 말이라면 굳이 생식기의 희롱같이 잘못 해석되어서는 안 되겠다. 설혹 어느 고장에서 어떤 일이 발생했다 하더라도 타당성 있는 말이 아니며 해학적으로 해석되어야 할 것이다.

　유태인 등 외국에선 출생한 지 얼마 안 된 사내아이들에게 포경수술을 하고 있으며 그것이 우리나라에도 들어와 일부에서 유행하고 있는 것을 안다. 그러나 그 수술을 받은 후에 있는 여러 가지 이야기는 어떤가. 참으로 웃지도 못할 이야기들이 있으니 성적 쾌락만을 위한 흉한 모양은 재고할 일이며 성기에 대한 말은 올바른 지식이 여성들에게 새로이 보급되어야 하지 않겠나 생각된다.

　할머님들의 "고추 좀 따 먹자", "그것 참 맛있겠구나" 하는 말은 "고추 참 잘생겼다" 또는 "해 좋은 날 햇볕 좀 쬐어 주자" 등으로 바뀌었으면 하는 생각이다.

　의식개혁과 언어발달은 병행하는 것이 아닌지 하며 거기엔 생활관습도 같이 발전해야지 남의 것만 좋게 보이면 자칫 절름발이 문화가 될 수도 있으니 잘 생각하며 개선해야겠다.

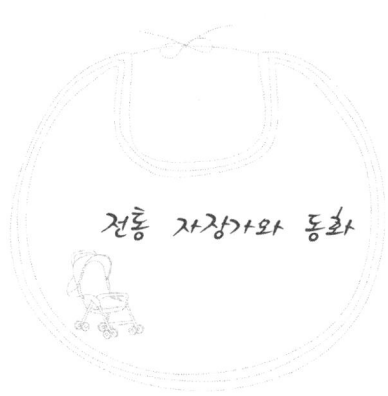

전통 자장가와 동화

　깊이를 모를 심연에서 읊어지는 동화, 인생의 경륜과 지혜에서 얻어진 은연한 음성, 공명과 감동을 함께할 감성의 해학·풍자는 우리 조상들의 멋진 육아의 방법이었다.

　인간의 애정과 생명의 존엄성을 이해시키고 이것을 동물과 연결하고 귀신과 연결하며 재미있게 엮는 무섭고 으스스한 동화는 한없는 호기심을 불러일으킨다.

　또 달콤한 잠결에 들려오는 할머니의 자장가나 꿈길을 찾아가는 길목에 엄마의 자장가는 흠뻑 피로를 풀어 줄 잠의 길동무다.

　"자장자장 자장자장 우리 아기 잘도 잔다."

　"멍멍 개야 짖지 마라 꼬꼬 닭아 우지 마라."

　·제삿날 귀신 이야기

　·장수와 영웅호걸 이야기

　·효녀효자 이야기

　·나무꾼이 속인 호랑이 이야기

- ·꼬리가 아흔 아홉 개 달린 여우 이야기
- ·도깨비 이야기
- ·애를 잡아서 간을 내어먹은 문둥이 이야기
- ·사람으로 둔갑하는 여우와 백년 묵은 호랑이 이야기
- ·까치를 살려 준 과거 보러 가는 나그네 이야기, 은혜 갚은 까치 이야기
- ·원수 갚은 구렁이 이야기
- ·선녀와 나무꾼 이야기
- ·산돼지 잡은 머슴 이야기

이런 이야기는 어린이의 물활론(物活論)과 허구적인 사고가 영합하여 범신론적 사고로 발전한 것이라고 유안진 씨는 말한다.

신성이 깃든 신앙, 미신 등이 어린이를 초인적 존재, 자연주의적 판단의 주인으로 만들어 복을 받게 하는 데 있다.

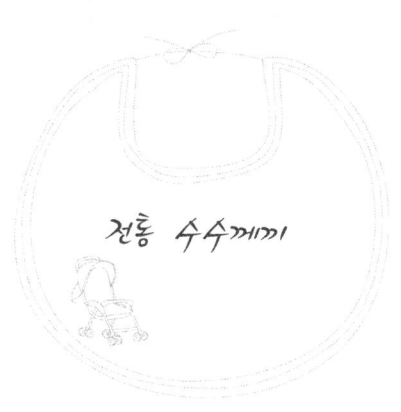

전통 수수께끼

· 바지 속에서 잃어버리고 못 차는 것? 방귀

· 방울은 방울인데 소리 안 나는 방울? 솔방울

· 세상에서 제일 작은 새가 있는데 그것은 뭐지? 눈 깜짝 할 새

· 손님 보고 제일 먼저 인사하는 놈은? 멍멍개

· 한 해에 몇 길씩 자라는 나무는? 대나무

· 죽었다 다시 사는 것은? 누에고치

· 죽은 것을 살았다고 말하는 것은? 생선

· 허공에 그물질하는 것은? 거미

· 아버지의 아버지의 사돈의 딸? 어머니 또는 이모

· 바람벽에 병 두 개 달린 것은? 엄마 젖

· 씨는 씬데 못 심는 씨는? 아저씨

· 주머니는 주머닌데 못 넣는 주머니는? 아주머니

이런 수수께끼는 관계개념의 파악, 사물을 명확히 아는 판단력 그

리고 사고의 응용력에 이르기까지 지능을 발달시키는 데 크게 기여했다.

그 외에 전통적인 이야기로 이춘풍전, 장화홍련전, 흥부전, 심청전, 김삿갓전, 홍길동전, 배뱅이전, 허생전, 토끼전, 견우직녀 이야기 등도 좋은 교육적 효과를 준다.

중국의 오미(五味)육아

이규태 씨가 쓴 글을 보면 중국에는 신생아가 엄마의 젖을 물기 직전에 다섯 가지의 맛을 보게 하는 관습이 있었다고 한다.

첫째는 식초 맛, 두 번째는 소금 맛, 세 번째는 쓴 황련 맛, 네 번째는 등나무 가시 맛, 다섯 번째는 꿀맛을 보이는데 그것은 먹고 싶은 젖을 빨기 이전에 세상맛을 보게 한다는 철학적 의미였다고 한다.

이해가 되겠지만 신 식초 맛이 좋을 리 없고 짠 소금 맛이 좋을 리 없다. 더욱이 쓰디쓴 황련 맛이 어찌 즐거울 수 있고, 등나무 가시에 찔리는 맛이 어디 좋을 수 있을까. 오히려 따끔하고 아픈 것밖에 없을 것이다.

어떤 면에서는 정신이 바짝 날 지경일 게다. 그러나 그뿐이랴. 마지막에는 꿀물로 달콤한 인생살이도 있음을 보여 주므로 앞날은 그렇게 여러 가지 어려움이 있을지라도 결국에는 단 꿀맛 같은 것도 있으니 그것을 잘 극복하여 종국에는 꿀맛 같은 인생을 위해 노력해야 될 것이라는 암시적 효과를 노렸을 것이라는 의미로 해석해야 할 것이다.

이것을 다른 말로 오향(五香)이라 하기도 하고 육아철학이라고도 하는데 이런 의식이 교육적 의미를 내포할 수도 안 할 수도 있다. 그러나 실제의 의미보다는 무엇이든 달콤한 것만을 추구하고자 하는 현대인에게 정신적으로 무엇을 터득시키고자 했던 선인들의 발자취를 알아본다는 의미에서 음미의 필요를 느낀다.

요즘은 무언가 잘못되어 아기에겐 그저 덮어놓고 좋은 것을 많이 주는 것이 최고인 양 변하고 있지만 태어난 신생아에게도 인격이 있다면 우리는 그에게 무엇을 어떻게 해 줄까에 대한 것이 정립되지 않고서는 훌륭한 엄마의 훌륭한 육아라 할 수 있을지 의문이며, 한석봉 어머니 같은 육아는 아닐지라도 최소한 훌륭한 인간이 되게 할 밑거름이 될 지혜(철학) 같은 것이 있으면 좋겠다고 보인다.

훌륭한 인물 뒤엔 훌륭한 어머니가 계셨다는 것은, 예나 지금이나 변하지 않는 진리라는 데 다시 한번 음미의 기회를 마련한 것이니 새겨 두었으면 한다.

또 다른 이규태 씨의 글에서 러시아에서는 젖먹이 아이를 키울 때 기다란 베필을 온몸에 칭칭 감아 기른다고 한다. 목만 빼 놓고 두 팔과 손도 묶어 아기는 꼼짝도 못 하고 지낸다. 이것이 가끔도 아니고 온 유아기를 이렇게 보낸다고 한다.

때문에 이 유아기의 체험이 러시아 사람들의 성격형성에 지대한 영향을 끼쳤다고 하는데 이 육아관습은 어려운 환경에 용케 잘 견디게 하는 데 효과적이었기 때문이라는 것이며, 이로써 순종하는 성격도 형성된다는 것이다.

그러나 몸을 풀어 주었을 때의 해방감 때문인지 반대 국부의 저돌적인 성격도 복합적으로 형성된다고 했다.

다시 말하면 러시아 사람들은 마치 시계추처럼 순종과 저돌 사이를 왔다 갔다 하며 어느 때 자기가 하고자 하는 일이 생기면 그때는 주변상황에 아랑곳하지 않고 감행하는 습성이 있다고 한다. 이것은 옐친이 소련탱크 위에서 외쳤던 일과 현재는 조용한 대통령의 모습으로 우리나라를 방문했던 점을 참조하니 이해하기 쉬었다.

또 인접 프라하, 아르메니아, 그루지야 등 사람들은 사내아이의 돌잔치에 아기 입 속에 설탕을 물려 주고, 손에는 끈끈한 아교칠을 하여 돈을 쥐어 주는 풍습이 있는데 입에 설탕을 물리는 뜻은 입으로 남들을 달콤하게 설득하라는 의미요, 끈끈한 손에 돈을 쥐어 주는 뜻은 돈이 들어오면 놓치지 말라는 뜻이라고 한다.

이것이 러시아에서 현명하게 살아내는 생활의 지혜요, 떡잎부터 철학을 체험시키는 방법이 아니겠느냐고 했다.

또 유안진 교수의 글에서 보면, 미국 다고다의 인디언 수우 족은 넓은 평원을 터전으로 사는데 아기가 원할 때는 언제든지 엄마가 젖을 마음껏 빨아먹도록 할 뿐 아니라 서너 살이 넘어 일곱여덟 살까지도 먹고 싶어 할 때는 젖을 먹이므로 초등학교에까지 찾아가 쉬는 시간에도 먹인다고 한다.

이런 때문인지 이 수우 족은 손님을 만났을 때 자기가 소중하게 간직하는 물건을 얼른 내어주는 너그러운 습성이 있다는 것이다.

그렇다고 금기가 없는 것도 아니다. 아기가 젖을 먹다가 엄마의 젖꼭지를 깨문다든지 하면 머리를 때리고, 또 아기가 울면 요람(포대기) 속에 붙들어 매어 둔다. 이런 벌칙은 후에 무엇을 씹기 좋아하는 버릇으로 화하는데 우리의 손가락 빨기와는 다른 일면이다.

그래서 어려서는 실컷 빨고 깨물고 하며 자라게 하는데 이것이 이들의 극기하는 민족성이 된 것이 아닌가라고 평하게 됐다는 것이다,

이와는 반대로 유로크 족은 산악지대의 산림이 우거진 강변에 밀집하여 살고 있는데 수우 족이 강한 생활력을 갖고 있는 데 비해 이들은 청결을 강조하는 생활관습이 있다. 얼마나 청결한지 여자와 하

롯밤을 잤다는 이유만으로 한증막에 가서 땀을 흘릴 정도다.

이들은 10여 일간이나 아기에게 젖을 먹이지 않고 대신 밤즙을 먹이기도 하며 젖을 떼기 위해 일부러 아기 곁을 떠나 수삼 일씩 사라진다. 그때 할머니는 아기에게 소금에 절인 연어나 사슴고기를 먹인다.

또 출생 후 20여 일 만에 벌써 아기 발을 요람 밖으로 내놓고 마사지를 시키는데 빨리 기어 다닐 수 있게 한다는 의미라고 한다.

이들은 저녁 일찍이는 아기를 재우지 않는데 이것은 황혼이 아기를 영원히 잠들게 하지 못하게 하는 의미이다.

이 부족의 특징은 일찌감치 젖을 떼는데 먹는 것과 돈 버는 데 급급하다. 때문인지 인색하고 모을 줄만 알고 남에게 주는 것을 싫어하는 특성을 가지고 있다. 본능적으로 항문적 고착에 사로잡히는 수가 많으며 경제적인 것만 생각하다 보니 여자도 많은 대가를 지불할 능력이 있는 남편을 고르게 된다고 한다.

이렇게 볼 때 수우 족이 원심적이며 너그럽고 가학적이라면 유로크 족은 의심이 많고 공포증이 심하며 구심적이라 할 수 있다. 그러면 우리는 어떨까. 아마도 수우 족과 비슷하다 할까. 여하튼 유아기의 양육방법이나 젖먹이는 방법에서 생기는 것이 아닐까 하니 우리 아기 인성(성품) 만드는 데도 참고하고 소홀하지 말자.

'코란경'에도 보면 비록 이혼을 하여 아기를 아버지가 데리고 갔다고 해도 엄마가 아기에게 젖을 주고 싶다면 2년 동안 먹이도록 하라고 법으로 명시해 놓고 있다. 그리고 엄마가 젖먹이는 대가를 아빠가 지불하여야 한다고 했다. 물론 이유식이 좋겠다고 둘이 합의했을 경우를 제외하고는 그래야 된다는 것이다.

어쩌면 이렇게도 엄마 젖은 아기에게 필요한 것일까?

4~5천 년 전 그때부터 지금까지 모유 수유가 계속되어 온 것을 보면 그때에도 낙타젖, 양젖, 소젖이 없는 것도 아니었는데 엄마젖이 꼭 필요했을까를 되새기게 하는 대목이 아닌가 하게 된다. 요즈음 잘못된 수유를 보며 뭔가 느껴 이 대목을 옮긴다.

전래의 아들 낳는 습속

　이규태 씨 글에 보면 예전 서민들 풍습에는 아들 낳기 위한 방법으로 여러 가지 해괴한 방법이 있었다. 그것은 가문지상주의요, 인간적 패배감을 막아 보자는 염원이었기에 어쩔 수 없었던 것으로 이해한다.

　그러나 이런 방법이 과학시대에 어떻게 비춰질지 한번 돌이켜 보는 계기가 되지 않을까 하여 발췌해 본다.

　'교합시진법(交合時辰法)', '동리도화 하처심' 등은 일부가 태교시리즈 1권『미혼태교』에도 소개됐지만 좀 더 자세히 옮겨 보면 씨앗이 좌자궁(左子宮)에 들어가면 아들을 얻게 된다는 것과, 합궁하는 날 '낙홍법(落紅法)'이 있는가 하면 '삼십시진법'이라 하여 월경이 멎은 후부터 28~29시간이 지나면 난자가 떨어지니 이때 부부가 교합하면 잉태한다는 것이『만병회춘(萬病回春)』이라는 의학서적에 있고『호씨재원방(胡氏齋院方)』에는 여인의 월경기에 어느 날인가 하루는 인온지후라 하여 기(氣)가 증발하듯 상기하고 몸이 더워져 오르며 몽롱해지는 때가 있다. 이때가 적기지만 일반적으로 여자는 부끄러워해서 말을 하지 못해 실기(失期)하기도 했다고 한다.

또 월경 후 첫날은 아들, 둘째 날은 딸이라고 『증보산림경재지』에 또 홀숫날은 아들, 짝숫날은 딸이라고 『의학성전』에 쓰여 있다고 했다.

그러나 77법이라는 '동충단비결'에는 49라는 기본수에 씨내리는 달수를 보태고 거기에 엄마 될 사람의 나이를 빼서 홀수가 되면 사내 아이라고 기술하고 있기도 하다.

또 귀숙일(貴宿日)이라고 씨내리는 날을 봄에는 갑을(甲乙)날, 여름에는 병정(丙丁)날, 가을에는 경신(庚申)날, 겨울에는 임계(壬癸)날을 택해서 합궁하기도 했다 한다.

교합에 있어서도 여음(女陰)이 먼저 왕성하고 후에 남자의 양(南陽)이 촉발되면 실(實)이요, 그 반대의 경우는 허(虛)탕이라 하여 여음선지(女陰先至)를 주장하는 설도 있다.

방법에 있어서도 여성이 왕성해지면 눈이 감기고 볼이 뜨거워 오르며 숨결이 남자보다 앞서고 경련을 일으키며 무의식중에 손을 꼭 쥔다든가 긴밀한 포옹을 하는 동작을 할 때 자궁이 열리는 것으로 봤다. 이때 남성은 코나 입을 맞추며 여자의 호흡을 남자가 받아들이는 등 진기(眞氣)를 드리고 신기(神氣)를 줌으로써 교착력을 배양해야 한다고 말했다.

또 교합의 시간도 잘못 선택 않도록 많은 금기를 열거하고 있으나 대개 야전반합(夜前半合)은 밤이 깊기 전에 하는 것은 명이 길고 현명하며, 야후반합(夜後半合)은 밤이 깊어 하는 것은 명이 중간쯤 되며 총명하고, 닭이 울 때 하는 것은 명이 짧고 부모를 괴롭힌다고 하기도 했다.

또 『본초강목(本草綱目)』에 보면, 본초심유(本草沈遺)에는 아이를 못 낳는 부인에게 관청의 오장관인(官印)이 찍힌 부분을 불에 태워 그 재를 마시면 잉태가 된다고 했는데, 이는 근래까지 은밀히 행해졌단다. 그러나 상징적 또는 주술적 의미를 발견하며, 닭 벼슬과 쑥 한 줌을 샘물에 타 구리냄비에 끓여 두었다가 월경이 시작될 무렵 마시게 하고 해 뜰 무렵 교합하면 아들을 얻는다고도 하고, 복숭아꽃을 2월 정해(丁亥)일에 따서 응달에서 말린 다음 가루를 내서 무자(戊子)일에 마시면 효험이 있다고 했다.

또 호랑이 코를 잘라 1년을 걸어 두었다가 이를 태워서 가루 내어 부인에게 먹이면 잉태에 효험이 있다고도 했다.

『부인양방(婦人良方)』에 보면, 용의 뇌나 사향 등의 향을 맡거나 사향 귀이개, 사향 비녀를 꽂으면 안 된다고 머리 꽂기를 금기하고 있기도 하다.

능소화(能宵化)라는 꽃나무를 집 안에 심어 가까이하는 것도 그 꽃 기운이 옮아 아이를 배지 못한다고 했다.

이상에서 몇 가지를 소개하면서도 너무 어처구니없는 것도 있고 혹 어떤 것은 과학이 발달하지 못한 시대의 인간의 노력이라 할 수 있는 것도 있었다.

현대는 의학·과학이 첨단을 걸으니 이용될 것은 없겠으니 그저 재미로 그리고 혹시나 지금도 어려움을 겪는 분에게 혹 도움이 될 수도 있다면 해서 소개한 것이다.

영육의 대화

현대 사회에 급격히 증가하고 있는 정신질환 중에서 정신박약증, 정신착란 같은 현상이 가끔 나타나는 병이현상을 많이 볼 수 있다.

이것을 연구하는 사회사업가라는 치료사들은 이것이 의학이나 약학의 분야가 아닌 마음의 병이라 하여 똘똘 뭉친 치석, 담석 같은 마음을 풀어 주는 데 이바지하는 참 좋은 치료방법이다.

미국처럼 의학이 고도로 발달한 나라에서도 이것은 의사들이 담당하지 않고 사회사업 연구가, 치료사들이 담당하는 것을 우선으로 하고 있다는데 이들은 장가갈 날을 앞두고 발작하는 사람이 있는가 하면, 학교에서 친구들 간의 어떤 언쟁에서, 또는 변호사가 된 후에나 교육자가 된 후에도 발병하는 일이 있어서 병 증세를 일찍 발견할 수도 없고 병 증세가 나타난다 해도 자신이 정신질환임을 발설할 수도, 인정할 수도 없는 증상이다.

그러나 치료사는 이것의 완전한 치료를 위해 원인으로부터 시작해야 된다는 것이며 이들을 추적해 보면 태중에 있었던 일이 환자의 30~

60%에까지 이른다니 이렇게까지 되지 않도록 엄마는 신생아나 유아 때에 아기를 불만과 짜증의 소용돌이 속으로 몰아넣으면 안 될 것이다.

오이디푸스 콤플렉스, 엘렉트라 콤플렉스 등이 다 그렇듯이 원인은 자신이 아닌 엄마와 아빠와 연결되어 과거에 있었던 어떤 현상을 같이 풀어 주는 곳에 도달하며 어렵지 않게 해결의 실마리를 풀 수 있지만 이렇게까지 가는 과정이 참으로 쉽지 않다는 것이다.

다시 말하면 이런 증상을 영과 육의 대화라는 차원으로 승화시켜 이들이 마음을 비우고(털어놓고) 이야기함으로써 응어리졌던 답답한 마음을 풀어 주는 효과를 나타내어 치료가 된다니 과연 영과 육의 문제는 종교나 부속의 입장에서 진일보하여 현실 생활의 영역에서 볼 수 있는 치료과목으로 등장하고 있다.

실제의 몇 가지 예를 들어 보면 어느 남성은 좋아하는 여성이 딴 남성과 결혼했다는 이유 하나만으로 정신이상자가 되어 40세가 넘도록 선보는 일을 기피하다가 결국 환자가 되는 현상이나, 고등학교 시절 계속 1등을 하다가 3등, 5등이 됐다는 것으로 성적 공포증이 생기더니 결국 대학시험마저 비정상상태로 치른 일, 대학강사 생활까지 하게는 됐으나 학교의 대우에 대한 불만과 자기 영역 한계에 관한 일로 정신이상 증상이 발생하여 현재 계속 상담을 받고 있는 분이 있다. 그 외 예가 많으나 여기서는 줄이고, 이들의 원인을 깊숙이 파고들면 거의가 태중에 있었던 일과 연결되고, 출생 직후 일과 무관하지 않다는 데서 본격적으로 육아할 여러분에게 하고 싶은 말이니 기왕에 열심히 태교를 해서 영육으로 튼튼한 아기를 출산했으면 영아·육아기에도 마음의 배려가 충분하기를 비는 마음이다.

아기는 마음이 충족하면 배고파 울더라도 젖만 주면 되지만, 배불러도 마음이 충족되지 않아 오는 콤플렉스는 차후에 엄청난 어려움으로 몰고 갈 수도 있다고 볼 때 아기를 낳고 정성이 배제되면 안 된다는 것을 지적한다.

사회생활이 바뀌고 직업윤리가 바뀌고 계속 뛰지 않으면 안 되는 생활이 우리를 혼돈으로 몰고 가는 세상이지만 인간다운 인간이 생활하는 환경이 결여될 때는 엄청난 문제가 도사리고 있다는 것을 소홀히 해서는 안 된다.

벌어야 하고 써야 하지만 '쓰레질하다 낙엽 하나 남겨둔 동자의 정서'나 '종이학 한 마리를 손님 책상 위에 접어 놓은 어느 일본웨이터의 정서'에서 우리는 무엇을 느끼나? 비록 배가 고프지만 배불리 먹지 않고 거지 생활을 한 어느 일본인이 길에서 동사한 후 보니 호주머니에서 420만 엔짜리 저금통장이 나왔다는 보도를 보면서 우리는 무엇인가 본질적인 문제에 소홀한 점은 없었나 반문하게 된다.

생활에서 당장 당면한 문제를 해결하는 것도 더없이 중요한 일이겠으나 원천적으로 중요한 일을 빠뜨리지 않는 일 또한 중요하다.

인간은 육신만 있는 것이 아니라 영과 육이 잘 공존해야 편안하고 건강한 삶이라 할진대 육만이 살찌고 영은 비틀리는 일이 없도록 힘써야겠다.

I.C.회로를 끊지 말고 영과 육이 대화될 수 있도록 하는 것이 정신질환을 예방하는 길이라 생각되므로 아기의 심신이 다 기쁘게 해 주는 엄마 되길 권한다.

죽은 자 이외에는 영과 육이 따로 떨어져 있지 않다는 것을 아는 우리에게 이 정신적 콤플렉스가 되는 요소는 시작부터 없애는 엄마가 되자.

그것이 곧 사랑이요, 보살핌이요, 관심이라고 말한다.

제11장

문화의 조명

태교와 잠재교육

어떤 분은 착각하여 태교가 마치 영재교육의 일환인 양 생각하게 하는 우를 범하려 한다. 그러나 그것은 잘못된 생각이다.

물론 태교는 그 자체가 훌륭한 인간을 배출하기 위한 노력이므로 내용에는 뇌가 명석한 아기 낳는 방법이 포함되어 있다. 그러나 그것이 전부일 수도, 전부여서도 안 된다.

그것은 본말이 전도되는 현상이며 일찍이 중국의 문왕 이야기에서도 '배 안에서 하나를 가르치니 태어나 백을 알더라' 하는 일이식백(一而識百)의 의미와도 상치되기 때문이다.

다시 말하면 태교는 포괄적·종합적인 내용이요, 지적 잠재의식이라 함은 협의의 방법론이기에 태교를 영재 만드는 도구로 오인해서는 안 되겠다는 것이다.

어느 분이 내놓은 잠재교육이라는 것을 보면 '임신 9개월에 태아는 신경회로의 22%가 형성되고……' 하여 이때부터 엄마가 글자외우기, 셈놀이 등을 하면 이것이 잠재되어 영특한 아기로 태어난다 했으나 그것은 이미 발표된 것이지만, 그 내용의 한정된 프로그램의 주입일 뿐 우리가 기대하는 영재적 소질과는 무관하다 해야겠다.

그가 말하는 알파(α), 베타(β)의 뇌파, 엠씨스퀘어(M. C. Square) 시스템이라는 뇌파상태는 10년의 참선을 통해서나 얻을 수 있는 정신 상태인 8Hz라는 뇌파상태일지는 모르지만 결국 정신기능이 맑은 상태이기 때문에 이때 주입시킨다는 의미와 예전 태교의 청탁설과는 거리가 멀다.

다만 그러기 위해 몸가짐, 마음가짐, 말과 행동 등을 좋은 쪽으로 하라는 의미였다.

여기서도 설혹 그것이 전해지면 좋은 프로그램이라고 하더라도 그것은 인성, 심성의 형성 후에나 보태질 아주 적은 잠재력에 속한다.

그럼에도 불구하고 몇몇 학자들의 주장, 즉 19세기 언어학자들의 가정인 언어습득장치, 몬테소리 여사의 태내성 흡수정신, 또 스세딕 여사의 감각 외의 인지능력(ESP) 등을 통렬히 비판하고 뇌파기능의 잠재교육으로 주입, 잠재시킨다는 주장에는 재미있는 연구로 평가하고 싶으나 태아의 무한한 가능성, 저뇌파의 수용능력에 기껏 한자 몇개, 숫자 몇 개를 각인한다는 데에는 회의를 느끼지 않을 수 없다.

만약 그렇다면 태교라는 이름을 빼고도 얼마든지 태아에게 제공될 '○○프로그램'이란 말이 있을 수 있었다.

그래서 우리는 그것이 태교라는 이름으로 잘못 전해져서도 안 되며 또 잘못 인식되어서도 안 된다는 것을 지적한다.

태교는 그런 것을 하기 위한 프로그램이 아니며 보다 원천적인 인간형성 전체의 옳은 바탕을 만들어 주는 지혜로 5단계론이 나왔으니 그쪽으로 귀결되지 않으면 그 가치가 희미해질 것을 우려한다.

일찍부터 교육에 헌신한 분이라면 영재를 만드는 방법이 태교부터임에 눈뜨신 것은 환영하나 그것이 오도되지 않기를 바라는 바이다.

물론 약삭빠른 일본 사람들은 새로운 패턴교육이란 이름으로 영재를 만들려면 태중으로부터는 인식의 전환이 플래시 카드, 도트 카드를 만들어 내고 있지만, 태교를 뿌리며 기둥이지 가지가 아니라는 것을 강조해 둔다.

현실적으로 젊은 엄마들의 욕구가 있고 그에 제공될 프로그램 개발이 요구되고 있는 것도 사실이다. 그러나 그렇다고 돼지밥인지 소죽인지 다 마찬가지라 할 수도 없는 것이 교육이라면 태교와 영재의 교량역이 뿌리와 가지를 혼돈하게 하는 것이 되어서는 안 되겠다는 의미다.

스즈키식의 영재교육도 잠재교육에서 주장하는 지식입력(숫자, 한자, 단어)으로, 즉 정확하고, 단순한 것, 애매하지 않은 것이 영재들에게서 발견되는 특이한 속성(특성)이기도 하지만 그것이 어떤 분야의 영재성과의 관련인지에 대해 언급이 없는 점이 아쉽고 그렇다고 모든 분야에 통용된다고 할 수는 없을 것이니 연구가 한 단계 깊숙해지길 바랄 뿐이다.

더욱이 입력될 고유번지라는 뇌세포에 다른 정보가 들어오면 그 정보는 다른 세포에 입력될 수밖에 없다는 의미가 나쁜 건지 좋은 건지 문제되며 또 유사한 정보와 특수기능의 정보에서 응용력은 어떤 것이 더 나은 건지에 대하여도 아직 막연하다.

실제로 응용력을 배제한 암기식·주입식은 현재도 벌써 문제의 대상이 되고 있다는 점 또 문제의 초점으로 부각되고 있다는 데서 우리는 많은 문제를 풀어 줄 방향도 제시되어야 할 것으로 느낀다.

그러면서도 3세 후부터는 구피질 발달이 정체되니 그 이전에 구피질을 발달시켜 놀라울 정도의 뇌기능을 발휘할 수 있게끔 바탕을 마련해야 할 것이라는 데에는 좋은 의견이라 공감한다.

더욱이 3살 이후에 발달한 신피질(상부 구조) 기능이 하등동물의 지능과 비슷하다고 할 때 100배나 뛰어난 하부구조의 지능발달에는 서두를 필요마저 느낀다.

이렇게 볼 때 잠재교육이건 잠재력 개발이건 이것은 0세부터의 과제가 될 것은 물론이요, 그것은 일본사람이 주장하는 출생 전과 후가 합쳐진 것이 아닌 출생 직후부터 1세까지의 문제라는 결론에 도달한다.

본 육아태교가 거기에 목표를 둔 이유도 바로 그렇기 때문이다. 그러나 그것은 영재성의 기억을 잠재시키려 하지 않고 그 아기가 어떻게 타고났나를 발견하는 데 목표를 둔다는 데서 약간의 견해차이가 있다.

그래서 본 육아태교는 엄마가 주려는 장으로부터 오히려 아기의 능력을 발견하는 장, 알아내려는 장이라는 관점에서 다룬다.

그것은 엄마만이 해낼 수 있다는 점에 비해 반대의 주입식은 이기적, 비인간적인 문제를 내포했다는 점을 경원한다.

요즘의 엄마들은 교육구조나 형식에서 객관식, 암기식에 젖은 엄마들이라는 데 논의의 초점이 모아지고 모자간의 불협화음에서도 문제가 발견되고 있어 자칫 잘못 유도될까 걱정된다.

그것이 잠재교육과는 괴리 있는 해설이라 할 수도, 전혀 상관없는 일이라 할 수도 있겠지만, 원인 없는 결과 없듯 원인의 원인은 언제나 있기 때문이다.

그래서 좋은 두뇌를 갖고 있지만 잘못 인도하여 잘못되는 일과 잘 몰라서 잘못되는 일 없게 하려면 연구는 깊어져야 할 것으로 매듭짓는다. 그렇다고 완전무결한 절대를 찾자는 것은 물론 아니다.

교과서적인 육아 문제 있다

　요즘 유아교육의 부정확한 방향지도 성향에 회의를 느끼고 스트레스에 빠진 엄마들을 보며 도대체 왜 이런 유행이 판을 치며 이상한 문제들이 야기되는가 하고 조사해 본 결과 불확실한 교재의 남발과 그것을 너무 믿다 초래된 결과는 엄마들의 무판단에 기인했음을 확인했다.

　세계의 석학들도 유아교육 방법에는 많은 실험을 기울이지만 아직 이렇다 할 교재를 내놓지 못했다는데 우리나라에서는 어디서 쏟아졌는지 유아교육 교재가 남발되고 뿌리 없는 외국 어느 학자의 의견이라 하는 자료가 갑자기 영재교육, 천재교육 교재로 둔갑하고 있는 실정이다.

　그런 것을 판매하는 사람들을 대상으로 강의를 하며 그들 자신도 불확실하고 자신 없는 내용에 회의를 느끼는 것을 보았다.

　그럼에도 불구하고 교육열이 과열된 엄마들은 선전에만 솔깃해 구매해 놓고 거기에 의존하려니, 문제는 문제를 발생시키고 오히려 의

구심이 생겨 급기야는 혼돈에 빠져 후회하곤 한다니 이 글을 읽는 우리만이라도 그런 일이 없도록 하고 싶다.

조기교육은 시대상에 비추어 필요를 느끼기도 하지만 그렇다고 유아교육이 누구에게나 맞는 영재교육은 아니며 더욱이 천재를 만들어내는 방법이 아니라는 것을 명심하자.

유아교육을 받은 아기는 안 받은 아기보다 좀 일찍 무엇을 해내는 (가령 엄마가 가르치지 않는 것도 해내는) 일은 있을지 모르지만 그것은 배웠기 때문에 할 수 있는 것이지 그랬다고 그것을 아이의 영재성으로 판단하는 것은 우둔한 엄마의 소신 없는 판단이라 말할 수밖에 없다. 그런 것을 자랑이라도 하듯 하는 엄마들의 불확실한 표현에 끌려 현혹되지 말아야 할 것이며 그렇지 못하다고 자기 아기를 둔재라고 나무라며 포기하려는 행동은 더욱 금물이라 하지 않을 수 없다.

인천의 어느 엄마는 오히려 교과서적인 유아교육을 했다가 아기가 바보같이 배운 것만 알고 응용력·활동력이 없어 오히려 멍청하게까지 느껴진다며 이럴 수가 있을까, 이제부턴 영재교육을 한다는 말은 아예 믿지 않겠다고 하며 이 일을 어떻게 교정할까를 걱정했다. 또 교육이란 참으로 중요하여 태어난 후에는 교육으로 인간의 인격, 즉 지성, 교양, 두뇌발달 등 장래를 뚫고 갈 활동력·응용력의 근간을 만드는 것이라 보는데 응용력을 빠뜨리면 무엇이 남는단 말인가. 가르친 것만 안다면 오히려 안 가르침만 못하지 않겠는가고 울부짖는다.

여기서 생각해 보자. 다른 나라들은 과연 어떻게 하고 있는가를 살펴보니 유아교육이 이렇게까지 성행하고 있지는 않았다.

지난번에 내한한 미국 스포크 박사도 한국의 유아교육이 이렇게까지 야단인 데 대해 놀라며 뿌리는 과연 어떤 거냐고 물었을 때 외국

의 어떤 것(그것은 몇 10년 전 어느 학자의 의견)이라는 데서 의아해
하며 외국에서는 이렇게 야단스럽지 않다고 하니 우린 무엇을 믿는
지 의심하게 되고 기왕에 하려면 확실한 연구라도 진행되어야 하지
않겠는가고 지적했다니 참고해야 할 일이다.

참 좋은 유아교육이 왜 이 지경이 됐으며 이제 우리는 어떻게 해야
하겠는가라고 할 때 확실치 않다면 빨리 보완수정이라도 해야 되지
않겠는가 하고 반박하게 된다.

모든 엄마의 열화 같은 조기 교육의 열성을 이렇게 무참히 짓밟고
책임질 사람이 없다면 어안이 벙벙하다.

일본에서도 조기교육(유아교육)은 3~4세 영재교육으로부터 0세
교육으로 내려오고 있는 이유를 발견해야 하며 여기서도 우리가 배
워야 할 점이 있다면 그것은 출생 전과 출생 직후의 교육이라 하는
점에 유의해야겠고 여기에 우리는 그것을 태아 또는 신생아를 위한
교육이라 하기보다는 오히려 엄마의 지혜 교육이라는 차원으로 승
화·발전시킬 것을 제안한다.

백년대계가 교육이라면 교육의 힘은 엄청난 것인데 시작서부터 방
향이 잘못된다면 큰 문제가 될 수 있다는 것을 명심하고 확실한 것,
자신 있는 것인가를 확인한 후에 접하게 되길 빈다.

귀여운 자녀를 훌륭히 키워 보겠다는 열의가 잘못된 교재 때문에
뒤틀리는 일이 있어서는 안 되겠다는 것을 지적한다.

동양음과 서양음의 차이를 보자. 우리의 가야금이나 거문고, 꽹과
리, 징 등은 선을 퉁기거나 두들겨 놓고 기다려 울려 나오는 소리를
듣는 음률로서 심성의 표현이라 하겠고, 서양의 피아노나 타악기, 금
관악기는 두드리자마자, 불자마자 나는 소리를 듣는 것으로 즉각적이
고 현실적인 감각의 표현이라 할 수 있다.

서양에서는 잠자는 소리도 그저 '즈즈즈'라고 표현한다. 그러나 동
양은 바람소리, 자연의 소리를 즐겨 풍경을 추녀 끝에 매달아 놓고
바람에 흔들려 나는 울림소리를 즐겼다.

· 바람소리: 솔바람, 눈바람, 봄바람, 밤바람, 겨울바람
· 발자국 소리: 사뿐사뿐, 터벅터벅, 사박사박, 버적버적
· 말하는 소리: 쫑알쫑알, 중얼중얼, 흥얼흥얼, 웅얼웅얼, 투덜투덜,
　소곤소곤
· 잠자는(숨쉬는) 소리: 쌔근쌔근, 쿨쿨, 드르렁 드르렁, 새록새록,
　색색

· 동물소리: 개골개골, 부엉부엉, 맴맴, 뻐꾹뻐꾹, 야옹야옹, 뜸북뜸북, 귀뚤귀뚤, 꿀꿀, 꼭꼬댁 꼬꼬(꼬끼요), 삐약삐약, 음메, 멍멍, 메헤헤헤

· 생활소리: 다듬이 소리, 파도치는 소리, 물레 소리, 빨래 방망이 소리, 널뛰는 소리, 치마소리

위의 소리들은 청각을 자극하여 음에 민감한 발달을 정서화한 독특한 음의 전개였다고 해야겠고 세심한 소리의 구별이라는 관점에서 우리 문화의 풍부함을 일깨운다.

· 타는 소리: 바작바작, 훨훨

· 음식 끓는 소리: 부글부글, 째작째작, 보글보글, 호다닥 볶는 소리

· 맛보는 소리: 찝찔, 짭짤, 새콤달콤, 달착지근, 씁쓸, 쌉쌀, 텁텁, 상큼, 시큼떨떨

· 냄새 소리: 퀘퀘, 코린, 쿠린, 고소, 구수

· 움직임 소리: 씰룩씰룩, 쎌룩쎌룩, 호다닥

· 걷는 소리: 뚜벅뚜벅, 사뿐사뿐, 살랑살랑, 띠뚝띠뚝, 어그렁어그렁, 아짱아짱, 동동, 종종

· 잠재우는 소리: 토닥토닥, 투덕투덕, 자장자장

· 칼 쓰는 소리: 썩썩, 썽둥썽둥, 나박나박

· 두들기는 소리: 똑딱똑딱, 똑똑, 쾅쾅, 텅텅, 탕탕

· 우는 소리: 낑낑, 응애응애, 앙앙, 어이어이, 훌쩍훌쩍

· 씹는 소리: 우다닥, 어그적어그적, 쩝쩝, 어석어석

· 웃는 소리: 헤헤, 호호, 하하, 껄걸, 깔깔, 낄낄

· 깨지는 소리: 쩽그랑, 팍

- 배에서 나는 소리: 쿨렁쿨렁, 꼬르륵, 쪼르륵, 꾸르릉
- 삼키는 소리: 꿀꺽꿀꺽
- 마시는 소리: 뻘떡뻘떡
- 물 떨어지는 소리: 졸졸, 콸콸, 좔좔, 똑똑
- 문 여닫는 소리: 스스르, 쾅쾅
- 비는 소리: 싹싹, 쓱쓱
- 시계 소리: 째각째각
- 종소리: 땔랑땔랑, 딸랑, 딩, 뎅
- 새소리: 짹짹(참새), 비리비리(종달새), 지지배배(제비)
- 코푸는 소리: 힝, 응, 흥
- 침 뱉는 소리: 퉤
- 마루 소리: 삐꺽삐꺽

얼마나 엄마가 보고 싶었으면

얼마 전 서울의 모 고등학교 1학년 학생이 엄마의 아픔을 그대로 보아 넘길 수 없다는 심정으로 엄마가 한 그대로의 행동을 하며 엄마의 품이 있는 천국행을 했다.

아파트 7층에서 몸을 던져 뛰어내렸으며 자살의 길을 택했으니 아버지의 입장에서나 누나의 입장에서는, 아니 사회적 시선으로는 그를 두둔할 수 없어도 좀 다른 각도에서 보면 모자관계의 *끈끈한* 고리로 연결되기도 한다.

그 학생은 정신적으로 아무 이상도 없으며 또 심약한 학생도 아니었다. 좀 내성적인 성격이긴 했지만 그렇게 나약한 학생도, 공부가 뒤지는 학생도 아니었다.

다만 선생님인 그 학생의 엄마가 학교에서 학생을 처벌한 것이 그리 큰 잘못이 아니었거늘 학부모의 지탄이 얼마나 못 견디는 것이었으면 생을 마감했겠느냐는 안타까움에서 저질러진 일, 그것을 생각하면 자신은 엄마가 안 계신 이 세상엔 아무 미련도 가질 수 없다는 생각 등이 엄마 곁으로 가게 했는지도 모른다.

그래서 우리는 자살이라는 잘못을 지적하기보다 모자의 끊을 수 없는 정으로 이 특이성을 이해하고자 한다.

얼마나 엄마가 좋으면 생을 버리면서까지 엄마 곁으로 가고 싶었을까를 생각하면 모자의 유대는 각별하게 느껴져야 할 일로 기억되어야겠다.

그러면서 차원 높은 시각으로 비판해야겠다. 그 외에도 모자간의 애틋한 사연은 많이 있지만 바꿔서 엄마가 지식에게 하는 일을 보면 자식을 구하기 위해 불 속에 뛰어든 엄마가 있었는가 하면 입시지옥의 소용돌이에서 자식의 합격을 위해선 불철주야 건강에 유의하여 온갖 것을 제공하지 않나 엄동설한에도 백일기도를 마다하지 않는 정성 등 이루 헤아릴 수 없는 것이 많다.

아버지의 입장이나 누나의 입장에서는 소행이 괘씸하고 신의 섭리에 위배되는 행위라 탓할 수도 있겠지만 모자관계는 이런 것이라는 일면을 보여 준, 엄마를 이해하려는 길이었다고 평할 수도 있겠다.

그것이 꼭 잘한 일이란 뜻은 물론 아니다. 그러나 그렇다고 소아병적 미성숙의 행동으로 보기엔 너무 갸륵하다. 그래서 그 영혼이라도 달래 주고 싶은 심정에서 모자관계를 조명해 본 것이다.

정보화 시대와 판단력

다가오는 21세기는 두뇌경쟁 시대요, 정보전쟁 시대로 많은 정보를 필요로 한다. 그러나 유전공학, 생명공학, 의학 등 첨단과학의 개발이나 지식산업, 육아에 이르기까지 옳은 정보제공이 선행되어야겠다. 아무리 급하더라도 제대로 판단되지 않은 정보는 역작용의 온상이요, 불확실한 정보는 금물이다. 그러나 그런 정보에도 유혹되는 엄마들이 있어 비유하면 머리가 좋은 사람은 매사에 능통할 수 있을 것 같아도 그렇지도 않으며 머리를 억지로 개발하는 것이 영재가 된다는 보장이 없다는 데서 정보화 시대에 적응하려면 엄마들 자신부터 옳은 정보에 접근하는 자세가 필요하다.

요즘 육아를 위한 많은 정보가 물밀 듯 들어오고 있지만 옳지 않은 정보는 혼란만 가중시킨다.

그렇다고 상업적 메커니즘은 자기네가 들여온 정보를 삼등정보라 할 수도 없고 돌파구를 찾으려 모두 자기 것이 최고인 양 선전하고, 거기다가 외국 누구의 천재육아법, 영재교육법이라고 하며 광고를 해

대니 혼돈된 엄마는 거기에 이끌려 눈먼 봉사같이 쫓아만 간다.

그러나 영재가 된다는 그럴듯한 표현에 매혹되어도 꼭 그렇게 된다는 보장이 없으니 종국에 가서는 후회하고 욕하지만 그 영업도 경쟁사회의 한 방법이었다면 결국 속은 것은 엄마의 잘못이어서 누구에게 책임을 전가할 수 없다.

그래서 우리는 정보화 시대의 엄마들은 자신부터 옳은 정보의 입수자로서의 자기 판단력에 초점을 맞추자는 것이다.

정보는 많아도 옳은 판단을 못하고 받아들인 정보는 바라는 정보가 아니며 그런 정보는 결과를 전혀 예상치 못한 나쁜 방향으로 몰고 갈 수 있다는 면에서 엄마들의 각성을 요구하게 된다.

아무리 경쟁시대에 우뚝 솟은 인간을 만들고 싶어도 잘못 입수한 엄마의 정보가 아기를 잘못된 방향으로 이끌었다면 그때 가서 다시 그 전 그 아기로 만들 수도 없는 노릇이니 처음부터 차근차근 정보 내용에 비판의식을 갖고 접근하고 옳은 지식과 비교·관찰하는 지혜로써 도로아미타불이나, 마이너스 결과를 초래해서는 안 된다는 것을 일깨우고자 한다.

신비한 인간의 뇌는 한번 입력되면 지워지지 않는 특성도 있어 잘못 입력시키면 안 된다는 것도 아울러 전하며 가급적 좋은 것, 필요한 정보가 입력되게 하기 위해서도 엄마들이 먼저 힘써야겠다고 생각된다.

정확한 정보를 위해 많은 자료를 모으고 판단하는 지혜를 키우자. 이것이 정보화 시대의 필요한 정보다.

현대의 효도관

신혼 임부의 효도관이란 떡두꺼비 같은 아들을 하나 쑥 낳아 부모님 품에 안겨 드리는 일이거나 백설공주 같은 예쁜 딸을 낳아 귀염을 받는 일이다.

그러나 이런 일을 잘 진행해 낸 신생아의 어머니로서 여러분은 할 일이 다 끝난 것이냐 할 때 내일을 위한 설계가 나온다.

그것은 또 하나의 시작일 뿐 생활은 사는 동안 계속될 여인의 임무라 할 것이다.

부모님을 모시는 사람은 더욱 그렇겠지만 핵가족 생활을 하는 사람도 부모형제가 있고 친인척이 있다면 그들에게 잘해 드리려는 노력은 훌륭한 여성상이다.

한동안 우리는 경제적 발전을 위한 발전철학을 펼쳐 너무 금전과 물욕에만 치우쳐 인간성을 상실하고 부모를 소외시키기도 하며 부모의 은혜를 잊기까지 했다. 너무나도 단기적 성공에 몰두하여 언제 부모를 생각할 겨를이 없었다.

수단 중심주의는 목적을 부패시키고 타락윤리를 가져오고 내재적 가치중심을 소홀히 하고 말았다.

부(富)는 모든 것을 해결하는 척도로 착각하고 자기 생각대로 사는 것이 특별한 것인 양 오인되기도 했다.

이제 자신도 하나의 어머니가 되고 가정을 이끌어 갈 생각을 해 보니 자신을 이렇게 행복한 사람이 되게 해 주신 분은 부모님이고 형제와 친구 그리고 친인척이란 것을 되새기며 전체의 조화를 효도론(행복론)에 접근시켜 보니 효도란 그리 어려운 문제는 아니다.

말을 하되 부모의 연세가 몇이신지를 잊지 말 것이며, 그 시대의 생활관습은 어떠했었나를 알려고 노력하는 자세가 있다면 억지로 윤리도덕 운운할 필요가 있을까? 다만 세상이 변했다고 부모를 현대에 맞게 사시라고 굳이 요구하지 않는다면 그분이 좋아하시는 것이 무엇인지를 발견하게 되고 그리 해 드리면 부모로서 더 바라지 않는다는 것을 알아야 한다. 그분에게 맞는 어휘를 사용하며 접근하는 것도 좋은 방법이다. 괜히 현대의 유행적 표현을 쓰며 자기만이 첨단을 걷는 것같이 하지 않는 한 분위기는 좋아질 것이다.

아무리 육식이 좋기로서니 구수한 된장찌개를 끓여 놓고, '이것은 훌륭한 조상의 지혜인 암예방 음식입니다' 한다면 싫어할 분은 안 계실 것을 믿어 의심치 않는다. 돈은 많이 없어도 따뜻한 마음으로 지성껏 모시려는데 싫다 하실 분은 없을 것이며 외국식 방법이 아닌 전통을 발전시키는 창의력과 인간가치에 눈뜨는 언행을 했다 해서 잘못됐다 하실 분은 없을 것이다.

효도란 효도하려는 마음의 자세가 중요한 것이지 규범이나 법칙이 있는 것은 아니다.

불행하게 될 사람, 어려움에 빠질 사람이 효를 잊지 행복이 보장될 사람은 효가 어려울 것도 손해 볼 것도 없는 것이라는 것을 느낄 것이다.

인간의 마음이 오염되면 불행은 공해오염보다도 더 무섭다. 그간 급급했던 것을 차근차근 정리하여 새 생명과 같이 예술감각을 살려 그것이 어떤 작품을 만들 것인지에 관심을 쏟아 보자.

효도란 과연 어려운 것인가? 효도를 안 하는 사람들이 더 행복한가를 생각하며 창조적 자기완성과 새 지평을 여는 요령을 창출해 보라. 아마도 예상치 못했던 자기 풍요가 성취될 것으로 믿는다.

시내 어느 곳에 비교되는 두 집안이 있었다. 한 집은 부자고 한 집은 가난했다. 부자의 자손은 집안이 넉넉하여 미국에 가서 유학하고 가난한 집 자녀는 한국에서 열심히 노력했다. 그런데 10년 후에 보니 돈 많던 집안은 부모형제가 뿔뿔이 헤어져 서로 반목하여 사는데 가난했던 집안은 요즘 얼마나 형제우애가 있고 부모님을 잘 모시는지 모두가 부러워하더라는 말이 퍼졌다.

자세히 알고 보니 문제는 돈이었다. 돈이란 인간을 행복으로 이끄는 것 같지만, 욕심과 파괴를 낳고 경제적으로 다소 어려운 집안은 인간이 중요한 것을 알고 애정과 화목을 위주로 했더니 그렇게 됐단다.

과연 그럴까. 돈도 많고 인간성도 좋은 사람은 될 수 없을까 하고 처음에는 자신은 안 그러리라 다짐을 했다는데 자신도 돈에 휘말리다 보니 돈은 참 요물일세 악마일세 하며 지난 일을 후회하는 사람을 보았다.

자, 어느 길을 가야 할까. 두 마리 토끼를 잡으려다 한 마리도 못 잡는 사람이 되지 말고 한 마리 토끼라도 제대로 잡는 사람이 되지 않으시려는지…… 이렇게 현대 태교는 어떻게 하라는 지침으로부터

진일보하여 문제의 핵심을 파헤쳐 줌으로써 바람직한 방향으로 유도
하고 있다 하겠다.

고부간의 갈등은 왜?

결혼생활 중에 제일 문제되는 것이 고부간의 갈등이다. 자신은 잘 하려 하지만 시어머님은 못마땅하신 것 같다.

가정설계도 자신은 현대식으로 개선하려는데 어른들은 싫어하시 고, 남편의 반찬문제며 입맛에 대해서도 자신이 알아서 하는데 공연 히 못마땅해하시는 것을 보면 괜히 대하기가 어려워지고 말투나 인 상이 굳어지면 고부간의 갈등은 싹이 튼다.

그러나 이런 일들을 고부간에 털어놓고 이야기해 보는 시간을 TV 에서 마련했더니 별것도 아니었으며 해결방법이 없는 것도 아니었다. 구세대건 신세대건 다를 것은 없고 서로 이해하고 또는 대화하는 기 회가 없어서였지 고부간은 좋은 사이가 될 수 있다기에 알린다.

우선 '타이른다', '꾸중하신다', '나무라신다', '지적하신다' 하는 의 미에 있어서도 '시어머님은 솜방망이로 때리는데 며느리는 가시방망 이로 맞는다'는 생각에서 연유한다 하며, '시어머님은 천천히 가르치 려 하셔도 며느리 입장에선 젊었으니 빨리 배우려' 하기 때문에 생기는 일이라는 것이며 이런 마찰은 빨라도 3년은 걸려야 의견이 조화를 이루는 계기를 마련하게 되는데 이것을 당장에 해결하려니 그렇게 되는 것이라는 의견들이고 보면 '아, 역시' 하게 된다.

가령 며느리 입장에선 무엇을 하고 싶다 했을 때도 시어머님께 반드시 여쭈어 보고 '어머님 이렇게 하려는데 어떨까요?'라든지, '어머님은 이렇게 하는 것을 좋아하세요?' 하고 다정하게 여쭙고 행하면 될 것을 무엇이든 먼저 해 놓고 나중에 여쭈면 '제 하고 싶은 대로 해 놓고 묻기는 왜 묻노' 하게 된다고 하니 기왕에 좋은 분위기를 만들려고 한 뜻이라면 순서를 지키면 될 것 같다는 이야기다.

원래 고부간에는 사랑하는 자식을 잃은 것 같은 허전함을 느끼는 한 분과 남편의 사랑을 독점하려는 새댁이 있어 어렵다고는 하지만 당연히 그래야 할 것이 전제된다면 서로 이해 못 할 일도 없다. 더욱이 현대는 많이 변해 대화가 안 통하는 사람도 그리 많지도 않다니 조금씩 양보로 이해에 접근하려 들면 잃는 것보다 얻는 것이 많아질 것이 자명하다.

현숙한 아내, 훌륭한 엄마, 착한 며느리가 되어 복을 누리게 되길 빈다.

상업주의와 거짓말 경쟁

절에 가 보면 벽에 사천왕상 그림이 있고 그 옆에는 거짓말로 남을 해친 사람을 선별해 혀를 뽑는 형벌을 가하는 장면의 그림이 있다. 그러나 여기서도 제외될 수 있는 사람은 장사하는 사람이 물건을 팔기 위해서 한 거짓말은 용서된다는 구절이 있다.

그래서인지 요즘 상업주의가 심해지면서 거짓말이 부쩍 늘었다.

출마한 사람들의 공약이 거짓이 되었는가 하면 행정부의 약속이 거짓이 되고 심하게는 사법부의 어떤 것도 믿지 못하게 된 것이 있다고 신문고에 실렸다.

그러다 보니 이젠 교육이라는 입장에서도 팔리는 교재까지 뻥튀기 내용으로 판매되는 등 매사에서 과대포장이 우리를 슬프게 하기도 한다.

어쩌자고 상업주의는 이렇게도 구석구석까지 파고들어 우리를 나쁜 곳으로 모는 것일까, 아니 어떤 면에서는 거짓말 경쟁시대인 것 같은 착각을 일으킬 때도 있다. 오죽하면 거짓말이라도 해야 되었을까. 위로도 하고 다시는 속지 말아야지 하고 다짐하지만 온갖 곳에 거짓말투성이니 당해 낼 재간이 있으랴 싶다.

그러나 우리는 정신을 차려야 한다. 엄마가 아기에게 거짓말을 할 수도 없을뿐더러 아기가 커서 엄마에게 거짓말로 자라게 된다고 할 때 아무도 이를 좋은 현상이라 하지 않겠고 우리는 그런 결과를 위해 돈을 벌고 살려 노력하지도 않는다.

다만 어떤 경우 어쩔 수 없이 거짓을 했다 해도 그것이 남을 해치는 일, 사회를 멍들게 하는 일, 국가의 해가 되는 일이 된다면 안 된다. 그러다가 나중에 이리떼가 우글거리는 사회가 됐을 때 자신은 어디로 도망가서 살 것인가? 또 설혹 도망가더라도 그 아기가 자기에게 거짓말을 할 텐데 그때는 어찌 할 것인가.

그래도 이만큼이라도 살게 됐을 때 하나하나 제자리를 찾게 되면 어떨까? '내일이면 늦으리'라는 영화가 있었듯이 그때는 영영 고치지도 못하는 때가 올 수도 있으니 좋은 것이 좋으니까 따라가고 남들도 다 그렇게 하니까 그랬다고 쉽게 변명할 순 있을지라도 그 결과는 결코 남의 것만은 아닌 자기 것이 자신에게 되돌아올지도 모른다고 생각해야겠다.

여러분은 천진난만한 '0세 아기에게 한 가지씩 무엇이든 가르치는 입장에 있을 것이니 조금이라도 잘되기를 바란다면 이런 상황을 채로 쳐서 걸러 우리는 거짓말 경쟁이나 하는 사람이 아니에요' 하며 내보일 것과 안 내보일 것을 거르는 입장이 되어야겠다는 생각이다.

아무리 거짓말이 경쟁시대같이 됐어도 될 일, 안 될 일을 구분하여 우리 아기만은 옳은 말로 옳은 길을 가도록 하기 위해 시작부터 옳은 것을 알려 주는 엄마가 되지 않으시려는지 묻고 싶다.

하기야 거짓말 경쟁시대라서 하도 거짓이 잘 통하는 시대가 되고 보니 거짓말은 황금의 날개를 펼친다.

결혼식에 처자가 있는 사람이 버젓이 총각행세로 식을 올리지 않나, 남의 아기를 훔쳐다가 자기 아기로 속이는 사람이 없나, 이젠 대학교 입시에도 거짓인간이 대리시험을 쳐 엉터리 합격을 시키질 않나, 별 거짓이 다 생겨 우리를 슬프게 한다.

그러나 알고 보면 이런 것은 상당히 상업적 거짓말의 둔갑(연장)이라 하겠으니, 국산품에 외제상표를 붙여 10배, 20배의 폭리를 취했다는 신문보도며, 중국산 농산물을 북한산으로 둔갑시켜 몇 배의 폭리를 하고 있다는 이야기, 호주산 산양을 한국산 흑염소라고 속여 판 악덕업자의 거짓말, 젖소, 비육우, 수입고기를 한우(황소)고기라고 버젓이 속이는 행태가 꼬리를 물고, 우리나라 인삼이란 이름으로 중국의 약효 낮은 인삼이 우리 시장을 잠식하고, 약효로 값이 비싼 녹용도 북미, 캐나다 산이 판을 치고 있다는 소문이 파다하고, 웅담도 가짜, 인공웅담을 중국에서 들여와 복용자들을 울리질 않나, 가짜 고려청자, 가짜 그림이 나돌고, 가짜 CD(상업은행), 가짜 BC카드가, 가짜 상품권, 가짜 무주택 증명, 가짜 인감, 증명, 가짜 베스트셀러, 성분 및 함량을 속이는 식품과 의약품, 수입원 또는 내용물을 속이는 식품, 기준과 질을 속이는 각종 공산품, 성능과 애프터서비스를 속이는 전자제품 등 이루 다 나열할 수 없을 만큼의 속고 속이는 거짓말이 우리를 아프게 한다.

그러고 보면 어디서 어디까지가 진짜인지 물건을 고를 때도 무엇을 어떻게 골라야 하는지도 모르게 되어 가는 것이 참으로 슬프고 안타깝다.

그러나 판단력이 명석한 사람이거나 많은 정보를 갖고 있는 사람은 그렇게 쉽게 거짓이 발을 붙이도록 내버려 두지 않는다. 사기나 협잡까지 용서하진 않는다.

우리도 우리 아기를 그런 아기로 키우진 않는다. 덮어놓고 외국산이라면 허겁지겁하던 시대는 지났고 우리 것에 대한 자부심도 상당히 높아졌다.

국제경쟁 시대에서 그렇지 않으면 이길 수도 살아남을 수도 없게 되어 간다.

그러나 한 가지 예외는 있다. 거짓말 중에서도 남녀가 사랑을 속삭일 때 남자가 사랑한다는 말, 여자가 나이나 체중을 속이는 것은 애교 있는 거짓말이라고 하니 이것은 빼놓기로 하자.

그렇더라도 정식 결혼할 사이에서도 그것이 같은 의미로 해석하자는 뜻은 아니라, 다만 때와 장소, 격식에 따라 구별되어야 하는 것이 말이니 잘 활용하면 웃음꽃이 될 수도 있다.

퍼스트레이디의 꿈과 평강공주

이제 막 애기 엄마가 된 여러분은 내 아기를 어떻게 훌륭하게 키울까에 대하여 심혈을 기울이겠지만 한편으론 남편의 일에도 소홀할 수 없다.

잠시 쉬는 시간을 활용해 부인으로서 남편을 성공시키려는 재미교포, 열성 여성의 이야기가 있어 소개한다.

물론 우리나라 역사에도 바보 온달을 훌륭한 장군으로 만들었던 평강공주 이야기는 다들 잘 알고 있다. 그러나 현대판 평강공주 같은 미국의 한국여성이 있어 소개하는 것은 그가 한국여성이며 이민 3세지만 어엿한 미국의 선물교역위원회(先物交役委員會) 위원장(CFIC)으로 장관급이 되었으며 '92년 대통령 선거에선 민주당의 클린턴이 당선됐지만 '96년 대통령 선거에는 자신의 남편을 공화당 대통령 후보로 만들겠다는 일념으로 뛰고 있는 상원의원 필그램 씨의 부인 웬디 여사 이야기가 미국 내에 파다해 있다는 데 주목하게 된다.

그는 초기 하와이 이민 3세로 본토의 노스웨스턴 대학교에서 경제학 박사를 받은 바 있다. '88년 2월에 레이건 대통령의 임명에 의해 CFIC 위원장이 됐으며 지난 '91년 중순엔 텍사스 주 휴스턴에서 열린 공화당 대통령후보 지명전당대회에서 레이건 대통령의 부인 바바라 여사 옆자리를 줄곧 지켰었단다.

현재 워싱턴 정가에서는 '96년 공화당 대통령 후보로 그의 남편인 텍사스 주 출신 필그램 상원의원을 손꼽고 있는데 그 자신도 선거 운동을 도울 것으로 기대하고 있으며 그의 남편은 전국공화당 상원위원회 위원장으로 있고 '92년 전당대회에서 기조연설을 할 만치 미국 국민들에겐 잘 알려진 기대주라 한다. 또 '96년 대선에는 그의 출마가 기정사실화되어 있다는 것이다.

한편 웬디 여사는 '88년 대선 때에도 부시의 선거운동 때 아시안 위원회의 공동의장직을 맡았던 경험 등 선거에 낯설지 않다.

또 남편 그램 의원은 부시 전 대통령과는 같은 텍사스 주 출신으로 가정적으로도 오랜 친교를 맺고 있는 사이이며 부시가 대통령 재직 시에도 워싱턴 정가에서 각별한 관계를 유지했던 사이란다.

그녀의 현재 공식직책은 미국 증권계의 양대 산맥 중 하나인 커다란 금융계의 위원장으로 역사상 동양인 중 최고위직에 오른 한국인이다.

'96년에 있을 대선에서 '퍼스트레이디'가 되는 야심을 품고 남편을 돕고 있는 그녀는 어찌 보면 옛날 평강공주의 이야기를 연상케 하는 상긋한 소식이라 느껴 전하지만 설혹 그런 엄청난 일이 아니더라도 독자 여러분도 그에 못지않은 내조를 하실 것을 믿으나, 은연중에라도 엄마로서뿐만 아니라 내조자로도 빛이 나길 바라는 마음에서 또 우리나라 여성들은 여러 분야에서 두각을 나타내고 있어 장래가 어듭지 않다는 것을 아울러 전한다.

그러면서도 가정에서 아기를 잘 키우는 엄마도 그에 못지않은 일이란 것도 빠뜨리지 않는다.

생명경시 풍조와 원초적 치유

"귀중한 생명에 외경심이 줄어드는 건 무슨 까닭일까? 물질숭배, 금전만능 때문인가? 아니면 임신중절 때문인가?"라는 질문이 여기저기서 나온다.

언제부터 생명문화가 이렇게 땅에 떨어졌는지는 몰라도 젊은이들의 고귀한 생명이 이렇게 하찮게 처리되고 부모님 가슴에 구멍을 내도 괜찮을지는 엄중한 법의 심판이 있을 것을 기대한다.

일찍부터 동양의 문화 속에는 생명이 신의 섭리 아니고는 생성조차 되지 않는다고 했고, 불교의 윤회와 환생 이야기에서도 인연을, 기독교에서는 하나님의 계시가 있었음을 암시하는 내용이 전해져 옴을 아는 우리로서 생명을 한갓 미물만도 못하게 생각할 수는 없다.

그럼에도 불구하고 어떤 사람은 생명을 담보로 어떤 대가를 얻으려는 범행을 저지르고 있으니 생명이 무슨 흥정의 희생양이라도 된다는 건지 서글프기만 하다.

그것도 이해될 만한 이유가 있는 것도 아닌 퇴폐, 방탕, 향락을 위한 도구로 한다는 데 추호의 용서라도 허용될 범위가 아니다.

다만 이런 인격경시 풍조의 원인이 원초적으로 낙태나 임신중절과 무관하지 않다는 데 있으니 우리는 경각심을 불러일으키지 않을 수 없다.

생명은 귀한 것, 존엄한 것이거늘 법이 허용된다 해서 무차별적 살상을 일삼는다면 정신병적 범죄자들의 좋은 표적으로 착각할 소지라도 되지 않을는지 의구심도 생긴다.

그래서 우리 주변에서 일어나고 있는 여러 경우를 분석해 보며 요즘 엄마들은 자아실현을 위한다는 등의 이유 때문에 혹이라도 아기에게 소홀하고 있지 않나 하는 실수 등이 부각되는데 그것은 일찍부터 엄마 품을 떠나게 하는 데도 있었다.

선진국 미국에서도 발견되는 아이들은 교육은 어떤 유혹에도 잘 따라가게 됐던 일, 같이 놀아 주니 좋았던 일 등을 원인적으로 추적해 보면 그것은 엄마들의 바쁜 생활과도 연결되어 있었다.

직장에 나가려니 어쩔 수 없이 탁아기관, 유아원 등에 보내기도 하고 그렇게 하니 혼자 키우는 것보다 발달과정에 좋은 점이 있는 것도 부정하지는 않지만 그러는 중에도 아기가 필요를 느낄 때 엄마가 없을 경우에 아기는 부족, 불만, 소외감을 느낄 수도 있다는 것이다. 그래서 너무 일찍 엄마 품을 떠난 아기는 엄마의 풍족한 사랑을 받은 아기와 같지 않다고 한다.

가령 뺑소니 차량의 사람들, 남의 것을 훔치는 사람들, 흉악범을 저지른 사람들의 일부에는 미혼모가 버린 어떤 생명, 어떤 불우한 환경에서의 육아와 연관된다는 범죄학적 통계도 있다.

그러고 보면 인간은 본능적으로 따뜻한 엄마의 품에서 넘치는 사랑으로 자라야 한다는 것이 기본이다.

아기들을 좀 더 일찍 깨우친다는 이유로 과한 지식습득, 분에 넘치는 기교적 예능 등은 보기엔 좋을지 몰라도 결코 바람직하지 않다는 것이 교육전문가들의 충고이며 경험한 분들의 염려이고 보면 이런 것을 무시한 엄마는 차후 어떤 결과에서 느끼게 되겠지만 당장은 이해하기 쉽지 않을 수도 있겠다.

그러나 충분한 영양섭취를 못한 아기가 좋은 건강을 유지하지 못한다는 것을 안다면 충분한 사랑, 보살핌을 받지 못한 아기가 어떨지는 이해하기 어렵지 않을 것으로 결국 생명경시 풍조도 엄마의 소홀한 돌보기와 무관하지 않다는 것을 기억하며 그런 일이 없도록 해야겠다.

일찍이 토인비는 '생명적인 존재'로 우주의 만물이 존엄성을 지니고 있다 했고, 슈바이처의 자서전에도 "나는 살아 있는 나무에서는 잎사귀 하나라도 뜯지 않는다. 또, 한 포기 들꽃도 벌레도 밟지 않으려 애쓴다"라 했고 그래서 그는 아프리카의 여름밤에 램프에 달려드는 벌레가 타 죽는 것을 보지 않으려고 창문을 닫았다는 이야기에서도 느끼는 바가 있다면, 우리는 귀중한 생명을 어떻게 생각하고 있는지 돌이키는 계기가 되어야겠다.

영재라는 소리만 들으면 제일인 줄 착각하고 있는 것은 아닌가 하는 의구심과, 딴 사람이 키워 줘도 이상 없이 자라니까 편하다는 생각으로 돈벌이에 바쁘거나 호화사치 낭비에 빠지고 있지나 않은 건지 하는 노파심으로 앞날을 염려해 본다.

생명이 귀중하면 당연히 소중히 가꾸어야 할 생명문화가 하루 속히 제자리로 돌아와 사회의 걱정거리를 없애 주어야 할 것이다.

생명 경시풍조는 원초적으로 신생아를 둔 엄마로부터 없게 해야 한다는 생각으로 근본적 치유책을 전하는 것이다.

일부 대학에서 연구, 세미나가 일고 있기는 하지만 기본 엄마로부터임을 알기에 의견을 개진한다.

임동근 ─────────────────────────────

경희대학교 법정대학 졸업
재일 東和신문사 본사 부사장 역임
전인교육협의회 이사
한국실업교육회 지도교수
미국 퍼시픽웨스턴 대학교 철학박사 학위 취득
MRA 청년지도자
현대태교아카데미 원장

〈활동경력〉
1981년
· 현대 태교 아카데미 설립
· 『엄마랑 아빠랑』 서적, 태교음악, 카세트테이프 제작
· 현대 태교 아카데미 지사 설립
1983년
· 새 세대 육영회 청와대 진언
· MBC TV 출연 「안녕하세요 '변웅전'입니다」 - 자녀교육(태교로부터)
1984년
· MBC TV 출연 「차인태 살롱」 - 여성과 태교(풀잎이 움직이는 소리)
· 무학여고, 영등포여고, 창덕여고 졸업반 전원 태교 특강
1985년
· 『KBS 여성백과』 기고 1, 2, 3월호
· 새 세대 육영회 중고교사
· 이화여자대학교 건강교육과 특강
· 금융연수원(여행원) 4회
· KBS 1TV - 정갈한 음식과 별난 음식(사미)
1986년
· 로타리멤버 강연
· MBC TV 「태교」 - 태교는 미혼여성의 지식
· 『KBS 여성백과』 기고 3, 4, 5월호
· 한국공항 여직원 2회
· KBS TV 신간안내에 태(胎) 소개
· KBS 라디오 하이웨이
· 경성, 중앙, 한양 금란, 경희, 홍익여고, 신경여상 졸업반 전원
· MBC 라디오 「'임국희' 여성살롱」 - 금기식품과 권장식품(중요성)
1987년
· KBS 라디오 서울 출연 3회 - 태교, 어떤 것인가(실천요령)
· 조폐공사 여행원(경산, 부여, 대전)
1988년
· MBC 라디오 「이종환의 여성시대」 - 태교 전통과 과학

· 대구(매일신문) 광고 「태훈(胎訓)」

1989년
· KBS 라디오 「황인용, 강부자」 시간-태교 실천과 결과
· 예지원 규수반
· 『민족문화』 신보 취재(제3호)
· 문화재 보호협회(신부반)
· 홍익, 진명여고, 관악, 동구여상 등 졸업반 전원

1990년
· 예지원(규수반)
· 혜화, 무학, 영등포 여고
· KBS 라디오 방송 3회(이호재)-함께 알아봅시다
· 문화재 보호협회(신부반)
· 교정신문
· 예지원 창립 16주년 기념집 기고
· 한국의 집(신부반)
· 예지원(규수반)

1991년
· KBS 2 라디오 출연-태교는 남편이 더해야
· KBS 3TV(부모시간)-태교는 언제부터
· KBS 1 라디오 방송-요즘 엄마들의 태교
· KBS 1TV 가정저널 초대석 이계진 시간-2세 교육 태교로부터
· KBS 라디오 여수-전화인터뷰(임신 중, 열 가지 방법)
· KBS 1TV 「신혼은 아름다워」 제주 출연(이수만과 함께)
· 삼성전관(주) 수원

1992년
· 예지원(규수반)
· 박사학위 및 출판기념회
· KBS 2 라디오(아침건강)-기형아 예방
· KBS 2TV 「무엇이든 물어보세요」(임성훈)-최초의 교육 태교

1993년
· MBC TV 「아침의 창」
· KBS 교육방송 출연(부모의 시간)-태교 실천방법
· KBS 1TV 「아침마당」(이상벽, 정은아)-열 달 배 속 교육
· SBS 「남편은 요리사」 출연-꽃게장
· KBS 라디오 인터뷰(국제방송)-전통태교 고증
· MBC 임신육아교실-춘천, 여수, 청주, 충주, 포항, 제주, 울산, 마산, 전주, 안동, 원주, 진주
· 삼성전자 수원

1994년
· MBC 임신육아교실-부산, 제주, 강릉, 청주, 대전(앙코르), 순천, 춘천, 안동, 삼척, 포항, 제주
· EBS 녹화(부모시간)-출산문화
· 예지원 규수시간

- 천도교 교학원
- 롯데쇼핑 여사원 10회

1995년
- 예지원 규수반
- MBC 임신육아교실 - 마산, 전주, 대구, 광주, 안동, 울산, 여수, 진주
- CATV G-TV 녹화 - 초보엄마(신세대 육아법)
- KBS 연속극 「딸부잣집」에 - 태교책
- 삼성전자 4회
- MBC 아침연속극 「행복」에 - 태교책
- CATV D-TV - 임신부(식습관 태교)
- KBS 3TV 부모시간 - 임신부가 조심해야 할 것
- 전례원 지도자반

1996년
- 태교대백과 태교음악 CD 발행
- 전례원(지도자반)
- MBC 임신육아교실 - 충주, 전주, 마산, 포항, 청주, 여수, 대전, 울산, 광주
- KBS 라디오 AM 4회 - 민족의 소리(우리 문화태교)
- EBS 부모시간 - 태교란 무엇인가
- 예지원 규수반

1997년
- SBS 「그것이 알고 싶다」 자문 - 소리 없는 교육 태교
- MBC 임신육아교실 - 전주, 진주, 포항
- 예지원(규수반)
- CH17(대교방송) - 육아는 임신 중 일과 연결
- 전례원(지도자반)
- EBS 어머니 시간 - 임부가 지켜야 할 사항

1998년
- 대전 TBJ TV에 출연 - 임신부 소식
- 안양 태교문화원(강사반) - 1개월 과정
- 안양 태교문화권(지도자 양성과정)
- KBS 2TV 노고하 - 미스테리 추적(태교)
- 전례연구원(지도자반)
- 예지원(규수반)
- 전례원(중, 고 교사)
- MBC 「시사매거진 2580」

1999년
- 전례원 제주, 대구, 광주, 본원
- KBS - 태교 다큐제작(인터뷰)
- 지도자 강의(교육장, 교장) - 24시간

2000년
- 성균관(예절학교) - 교원연수 5회

- 전례원(지도자 강의) - 본원, 전주
- 평촌 삼법학회(지도자) - 16시간
- MBC 임신육아교실 - 대전, 춘천, 여수, 대구, 제주, 광주

2001년
- 수원(지역사회) 교사 - 4시간
- 전례원 지도자 - 대구, 제주
- MBC 임신육아교실 - 충주, 원주, 청주
- 원광대 대학원 초빙교수

2002년
- Kinder 지도자 - 4시간
- MBC 임신육아교실 - 강릉, 전주, 대전, 원주
- Cable TV 육아
- 원광대학교 대학원 초빙교수
- 경기도 교육청(북부) 교장 350명
- 경기도 교육청(수원) 교장 600명
- 광명서 초등학교(학부모)

2003년
- 대구 전례원(지도자)
- 서울여성 플라자(임신부)
- MBC 임신육아교실
- 대학원, 지도자, 평생교육원

2004년
- 평생교육원(덕성여대)

2005년
- MBC 임신육아교실

태교시리즈 5

바람직한
육아태교

초 판 인 쇄 | 2012년 11월 30일
초 판 발 행 | 2012년 11월 30일

지 은 이 | 임동근
펴 낸 이 | 채종준
펴 낸 곳 | 한국학술정보㈜
주　　 소 | 경기도 파주시 문발동 파주출판문화정보산업단지 513-5
전　　 화 | 031) 908-3181(대표)
팩　　 스 | 031) 908-3189
홈 페 이 지 | http://ebook.kstudy.com
E - m a i l | 출판사업부　publish@kstudy.com
등　　 록 | 제일산-115호(2000. 6. 19)

ISBN　　978-89-268-3891-4 04590 (Paper Book)
　　　　 978-89-268-3892-1 05590 (e-Book)
　　　　 978-89-268-3881-5 04590 (Paper Book Set)
　　　　 978-89-268-3882-2 05590 (e-Book Set)

이담 Books 는 한국학술정보(주)의 지식실용서 브랜드입니다.